프렌즈 시리즈 32

프렌즈
괌

이미정 지음

Guam

중앙books

Prologue
저자의 말

지금 생각해보면 참 까마득한 옛날입니다. 패션지 기자였던 시절, 여배우와의 첫 해외 화보 촬영지가 괌이었습니다. 그 뒤로 괌은 단골 출장지였습니다. 괌과 저의 개인적인 인연 말고도, 사실 괌은 한국인들에게는 매우 친숙한 여행지 중 하나입니다. 허니문은 물론이고 태교 여행이나 친구들끼리의 우정여행, 또는 어린아이가 있는 가족이나, 3대가 함께 하는 대가족 여행지 등 괌은 다양한 이들에게 선택받고 있습니다. 이유는 간단합니다. 한국에서 가장 가까운 미국령이기도 하고, 섬 전체가 면세구역이라 저렴한 쇼핑이 가능한 까닭이지요. 게다가 사시사철 휴양지로 적당한 날씨와 온도, 그리고 맑은 하늘은 괌이 선사하는 최고의 선물입니다.

제가 좋아하는 일본 작가가 했던 말이 기억납니다. 어느 곳이든 여행지에 가면 모든 것을 다 보고 즐기겠다는 생각 말고 70% 정도만 보고 오라는. 다음번 여행 때 나머지를 보러 오겠다는 마음으로 여유 있게 즐기라고. 적당히 보고, 즐기고, 놀면서 경험하기에 괌은 알맞은 곳입니다. 솔직히 고백하자면 너무 자주 갔던 여행지라 처음에는 괌 여행책 쓰는 것을 얕잡아 봤습니다. 아마 그때부터였던 것 같습니다. 민낯의 괌을 마주하면 마주할수록, 괌은 이전에 제가 알던 만만한 여행지가 아니었습니다. 곳곳의 숨은 맛집을 발견했을 때의 쾌감이나, 이전의 여행지에서는 경험하지 못했던 독특한 액티비티를 체험했을 때의 희열, 그리고 그 곁에서 늘 친절한 미소를 잃지 않던 괌 사람들. '아, 살 수만 있다면 이곳에 살고 싶다'는 생각을 수차례 했습니다. 지금도 그 마음은 변함이 없고요.

괌을 즐겁게 여행하는 팁을 몇 가지 드릴게요. 첫째, 여행 목적을 분명히 해주세요. 진정한 휴양을 원한다면 좋은 리조트를 예약하고, 느긋하게 수영장과 호텔 뷔페를 즐기세요. 괌에서만 즐길 수 있는 액티비티를 원한다면 패갓 동굴 투어나 매주 토요일 9시, 차모로 빌리지에서 출발하는 부니 스톰퍼스를 만나세요. 진정한 정글 하이킹을 경험할 수 있습니다. 다양한 괌 사람들을 마주하고 싶다면 왁자지껄한 차모로 빌리지 야시장이나 데데도 벼룩시장을 추천합니다. 둘째, 여행지에서는 김밥천국을 만날 수 없다는 걸 알아두세요. 다양한 메뉴가 있어 입맛대로 골라 먹을 수 있는 레스토랑은 찾기 힘들다는 뜻입니다. 맛은 지극히 개인적인 취향입니다. 제가 심사숙고해 추천한 맛집이어도 독자분들의 입맛을 만족시킬 수 없는 경우도 있을 것입니다. 다만 차모로 바비큐나 레드 라이스 같은 괌 전통 음식은 한국인들에게도 부담 없다고 생각됩니다. 꼭 한 번 괌의 맛을 느껴보세요. 셋째, 괌의 날씨에 맞게 스케줄을 짜세요. 괌은 고온 다습한 기후를 가지고 있습니다. 특히 낮 시간에 거리를 걷다 보면 땀 범벅이 되어 여행인지, 수행인지 모를 정도입니다. 뜨거운 낮에는 되도록이면 도보를 삼가고, 쇼핑이나 수영, 드라이브 등을 즐겨보세요.

〈프렌즈 괌〉을 집필하겠다고 계약서에 사인한 순간부터 지금까지 많은 일이 있었습니다. 사랑하는 엄마를 하늘나라에 보내야 했고, 나의 소중한 딸 유나가 세상에 태어났고, 그 가운데 편집자가 여러 번 바뀌기도 했습니다. 오랜 시간이 걸려 탄생한 만큼 꼼꼼한 여행책을 만들려고 노력했고, 최대한 정확하고 자세한 정보를 실으려고 노력했습니다. 원고를 쓰던 어느 날은 괌 역사 관련 논문을 보다가 밤을 지샌 적도 있었습니다. 괌의 역사와 전통을 지키려고 노력한 차모로 인들의 수고를 쉽게 생각하면 안 되겠다고 스스로에게 되뇌면서 말입니다. 괌에 대한 저의 개인적인 감상은 뒤로하고 보다 정확한 정보를 실으려 했지만 시시각각 변하는 현지 실정에 가격이나 기타 작은 오차가 있다면 너그러운 이해를 부탁드립니다. 저에게 〈프렌즈 괌〉을 제안해 준 박근혜 씨, 그 바통을 이어받아 〈프렌즈 괌〉을 함께 완성해 준 강은주 씨와 김민경 씨 그리고 이번 개정판 작업을 함께 해주신 이정아 본부장님께 고개 숙여 감사의 인사를 전합니다. 카레라 앳 샌드 캐슬과 아네모스, 더비치바 레스토랑, 타오타오타씨 비치 디너 쇼 등을 홍보하는 비지투어즈의 주애니 이사님, 이번 개정판을 준비하면서 그 누구보다 큰 힘이 되어주신 익스피디어 그룹 정경륜 상무님, 괌정부관광청 박지훈 지사장님과 박솔진씨에게도 고마움을 전합니다.

늘 감당하기 힘든 나의 텐션을 기꺼이 받아주는 남편 김종호와 나의 분신 김유나, 한국에서 나를 응원하는 동생 이민경과 제부 김동언, 그리고 우리 조카 지유와 언제나 나에 대한 걱정과 사랑을 동시에 하는 나의 아빠 이재철에게 사랑의 메시지를 보냅니다. 하늘에서 나 못지않게 〈프렌즈 괌〉 개정판을 기뻐해 줄 나의 엄마 이광희에게도.

How to Use
일러두기

〈프렌즈 괌〉, 들어가기 전에

이 책은 괌으로 떠나는 여행자들이 자신의 목적에 맞는 일정을 설계할 수 있도록 추천 코스를 제안하고, 섬을 4개 지역으로 나눈 뒤 각 지역의 이름난 명소와 여행 정보를 망라해 알찬 여정을 즐길 수 있도록 구성했다. 괌의 풍광과 즐길 거리를 한눈에 살필 수 있는 테마&키워드 별 소개 페이지와 여행 계획&코스 제안, 지역별 여행 정보와 숙박 정보, 그리고 출국 과정을 상세하게 수록해 여행의 시작부터 끝까지 내내 휴대하며 참고할 수 있다.

문의 편집부 jbooks@joongang.co.kr **의견 및 변동사항 제보** redfox0812@naver.com

1. 주목해야 할 괌 여행 키워드

괌을 여행하는 모든 이들을 만족시키는 여행 정보를 키워드 별로 담아냈다. 액티비티, 해변, 드라이브 코스, 차모로 문화, 먹거리, 쇼 & 클럽, 아이를 위한 쇼핑 & 즐길 거리, 스파, 그리고 마트에서 반드시 사야 할 아이템까지 꼼꼼하게 소개한다.

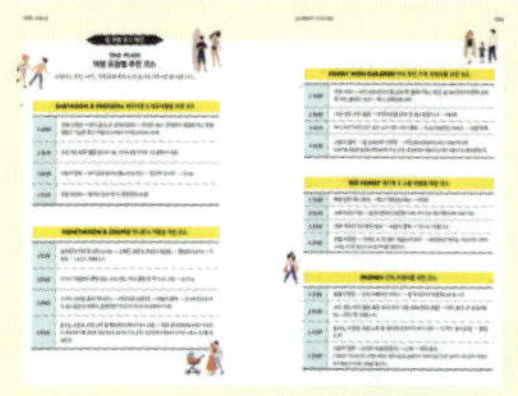

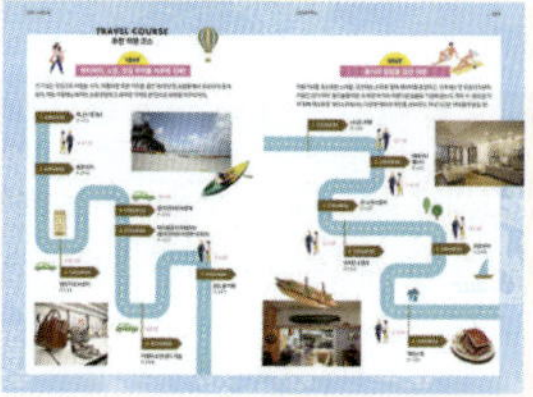

2. 추천 여행 일정

베이비문, 태교 여행, 허니문, 가족 여행, 워크숍까지. 괌으로 떠나는 이들은 그 목적도 구성원도 제각기 다르다. 그에 맞춰, 이 책에서는 여행 기간과 여행 유형에 따라 다양한 추천 코스를 제안한다. 자신이 원하는 일정을 골라 따라가기만 하면 알찬 여정을 즐길 수 있다.

3. 인기 스폿을 망라한 지역별 여행 정보

이 책은 괌의 볼거리, 엔터테인먼트, 식당, 쇼핑 스폿을 투몬&타무닝, 북부, 중부(하갓냐), 남부의 총 4개 지역으로 나누어 수록했다. 각 스폿에 얽힌 이야기와 알아두면 좋을 상세 정보도 함께 소개해 여행을 더 풍성하게 만든다.

Special	특별한 여행 테마
close up	눈 여겨 봐야 할 정보
Mia's Advice	작가의 여행 노하우
CHECK!	흥미를 더하는 얘깃거리
Mini Box	부가적인 여행 정보
Tip	알찬 쇼핑팁

- 투몬&타무닝
- 북부
- 중부
- 남부
- 호텔
- 볼거리
- 엔터테인먼트
- 식당
- 쇼핑

4. 휴양을 원하는 당신에게, 호텔&리조트 정보

최고의 휴식을 찾아 괌으로 떠난 이들인 만큼 숙소의 질은 무엇보다 중요하다. 취향 따라, 목적 따라 고를 수 있도록 가족친화형 리조트부터 럭셔리 호텔, 가성비 좋은 숙소와 장기 투숙자를 위한 호스텔까지 다채롭게 모아 소개한다.

지도에 사용한 기호

관광	식당	쇼핑	숙소	마사지	공항
학교	우체국	항구	병원	교회	

하나, 이 책에 실린 정보는 2025년 11월까지 수집한 정보를 바탕으로 하고 있습니다. 현지 물가와 볼거리의 개관 시간, 입장료, 교통편(버스 노선 포함), 호텔과 레스토랑의 요금, 교통비 등은 수시로 변경되므로 현지에서 발생할 만약의 상황을 위해 출발 직전 정보를 재확인하는 것이 바람직합니다. 이 점을 감안해 여행 계획을 세워주세요.

둘, 이 책에 실린 글과 사진은 저작권법에 따라 보호 받는 저작물입니다. 비영리적인 온라인&모바일 공간이라도 일부 내용을 인용하는 경우 반드시 출처를 밝혀 주세요.

Contents
곾

저자의 말 2 ㅣ 일러두기 4

괌을 소개합니다
처음 만나는 괌 10

괌으로 떠나는 8가지 이유 20

괌에서 즐기는 액티비티의 모든 것 22

해변으로 가요, 베스트 드라이브 코스 26

하파 데이! 차모로 문화에 빠지다 30

괌에서 먹고 마시는 법 32

서커스쇼 VS 차모로쇼, 당신의 선택은? 38

나이트라이프, 24시간이 부족해 40

아이를 위한 알짜배기 정보 42

여독을 이기는 스파 이용법 46

마트에서 사야 할 필수 아이템 48

여행 계획 세우기
괌 한눈에 미리보기 52

괌 여행, 무엇이든 물어보세요 54

괌 대중교통 가이드 56

렌터카 똑똑하게 사용하는 법 60

365일 괌 축제 캘린더 64

괌 여행 코스 제안 67

지역별 여행 정보
괌 광역 지도 & 괌 전도 74

투몬&타무닝
들여다보기 78

추천 여행 코스 82

여행에 유용한 정보 & 가는 방법 84

지역 교통 정보 86

투몬&타무닝의 볼거리와 즐길거리 90

투몬&타무닝의 식당 102

투몬&타무닝의 쇼핑 124

북부
들여다보기 138

추천 여행 코스 140

여행에 유용한 정보 & 가는 방법 142

북부의 볼거리 144

북부의 엔터테인먼트 151

북부의 식당 153

북부의 쇼핑 156

중부&하갓냐

들여다보기 160

추천 여행 코스 166

여행에 유용한 정보 & 가는 방법 168

지역 교통 정보 170

중부의 볼거리 172

중부의 엔터테인먼트 181

중부의 식당 183

중부의 쇼핑 194

남부

들여다보기 202

추천 여행 코스 204

여행에 유용한 정보 & 가는 방법 206

지역 교통 정보 208

남부의 볼거리 209

남부의 엔터테인먼트 221

남부의 식당 226

괌 숙박의 모든 것

호텔&리조트 예약 A-Z 230

럭셔리 호텔&리조트 232

모두가 만족스러운 가족친화형 리조트 238

실속파를 위한 중저가 호텔&리조트 246

여행 준비

서류 250

예약 / 보험 252

환전 / 카드 254

면세 / 수하물 255

출국 256

인덱스 257

Special

플레저 아일랜드 괌, DAY&NIGHT 완전 정복 94

휘황한 나이트라이프, 서커스쇼&클럽 96

휴양의 결정적 순간, 스파 100

LOCAL FLAVOR! 차모로의 맛 즐기기 106

괌 프리미어 아웃렛 유명 맛집 130

유유자적, 중부의 해변 즐기기 178

현지인들의 단골집, 로컬 식당 BEST 4 186

Poke! 가벼운 한 끼 식사, 괌에서 만나는 포케 190

대자연에서 즐기는 괌 골프 클럽 198

남부 투어의 하이라이트, 우마탁 마을 214

close up

알아 두자, 괌 교통 정보 63

괌 마니아들을 위한 업데이트 뉴스 66

즐거움이 가득한 투몬&타무닝 페스티벌 89

불맛 좋은 레스토랑, 브라질리언 VS. 자메이칸 109

이탈리안 레스토랑을 만나는 법 111

괌의 한인 타운, 하몬! 115

어디부터 가 볼까? GPO 쇼핑 공략 지도 129

북부에서 경험하는 별빛 투어 149

아델럽곶의 명물, 자유의 라테&보르달로 동상 177

쇼핑하다 지칠 때, 아가냐 쇼핑센터의 먹거리 195

괌 최대의 워터 액티비티, 비키니 아일랜드 클럽 213

푸른 바다와 마주하다, 괌 남부의 근사한 전망대 217

섬 동쪽 해안도로의 보석, 포토제닉 해변 BEST 3 220

돌고래와 일몰을 그리며, 낭만 크루즈 225

피티&아갓의 소박한 맛집을 찾아서 227

괌을 소개합니다
Welcome to Guam

처음 만나는 괌

괌으로 떠나는 8가지 이유

액티비티 | 비치&드라이브 | 차모로 문화

먹거리&마실거리&레스토랑 | 서커스쇼&차모로쇼

나이트라이프 | 키즈 | 스파 | 쇼핑 아이템

처음 만나는 괌
PROLOGUE

투몬 Tumon
투몬 비치를 따라 약 2km가량 걸쳐 유명 리조트와 쇼핑센터가 밀집되어 있다.
괌을 찾는 여행객들이 가장 많이 모여 있는 곳으로 레스토랑과 쇼핑몰은 온종일 북적이며 활기를 띤다.

하갓냐 Hagatna

괌의 주도이자 정부기관이 밀집한 행정 중심지. 성모 마리아 대성당을 비롯, 스페인 치하의 아픈 과거를
살필 수 있는 유적들이 모여 있다. 최근엔 근사한 레스토랑과 카페가 눈에 띄게 늘어났다.

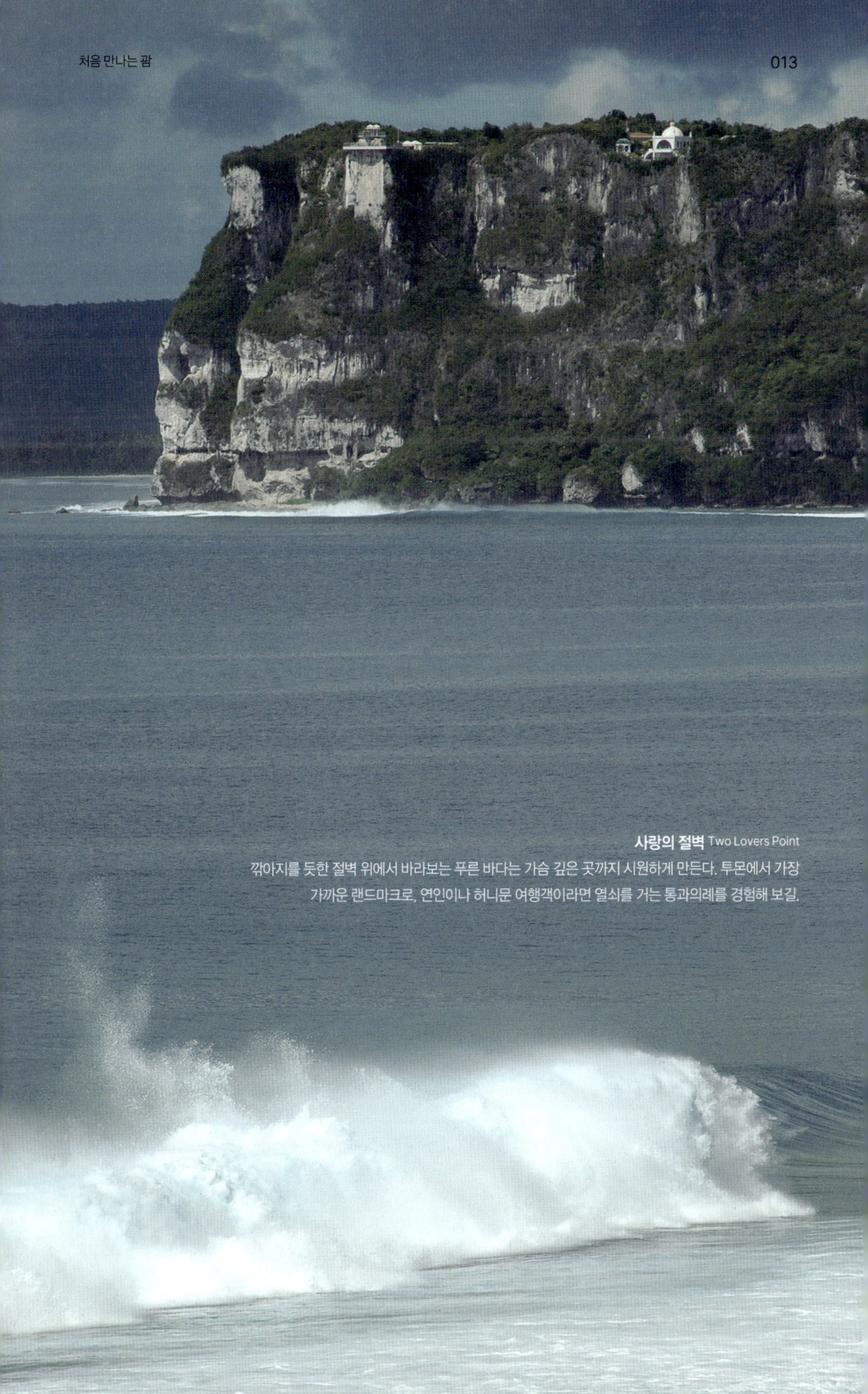

사랑의 절벽 Two Lovers Point
깎아지를 듯한 절벽 위에서 바라보는 푸른 바다는 가슴 깊은 곳까지 시원하게 만든다. 투몬에서 가장
가까운 랜드마크로, 연인이나 허니문 여행객이라면 열쇠를 거는 통과의례를 경험해 보길.

람람산 Lam Lam Mountauin

괌을 대표하는 영산. 해수면부터 측정하면 에베레스트보다 높다. 매 부활절엔 주민들이 십자가를 들고 산을 오르는 장엄한 광경이 펼쳐진다. 세티만 전망대 건너편을 기점으로 정상까지 등반하는 데 약 2~3시간 걸린다.

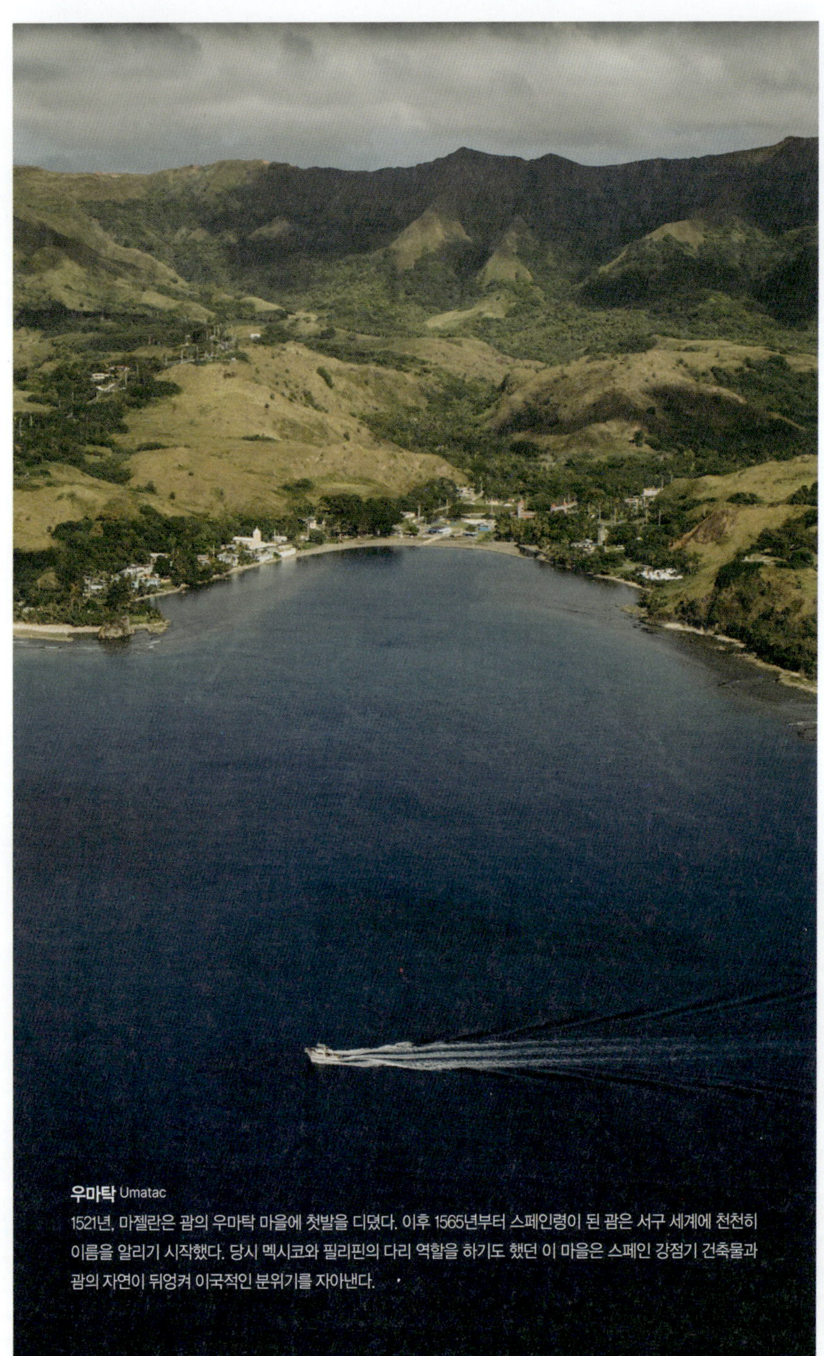

우마탁 Umatac
1521년, 마젤란은 괌의 우마탁 마을에 첫발을 디뎠다. 이후 1565년부터 스페인령이 된 괌은 서구 세계에 천천히 이름을 알리기 시작했다. 당시 멕시코와 필리핀의 다리 역할을 하기도 했던 이 마을은 스페인 강점기 건축물과 괌의 자연이 뒤엉켜 이국적인 분위기를 자아낸다. •

패것 동굴 Pagot Cave
괌의 신비로운 자연을 가장 가까이에서 만날 수 있는 명소.
울창한 정글을 지나 해안 절벽을 감상하고,
동굴 속 맑고 시원한 물에서 수영을 즐기며 특별한 순간을 경험해보자.

차모로 문화 Chamorro Culture

여행의 로망, '현지인처럼 살기'를 실현하고 싶다면 수요일 18:00마다 열리는 차모로 빌리지 야시장으로 향할 것. 라이브 음악과 전통 바비큐 연회 속에서 차모로인들의 흥겨운 삶이 펼쳐진다.

WHY WE LOVE GUAM
괌으로 떠나는 8가지 이유

인천국제공항으로부터 4시간만 날아가면 태평양의 파라다이스, 괌을 만날 수 있다.
바다에서 즐기는 액티비티와 때묻지 않은 대자연, 유구한 역사 유적지와 화려한 쇼핑센터까지.
궁극의 휴양지 괌이 우리에게 웰컴 프러포즈를 보내왔다.

1 대가족이 즐기는 리조트 & 호텔 놀이

3대에 걸친 대가족이나 큰 규모의 그룹 여행을 준비 중이라면 역시 괌이 답이다. 괌의 리조트와 호텔엔 룸과 룸을 연결한 '커넥팅 룸' 타입의 객실, 주방 시설을 갖춘 객실이 많아 가족 단위 여행자들이 머물기 편리하다. 이를테면 롯데 호텔 괌의 패밀리 스위트 룸은 침실이 2개라 최대 성인 4명, 호텔 니코 괌의 트리플 룸은 성인 3명과 어린이 3명까지, 웨스틴 리조트 괌과 호시노 리조트 리조나레 괌은 엑스트라 베드를 두면 성인과 어린이 포함 최대 5명까지 수용할 수 있다.

2 모험가를 위한 액티비티 천국

괌은 '가족 여행의 본고장'인 동시에 오지 탐험가를 위한 매력적인 행선지이기도 하다. 드높은 산꼭대기에 우뚝 선 십자가가 장엄한 분위기를 풍기는 람람산(P.211), 일본의 트레일 마니아들에게 유명한 헤브리 힐은 승부욕마저 불러 일으킨다. 그 뿐이 아니다. 타잔 폭포 입구에는 이미 이곳을 다녀간 이들이 신었던 운동화를 전유물처럼 전시하는데 그 모습이 또한 장관이다. 패것 동굴 투어 역시 야생의 괌을 만날 수 있는 절호의 찬스.

3 워터 스포츠, 마음껏 즐기기

괌의 메인 거리인 투몬은 리조트와 쇼핑 센터가 모여 있는데, 이중 절반은 서퍼 용품 전문점일 만큼 이곳은 워터 스포츠가 발달한 여행지다. 하지만 여행 일행 중 누군가가 물놀이를 좋아하지 않는다면? 노약자나 임산부와 동행해야 한다면? 고민스러운 상황이겠지만 답은 멀리 있지 않다. 다양한 액티비티 메뉴를 마련해 선택적으로 워터 스포츠를 즐길 수 있는 비키니 아일랜드 클럽으로 향하면 되니까.

4 나만의 해변에서 유유자적하기

프라이빗 비치, 그러니까 사유 해변이란 입장료를 지불하고 들어가 마음껏 백사장을 누비고 액티비티를 즐길 수 있는 공간이다. 괌은 프라이빗 비치가 발달한 휴양지다. 특히 리티디안 비치 내 프라이빗한 구역인 우루나오 프라이빗 비치를 품은 스타 샌드 비치 클럽을 잊지말자. 셀프 바비큐, 해양 스포츠, 별빛 투어와 오프로드, 사격 체험 등 다채로운 프로그램으로 여행자들의 마음을 사로잡는다. '나만의 비치'를 '나만의 방식'으로 즐기려는 이들에게 추천.

5 동심 저격, 리조트 내 키즈 시설

갓 태어난 신생아부터 한창 뛰놀기 좋아하는 12세 어린이까지, 모두를 만족시키는 시설을 갖췄다. 1~5세 아이들을 위한 인펀트 전용풀 입장과 튜브 대여 등의 서비스를 무료로 이용할 수 있다. 호시노 리조트 리조나레 괌이나 퍼시픽 아일랜드 클럽(PIC) 내 풀장은 말할 것도 없고, 투몬에 자리한 리조트의 메인 풀엔 슬라이드 하나쯤 기본으로 마련돼 있다. 5세 이상 아동들을 위한 키즈 프로그램도 풍성하니 가족 여행자들에겐 이만한 휴양지 컨디션도 없다.

6 새로운 맛, 괌에서 즐기는 세계 미식 여행

괌에서라면 다채로운 식문화를 즐길 수 있다. 가장 먼저 만나게 되는 것은 리조트의 뷔페 레스토랑. 삼시 세 끼를 양식, 일식, 중식 코스별 뷔페로 즐길 수 있을 만큼 음식 종류가 다양하다. 괌 전통 음식인 차모로 바비큐는 한식만을 고집하는 여행자들도 반하는 맛. 버거도 놓칠 수 없다. 맛과 양 두 가지를 다 만족시키는 메스클라 도스 버거와 레스토랑별 시그니처 칵테일 역시 꼭 주문해 볼 만하다. 햄브로스의 아보카도 버거 위드 와사비 마요 역시 인기몰이 중.

7 쇼핑 천국, 면세점과 쇼핑몰을 공략하라

괌은 섬이다. 대부분의 물자를 수입하니, 이렇다 할 특산품이 거의 없다. 그럼에도 불구하고, 괌은 '쇼핑을 위한 섬'이다. 섬 전체가 면세구역이기 때문! DFS 괌에서의 명품 쇼핑, 괌 프리미어 아웃렛에서의 미국산 패션 브랜드 쇼핑은 특히 놓칠 수 없다. 온 가족 의류를 모두 구매할 수 있는 폴로와 타미 힐피거, 여심을 자극하는 슈즈 숍 나인 웨스트 등이 주요 브랜드. 태교여행 중이라면 로스에서 신생아용 의류를, 시니어라면 비타민 월드에서 질 좋은 영양제를 공략할 것.

8 뚜벅이지만 괜찮아, 다채로운 교통수단

능숙한 운전자라 할지라도, 괌에서 첫 해외 운전을 시도하는 사람이라면 두려울 것이다. 게다가 언어가 자유롭지 못하다면 더더욱 부담스러울 터. 다행스러운 사실은, 괌이라면 굳이 '운전면허증'이 있다는 이유만으로 핸들을 잡지 않아도 된다는 것이다. 반나절이나 한나절 단위의 택시 투어도 할 수 있고, 수요일 밤에 열리는 차모로 야시장은 괌의 대표 교통수단인 트롤리로 닿을 수 있다. 또한 다른 여행지에서는 찾아볼 수 없는 여행 코스, '귀국 투어'도 있다. 반나절 이상 여행한 뒤 곧장 공항으로 데려다 주는 택시 투어 프로그램으로, 잘만 활용하면 마지막 날까지 야무지게 놀 수 있다.

ACTIVITY

괌에서 즐기는 액티비티의 모든 것

이곳에선 액티비티도 '멀티'로 즐길 수 있다. 장소를 옮기지 않고,
한 곳에서 여러 프로그램을 골라 시도해 볼 수 있기 때문.
호기심 많은 모험가라면 다음의 액티비티에 도전하자.

🎧 스노클링 & 스쿠버다이빙

수면에 떠오른 상태로 호흡을 도와주는 스노클을 이용해 바다생물을 관찰하는 워터 스포츠, 스노클링은 남녀노소 누구나 쉽게 즐길 수 있다. 좀 더 용기를 낸다면 스쿠버다이빙에 도전해도 좋다. 산소통을 지고 깊은 물속으로 내려가 수중을 유영하며 괌의 해양 생태계를 가까이 만날 수 있다. 괌 오션 어드벤쳐(guam oceanadventures.com)에서 이들 프로그램을 체험해 볼 수 있다.

🔄 시트랙 & 시워커

수영을 못하더라도 문제 없다. 자유롭게 숨을 쉴 수 있는 헬멧을 착용하고 전문가의 도움을 받아 바닷속을 체험하는 시트랙 & 시워커가 있으니까!투몬 중심에 위치한 아쿠아리움인 아쿠아리움 오브 괌(P.94)에서는 시트랙을, 피시 아이 마린 파크(P.181)에서는 시워커를 체험할 수 있다. 시트랙과 시워커는 8세 이상이면 가능하다.

◖ 패러 세일링

망망대해를 누비는 갈매기의 기분을 만끽하고 싶다면, 패러 세일링에 도전해도 좋다. 모터 보트를 타고 바다 한가운데까지 빠르게 나아간 뒤, 낙하산에 생긴 공기압으로 붕 떠올라 공중 비행을 즐기는 짜릿한 스포츠다. 체험을 원한다면 비키니 아일랜드 클럽(P.213)의 프로그램을 확인해 볼 것.

◗ 스카이다이빙 or 경비행기 조종

스카이다이빙은 전문가와 2인 1조를 이뤄 비행기가 일정 고도에 이르렀을 때 자유롭게 낙하하는 액티비티다. 스카이 다이브 괌 LLC(P.152)의 프로그램의 이용료는 최대 상승 고도에 따라 다른데, 고도가 높을수록 짜릿함은 배가 되기 때문이다. 한눈에 괌의 풍경을 담고 싶다면 에어 서비스 괌(P.151)을 통해 경비행기 조종을 즐겨도 좋다.

◖ ATV

울퉁불퉁 오프로드를 신나게 달려볼 수 있는 절호의 찬스. ATV는 'All Terrain Vehicle'의 줄임말로 어떤 지형도 주행이 가능하다는 뜻을 내포한다. 그만큼 거친 승차감을 즐기는 게 이 액티비티의 매력. 괌 어드벤처(P.221)에서 전문 강사의 설명과 함께 시범을 지켜본 후 시승할 수 있다.

◑ 바비큐와 즐기는 액티비티

차모로 바비큐를 대표 메뉴로 선보이는 레스
토랑은 많다. 하지만 직접 불판 위에서 구워 먹
는 즐거움은 몇 배 더 크다. 스타 샌드 비치 클럽
(P.150)의 셀프 바비큐 프로그램을 이용하면 프
라이빗 비치에서 느긋하게 음식을 즐길 수 있어
편리하다. 오전에는 스노클링과 스탠딩 보드 등
워터 스포츠를, 저녁에는 별빛 투어까지 진행하
고 있어 알찬 시간을 보내기 좋다.

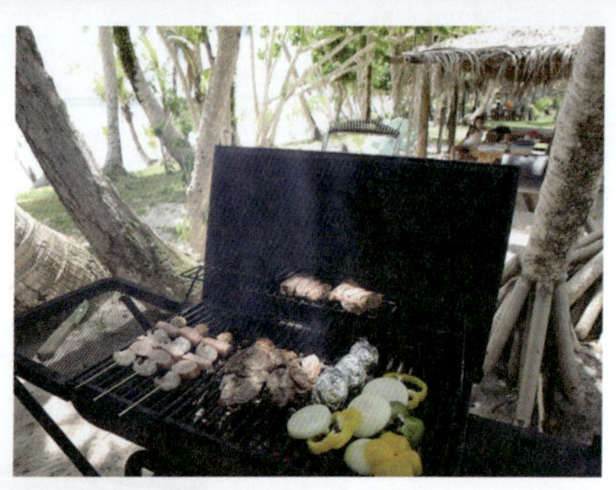

◐ 크루즈

괌에서는 여러 가지 형태의 크루즈
를 체험할 수 있다. 낚시와 스노클링
을 겸하거나, 해넘이를 보며 저녁 식
사를 즐기거나, 커다란 나무 배를 타
고 탈로포포 강과 우검 강 줄기를 지
나며 차모로 문화를 만끽하는 등 다
양한 프로그램이 나와 있으므로 여
행자의 취향과 목적에 따라 선택할
수 있다. 모든 크루즈는 어린이도 탑
승 가능하며, 운이 좋으면 돌고래 떼
의 군무도 눈앞에서 볼 수 있다.

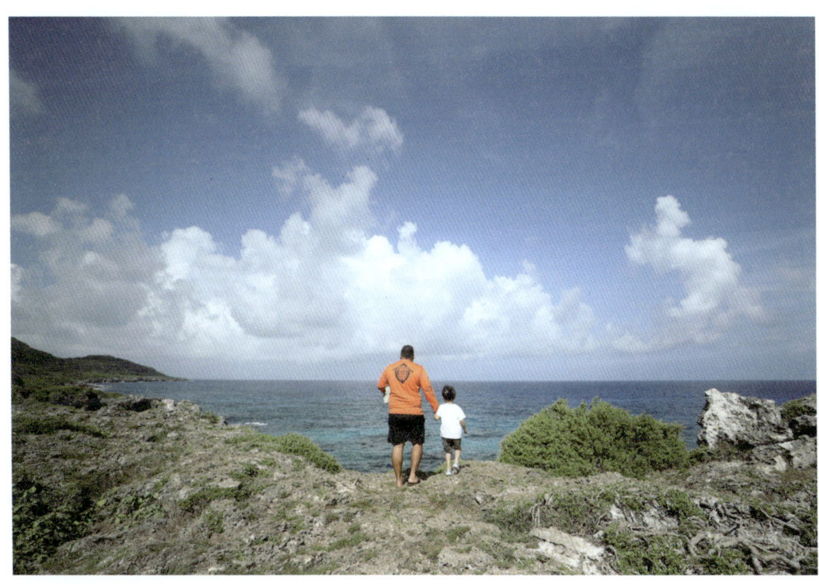

↻ 동굴 투어

장엄한 석회암 동굴인 패것 동굴을 둘러보는 액티비티. 자유인이 된 것처럼 동굴 속에서 수영하는 특별한 체험은 물론이고 가슴 벅찬 오션뷰도 경험할 수 있다. 개인적으로 이동하는 경우 사고가 잦기 때문에, 친절한 괌 현지 가이드가 동행하는 투어 여행사를 이용하자.

↻ 골프

바닷바람을 맞으며 상쾌한 기분을 만끽할 수 있는 괌의 골프 코스. 잭 니클라우스와 아널드 파마가 설계한 레오팰리스 리조트 컨트리 클럽, 〈골프 다이제스트 Golf Digest〉 선정 세계 100대 골프장 가운데 79위에 오른 바 있는 소노 펠리체 컨트리 클럽 망길라오도 추천한다. 다만 무더위와 스콜을 대비해 모자와 선글라스, 자외선 차단제, 방수점퍼를 꼭 준비할 것.

Mini Box

연인, 가족, 사랑하는 이들과의 여행을 오래 기억하고 싶다면, 스냅 촬영을 시도해도 좋다. 스튜디오 헤바포우(www.skyflying.co.kr)는 선셋 촬영, 호텔 촬영 등 다양한 프로그램을 마련해 눈부신 자연을 무대로 순간을 근사하게 포착한다.

BEACH
괌, 해변으로 가요

물놀이 하기에 최고의 컨디션을 갖췄거나,
탄성이 쏟아지는 풍광을 선사하거나, 흥미로운 해양 생태계를 만나거나.
각기 다른 개성을 지닌 괌의 해변을 소개한다.

🔊 리티디안 비치 Ritidian Beach

투명한 물빛과 백사장으로 이름 높은 해변. 비가 오거나 날씨가 흐리면 바로 '입장 불가' 표지판을 대거는 탓에 여행자들의 애를 끓게 만들기도 한다.

©Hong Tae Shik

🔊 파이파이 파우더 샌드 비치 Faifai Powder Sand Beach

건 비치에서 절벽을 타고 들어가야 하는 비밀스러운 해변. 하지만 수고를 감내해도 좋을 만큼 곱고 아름다운 모래사장이 펼쳐진다. 사랑의 절벽에서 내려다보이는 곳이 바로 여기다.

🔊 투몬 비치 tumon beach

괌의 얼굴 같은 해변. '괌'하면 가장 먼저 소개되는 해변이다. 파도가 없이 잔잔해 아이들도 마음껏 물놀이를 즐길 수 있다. 해넘이는 한 폭의 그림 같다.

↻ 하갓냐만 비치 Hagatna Beach

물놀이를 즐기려는 가족 여행자에게 가장 이상적인 해변. 긴 모래사장, 산호초를 거느린 환경이 훌륭하다. 해변을 따라 식당과 카페가 모여 있어 간단하게 끼니를 때우기에도 최적의 장소.

↻ 타가창 비치 Tagachang Beach

혼자만의 시간을 갖거나, 남몰래 도망치고 싶을 땐 이 은밀한 낙원으로 향할 것. 여느 해변과 달리 바위 틈으로 밀려오는 잔잔한 바다를 마주할 수 있다. 수면이 얕아 수영을 즐기기에도 제격.

↻ 탕기슨 비치 Tanguisson Beach

자연의 아름다움을 마주하려거든 이곳으로. 암초가 많아 스노클링을 하기 좋고 해변가에선 하이킹도 즐길 수 있다. 바다를 마주보고 오른쪽으로 걷다보면 버섯 모양의 바위도 마주할 수 있다.

↻ 마타팡 비치 파크 Matapang Beach Park

늘 활기가 가득한 해변. 씩씩한 구호를 외치는 카누 주자들, 든든한 안전요원들이 지키고 있어 안심하고 물놀이를 즐길 수 있다. 곳곳의 바비큐 화덕에서 피어나는 연기가 식욕을 돋우기도.

THE BEST COAST DRIVES
해안도로 따라, 베스트 드라이브 코스

괌은 기본적인 안전수칙만 지킨다면 잘 뻗은 도로에서 편하게 주행할 수 있는 로드 트립 천국이다.
중부 서해안에서 남해안, 그리고 동해안을 따라 이동하는 해안도로 드라이브 코스를 추천한다.

중부 추천 코스

- 대추장 키푸하 상
- 파세오 공원
- 스키너 광장
- 스페인 광장
- 라테 스톤 공원
- 산타 아구에다 요새
- **BESTVIEW** 피시 아이 마린 파크
- **BESTVIEW** 에메랄드 밸리
- **BESTVIEW** 아산만 전망대

아산 지역의 마린 코프스 드라이브

아산은 마이크로네시아 최대의 상업 항구인 아프라항이 자리한 곳이다. 아산의 랜드마크는 해중 전망대가 있는 피시 아이 마린 파크로 알려져 있지만 사실 이곳은 1944년 미국과 일본군이 치열 한 전투를 벌인 곳(제2차 괌 전투)으로 역사적으로도 의미가 깊다. 무엇보다 마린 코프스 드라이브에서 보는 필리핀해의 경관은 그 자체로 감동을 안긴다.

세티만 전망대를 향하는 해안 2호선 도로

아갓 지역을 지나 해안 2호선 도로를 따라 남쪽으로 더 내려가다 보면 끝없는 오션 뷰가 펼쳐진다. 그러다 한쪽에 차들이 주차한 모습이 보인다면 영락없이 세티만 전망대를 보기 위해 잠시 정차한 이들임을 짐작할 수 있다.

탈로포포 지역의 해안 4호선 도로

해안 4호선 도로를 지나다 보면 이곳만의 웅장한 경관이 한 눈에 들어온다. 내륙의 정글로 향하면, 트레킹의 대표명소인 탈로포포 폭포를 만날 수 있다.

남부 추천 코스

- BESTVIEW 세티만 전망대
- 산 디오니시오 성당
- 우마탁 다리
- 마젤란 기념비
- 솔레다드 요새
- 메리조 부두
- 메리조 종탑
- 산 디마스 성당
- 이나라한 자연 풀
- BESTVIEW 이판 비치
- 파고만 전망대

하파 데이! 차모로 문화에 빠지다

'알로하'가 하와이식 환대의 표현이라면, 괌에는 '하파 데이Hafa Adai'가 있다. 차모로어로 '안녕'을 뜻하는 이 말엔 역사와 전통을 이어온 차모로인들의 문화적 자부심이 깃들어 있다.

차모로, 미크로네시아의 빛나는 문명

괌은 미크로네시아의 마리아나제도에 속한 섬이다. 이곳은 파라오제도, 캐롤라인제도, 마셜제도, 길버트제도, 나우르섬 등으로 이뤄진 미크로네시아 연방에서 유일한 미국의 영토지만, 섬의 오랜 주인은 무려 4,000여 년간 이곳을 점유해 온 차모로족이다. 1521년 3월 6일, 이 섬에 탐험가 마젤란의 발길이 닿은 이후 333년 동안 괌은 스페인의 지배를 받으며 새로운 동식물과 생활 양식, 그리고 가톨릭을 받아들였다. 이로 인해 차모로 문화는 급격한 변화를 겪기도 했지만, 차모로족은 괌의 첫 정착자가 자신들임을 되새기며 고유의 역사와 전통을 굳건히 계승하고 있다.

라테 스톤부터 프로아까지, 차모로의 지혜

차모로족은 손재주가 뛰어나다. 이들은 라테 스톤이라는 돌기둥을 이용해 가옥을 만드는 기술을 가지고 있었다. 뿐만 아니라 가볍고 빠른 카누의 한 종류인 프로아를 통해 마리아나제도의 섬끼리 교역하며 항해술과 낚시 기법을 발전시켰다. 또한 차모로어는 인도네시아와 말레이시아 언어와 유사한 언어적 특성을 지니며, 민담과 전설 모두 입말을 통해 전해 내려왔다. 다만 차모로어를 표현하는 문자가 없었기 때문에 많은 부분이 지금까지도 신비로운 수수께끼로 남아 있다.

차모로의 정신 : 타오타오모나, 피에스타, 그리고 판당고

'타오타오모나'는 차모로 조상의 모든 영혼을 일컫는 말로, 차모로의 정신성을 함축한 단어다. 그들은 자신의 주변에서 일어나는 모든 일들이 타오타오모나에 의한 것이라고 생각했다. 심지어 이 영혼을 가족의 구성원으로 생각하고 애칭으로 불렀을 정도다. 이 문화는 17세기 후반 스페인 선교사들을 통해 조금씩 바뀌어 갔다. 마을에 수호 성인을 두고 그 축일에 피에스타 Fiesta라 불리는 제의를 여는 한편, 메스티자라고 불리는 여성들의 의상이나 남부 지역의 독특한 건축양식, 결혼이나 장례식당에서 추는 판당고(안달루시아 지방의 춤) 춤 등을 통해 스페인 문화를 흡수하고, 이를 자신들의 문화로 한데 녹여 왔다.

Mia's Advice

위대한 차모로의 지도자, 가다오의 이야기를 들려 드릴게요. 남쪽 마을의 용맹한 추장이었던 가다오는 섬 전체의 지도자로 추대됐어요. 하지만 그 반대파는 헤엄을 쳐서 섬을 50바퀴 돌 것, 맨손으로 코코넛 열매를 딸 것, 람람산을 평평하게 할 것 등 무리한 조건을 내세우며 이를 저지했죠. 놀랍게도 가다오는 이를 7일 만에 해낸 뒤 훌륭한 수장이 되었답니다. 가다오가 움직였다고 전해지는 람람산의 바위는 피티 해안에서 볼 수 있답니다.

CHECK! 알아두면 여행이 즐거워지는 차모로어 표현

- 안녕하세요(아침) Manana Si Yu'os [마나나 시 주스]
- 안녕하세요(점심) Ha'anen Maolek [하아넨 마오렉]
- 안녕하세요(저녁) Pue'ngen Maolek [푸에겐 마오렉]
- 안녕(만났을 때) Hafa Adai [하파 데이]
- 안녕(헤어질 때) Adios [아디오스]
- 고맙습니다 Si Yu'os Ma'ase [시 유오스 마아세]
- 또 봐요 Asta agupa' [에스타 아구파]
- 네 Hunggan [훈간]
- 아니오 Ahe [아헤]
- 좋다 Maolek [마오렉]

EAT & DRINK
괌에서 먹고 마시는 법

괌을 맛보다
차모로 가정식부터 유명 레스토랑의 대표 메뉴까지.
놓쳐선 안 될 괌의 대표 음식 12선.

1
차모로 바비큐 & 피나데니
간장과 식초에 푹 재워 둔 돼지, 닭, 소고기 등 육류를 구워낸 것을 전통 양념 피나데니(간장에 레몬이나 식초, 다진 양념을 섞은 소스)에 찍어 먹는다.

2
레드 라이스
차모로 바비큐에 곁들이는 밥. 아초테라는 나무 열매즙으로 밥을 지어 붉은 빛을 띤다. 차진 식감, 고소한 맛을 즐길 수 있다.

3
켈라구엔
닭고기나 소고기, 해산물 등을 잘게 썬 뒤 레몬즙과 다진 코코넛, 매운 고추를 섞은 애피타이저.

4
카돈피카
차모로어로 스튜라는 뜻의 카돈과 맵다는 뜻의 피카가 합쳐진 단어로, 닭볶음탕에 가까운 음식. 킹스(P.130)에서 맛볼 수 있다.

5
아피기기
코코넛 찹쌀떡. 괌을 대표하는 디저트로, 아이스크림과 함께라면 금상첨화. 괌 프리미어 아웃렛 내 도쿄마트에서 맛볼 수 있다.

6
꼬치구이
차모로 빌리지의 야시장이나 데데도 벼룩시장에서 흔히 맛볼 수 있다. 닭, 돼지고기, 앵거스 소고기 등이 있다.

CHECK! **차모로 전통 식문화를 찾아서**

차모로인들은 쌀을 재배하고, 이를 주식으로 삼았다. 스페인 사람들이 이곳에 정착하면서부터는 나무 열매 즙으로 밥을 지어 붉은 붉은색의 밥, 레드라이스를 본격적으로 즐겨 먹기 시작했다. 그런가 하면 차모로인들에게 가장 사랑받아 온 식재료는 코코넛이다. '생명의 나무'라고도 불리는 코코넛은 주스, 기름, 우유, 그리고 코프라(열매의 핵을 건조해 야자유의 원료로 사용) 등으로 널리 쓰인다. 켈라구엔과 카돈피카는 코코넛 밀크를 사용한 대표적인 요리다. 매운 고추 양념과 섞어 먹는데, 부드러우면서 고소한 맛이 일품이다. 끝으로 차모로 음식 하면 빼놓을 수 없는 바비큐는 알고 보면 근자에 생겨난 식문화다. 흥미로운 사실 하나. 바비큐의 주재

7 크래킨 킹크랩

토마토 소스와 함께 볶은 게 요리를 테이블 위에 펼쳐 놓고 먹는다. 나나스 카페(P.108)에서 맛볼 수 있다.

8 팬케이크

괌 뿐 아니라, 본점인 하와이, 일본에서도 문전성시를 이루는 에그스 앤 띵스(P.112)의 스트로베리 팬 케이크. 놓치면 후회한다

9 회

당일 잡은 참치를 이용해 신선한 참치 회를 맛볼 수 있는 것은 물론, 투몬 & 타무닝 내 호텔까지 배달이 가능하다면? 차모로 빌리지 내 튜나카페(P.190)에서 주문이 가능하다.

10 수제버거

괌의 버거 최강자는 누구? 메스클라 도스(P.113)의 새우 버거와 치즈 버거, 햄브로스(P.113)의 아보카도 버거 위드 와사비 마요, 그리고 남부 이판 비치 근처 제프스 파이러츠 코브(P.226)의 홈메이드 하프파운드 치즈 버거까지. 선택은 당신의 몫이다.

11 철판 요리

괌에는 고기, 해산물, 채소를 철판 위에서 즉석으로 구워 내는 일본식 철판 요리인 데판야키 식당이 많다. 투몬 샌즈 플라자 내 조이너스 레스토랑 케야키(P.110)가 대표적이다.

12 스테이크

텍사스 풍 스테이크의 맛 대 맛 대결! 괌에서 오랫동안 사랑받은 론 스타 스테이크 하우스(P.105)와 특제 시즈닝을 사용한 롱혼 스테이크하우스(P.131)에서 진짜 스테이크를 맛보자.

료인 소, 돼지, 닭은 17세기 스페인 지배 전까지 괌에 살지 않았다. 바비큐가 널리 보급된 건 제2차 세계대전 이후 군인들이 괌에 배치되면서부터다. 군 매점의 포장육을 잎사귀로 싸서 불 위에 구워 먹는 방식이 민간인들에게 널리 통용되면서 차모로식 바비큐가 정착됐다는 설이 있다.

EAT & DRINK
괌에서 먹고 마시는 법

괌을 마시다
괌의 시그니처 드링크 메뉴들.
여행을 오래도록 떠올리게 하는 청량한 맛과 향이다.

괌 1 맥주
괌을 대표하는 맥주. 보리, 맥아, 홉, 효모로 만든 5도의 골든 라거로,
풍미가 연한 것이 특징. 망고, 애플, 진저, 바나나 맛으로 변주한 상품
을 선보여 이목을 끌기도 했다. 괌 국제공항 면세점, ABC스토어, K마
트, 페이리스 슈퍼마켓 등에서 판매한다.

망고 주스
100% 망고를 갈아 만든 망고 주스는 달콤 시원한
맛으로 한여름에 즐기기 제격이다. 특히 사랑의 절
벽(P.147)의 간이 음식점에서 한국인이 판매하는
망고 주스의 맛을 놓치지 말자.

코코넛 음료
괌에서는 코코넛 주스를 마시고 나면 반드시 '코코넛 회'를 맛봐야 한다.
주스를 마시고 비운 코코넛 껍데기를 반으로 가른 뒤, 거기 붙은 흰 속살
을 잘게 썰어 간장과 매운 고추냉이 소스에 콕 찍어 먹는데, 씹는 맛이 회
처럼 고소하고 달큰하다. 산타 아구에다 요새(P.180) 앞이나 차모로 빌리
지 야시장(P.197), 데데도 벼룩시장(P.156), 스페인 광장(P.175), 세티만 전
망대(P.217)등 곳곳에서 판매된다.

⤴ 수제 맥주

괌 대표 로컬 브루어리에서 선보이는 에일, IPA, 라거, 포터 등 다양한 수제 맥주를 맛보는 것은 물론이고 수제 파스트라미를 다져 넣은 루벤 스프링롤도 함께 곁들일 것.

⤴ 더티 커피

더티 커피란 커피 위에 휘핑 크림이나 초콜릿 시럽 등을 올려, 의도적으로 흘러내리도록 연출한 커피를 말한다. 슬로워크 커피 로스터스는 이 음료를 자신들만의 감각으로 재해석해 선보였다. 진한 에스프레소와 부드러운 우유의 완벽한 조화를 느껴보자.

⤴ 모히토 샘플러

비치인 슈림프(P.105)에서는 세 종류의 알콜을 맛볼 수 있는 샘플러를 판매한다. 그 중 립 타이드 모히토 트리오는 인기 만점 음료.

⤴ 샹그리아

더 츠바키 타워의 와인 바인 라 칸티나의 시그니처 칵테일은 바로 샹그리아다. 스파클링 샹그리아, 모스카토 샹그리아, 까르베네 샹그리아까지 세 가지 종류가 준비되어 있으며, 이 외에도 다양한 칵테일을 즐길 수 있다.

EAT & DRINK
괌에서 먹고 마시는 법

괌 레스토랑 완전 정복

제대로 주문한 음식 한 접시가 때때론 이 여행의 질을 결정한다.
괌에서 제대로 맛보고 즐기는 법.

뷔페 레스토랑, 골라 먹는 재미

합리적인 금액으로 만족스러운 식사를 즐기고 싶다면, 뷔페만 한 선택지도 없다. 괌의 뷔페 레스토랑은 대개 일식, 이탈리아식, 중식, 태국식 등 종류가 정해져 있어서 기호에 따라 선택할 수 있는 것이 특징. 대부분 호텔 내 위치해 있으며 예약은 필수다.

[괌 & 아시안] 아쿠아 Aqua
@두짓타니 괌 리조트

다양한 해산물과 즉석 면 요리, 바비큐와 초밥은 물론이고 디너와 토요일 점심에는 생맥주, 일요일 브런치에는 생맥주와 와인이 무료로 제공된다. 조식, 중식, 석식 모두 뷔페를 즐길 수 있어 편리하다.

[일식] 니지 Niji
@하얏트 리젠시 괌

초밥부터 튀김, 샤부샤부, 스테이크에 이르는 메뉴 구성이 훌륭하다. 달걀찜, 달걀 초밥 등 아이들이 먹기 좋은 메뉴도 여럿. 평일 점심은 $41나, 일요일 점심은 $57로 가격이 급등한다.

[중식] 토리 Tohlee
@호텔 니코 괌

딤섬과 만두, 마파 두부 등이 맛깔스러운 중식 뷔페로 평일 점심을 $42에 이용할 수 있다(아이러니하게도 최고 인기 메뉴는 일본식 라면이다). 220도 로 펼쳐지는 투몬만을 볼 수 있어 신혼부부나 연인들에게 인기가 좋다.

[일식] 카사 오세아노 Casa Oceano
@더 츠바키 타워

고급스러운 분위기에서 한 끼 식사를 여유 있게 즐기고 싶은 이들에게 추천한다. 인터내셔널 뷔페이긴 하나 사시미와 스시, 튀김과 우동 등 일식이 주를 이루고 있다. 주중 디너에는 철판 요리나 스테이크 등이 제공된다.

[해산물&스테이크]
테이스트 Taste
@웨스틴 리조트 괌

날마다 다양한 테마로 손님을 맞이하는 곳. 삼시 세끼 모두 뷔페를 선보이는 곳으로 특히 일요일 브런치에는 통돼지구이, 립아이 스테이크, 랍스터와 게, 무제한 맥주가 제공된다.

[태국식]
반 타이 Ban Thai

볶음 국수 팟타이, 파파야 샐러드 쏨땀, 새콤달콤한 똠양꿍까지 이름난 태국 음식을 한자리에서 맛볼 수 있는 뷔페다($19.99~22.95). 규모는 작지만 메뉴가 알차다. 뷔페는 점심에만 운영.

해피아워를 공략하라

주로 점심과 저녁 사이, 혹은 저녁 이후 한가로운 시간대에 칵테일이나 맥주, 간단한 핑거 푸드 등을 저렴한 가격에 판매하는 행사를 해피아워라 한다. 손님이 붐비지 않아서 좋고, 예약도 필요 없으니 식사량이 적은 날에는 해피아워 시간대를 이용해보자. 또한 더비치바 레스토랑에서는 비정기적으로 할인 이벤트를 벌이고 있으니 방문 전 홈페이지를 확인해보자.

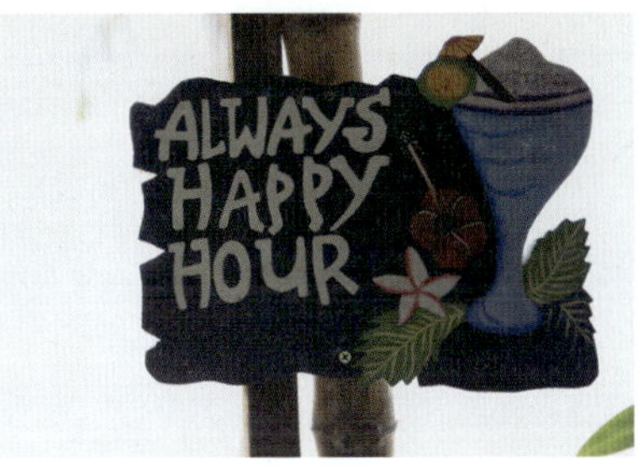

푸드코트, 서로의 취향을 존중하는 법

푸드코트는 입맛이 다른 일행과 공존할 수 있는 평화로운 해결책이다. 괌 프리미어 아웃렛과 마이크로네시아 몰, 빌리지 오브 돈키-돈돈돈키 괌 등에서 한식, 중식, 일식, 양식 등 다양한 메뉴를 맛볼 수 있다. 특히 푸드코트에서 쉽게 마주할 수 있는 판다 익스프레스는 가성비가 좋은 매장으로 볶음밥과 오렌지 치킨, 허니 월넛 슈림프의 인기가 특히 높은 편. 여러 가지 다양한 메뉴를 선택할 수 있으니 합리적이다. K 마트의 푸드 코트는 다른 곳보다 규모는 작지만, 빅 사이즈의 피자를 한 판 $12.94에 판매하는 리틀 시저스를 거느리고 있으므로 반드시 들러볼 만하다. 쇼핑으로 칼로리를 소모한 후 맥주와 함께 즐긴다면 금상첨화다.

클럽 라운지, 내 집처럼 편하게 누리는 리조트

두짓 타니 괌 리조트, 더 츠바키 타워, 두짓 비치 리조트 괌, 롯데호텔 괌, 웨스틴 리조트 괌, 하얏트 리젠시 괌, PIC, 호텔 니코 괌, 힐튼 괌 리조트&스파 등 리조트에서 숙박을 예약할 때 호텔 내 클럽 라운지가 가능한 룸으로 업그레이드 하면 투숙 내내 무료로 라운지를 이용할 수 있다. 이 곳에서 간단하게 조식을 해결하기도 하고, 해피아워 시간에는 맥주나 와인, 핑거 푸드도 무료로 즐길 수 있다. 리조트에서 머무르는 시간이 많다면 예약 시 클럽 라운지 이용이 가능한 룸으로 업그레이드 하자.

SHOW, SHOW, SHOW
서커스쇼 VS 차모로쇼 당신의 선택은?

버라이어티한 서커스쇼와 흥겨운 전통 가무를 관람하는 차모로쇼.
섬을 빛내는 화려한 쇼 타임에 흠뻑 빠져보자.

서커스쇼
Circus Show

카레라 쇼 앳 샌드 캐슬을 필두로 다채로운 서커스 무대가 섬 곳곳에서 선보이고 있다. 그중 저녁 식사를 제공하는 경우 스테이크와 랍스터로 이뤄지고, 호텔에서 픽업& 드롭 서비스를 제공한다.

©Baidyga Group (BG Tours)

카레라 쇼 앳 샌드 캐슬 Karera Show at Sand Castle
눈을 즐겁게 하는 화려한 퍼포먼스와 보기만 해도 아찔한 곡예, 이국적인 불춤 등 나이와 성별을 불문하고 즐길 수 있는 괌 최대 쇼. P.96

슈퍼 아메리칸 서커스 Super American Circus
화려한 조명과 신나는 음악과 함께 미국의 전통 서커스를 즐길 수 있는 곳. 공연 중간 휴식 시간에는 페이스 페인팅 체험이나 피에로와의 사진 촬영도 가능하다. P.93

폴리네시안 쇼 Polynesian Show

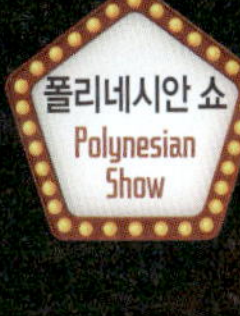

석양을 바라보며 차모로 원주민의 전통 가무를 만나는 시간. 공연 전 식사를 즐길 수 있어 일석 이조. 괌의 전통 문화를 한 층 더 가깝게 만날 수 있다.

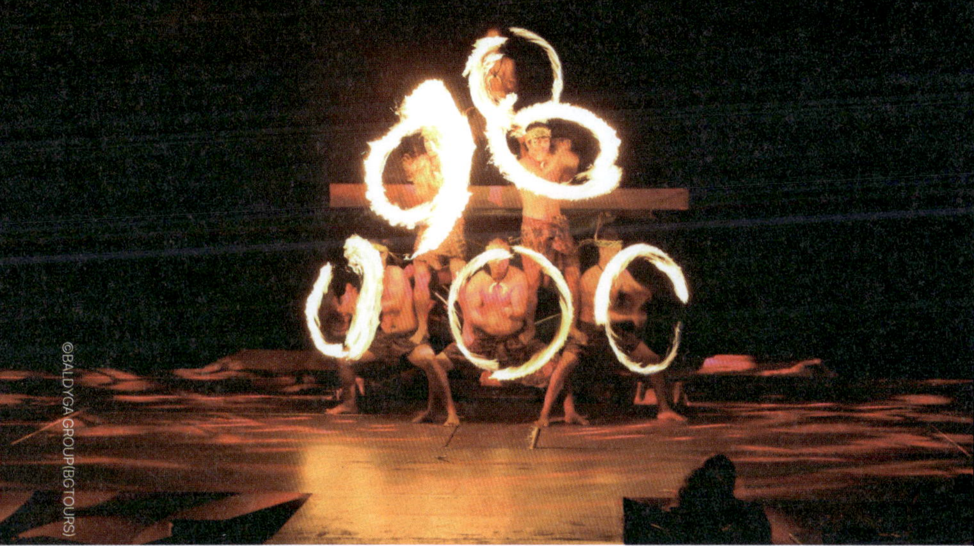

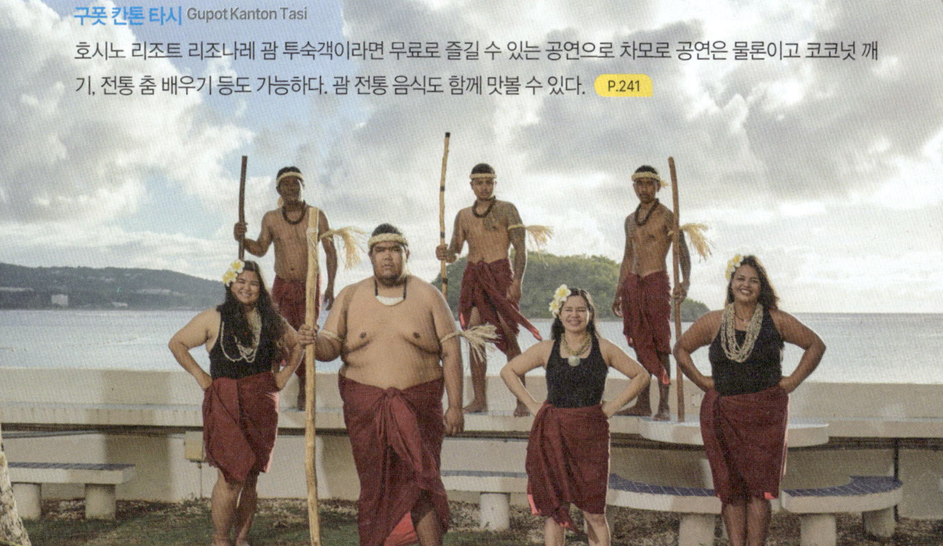

©BALDYGA GROUP(BG TOURS)

타오타오타씨 비치 디너쇼 Taotao Tasi Beach Dinner Show

건 비치 앞에서 펼쳐지는 웅장한 원주민 쇼. 폴리네시안 춤과 사모안 댄스, 엄청난 규모의 불쇼까지 단 한순간도 눈을 뗄 수 없다. 공연 전 셰프들이 직접 구운 바비큐 식사가 펼쳐진다. P.152

구폿 칸톤 타시 Gupot Kanton Tasi

호시노 리조트 리조나레 괌 투숙객이라면 무료로 즐길 수 있는 공연으로 차모로 공연은 물론이고 코코넛 깨기, 전통 춤 배우기 등도 가능하다. 괌 전통 음식도 함께 맛볼 수 있다. P.241

NIGHTLIFE
나이트라이프, 24시간이 부족해

친구나 직장 동료 등 또래 그룹과 여행 중이라면,
야시장부터 클럽까지 빈틈없이 공략하는 진짜배기 괌 나이트라이프 코스를 소개한다.

©Baldyga Group (BGTours)

더비치바 레스토랑
The Beach Restaurant & bar

건 비치에 위치한, 가장 인기 있는 선셋 포인트 중 하나다. 저녁 시간에는 라이브 공연이 펼쳐지고 로맨틱한 분위기가 물씬하다. 바 앞에 설치된 비치발리볼 코트는 누구나 이용할 수 있다. P.153

클럽 조
Club ZOH

괌을 대표하는 뉴욕 스타일 클럽. 힙합, 일렉트로닉 댄스 뮤직 등 실력 있는 DJ들이 분위기를 압도한다. 다양한 이벤트도 열고 있어 재미를 더한다. P.97

샴락스 스포츠 펍
Shamrocks Sports Pub

맥주 마니아들 사이에 소문난 곳. 다양한 종류의 알콜은 물론이고 다트와 당구를 비치해 놓았다. 클럽도 함께 운영 중. P.123

라이브하우스 괌
Livehouse Guam

작지만 알찬 홍대 클럽을 떠올리게 한다. 왁자한 분위기, 볼륨 높은 음악을 듣노라면 금세 흥겨워지는 공간. 괌에서 유명한 밴드들의 공연을 라이브로 감상할 수 있는 좋은 기회다. P.123

차모로 빌리지 야시장
Chamorro Village Night Market

매주 수요일 열리는 야시장. 로컬 연주자들의 라이브 무대, 독특하고 아름다운 공예품과 액세서리가 눈길을 끌고, 무엇보다 먹음직스러운 꼬치구이가 발길을 사로잡는다. P.197

드롭
Drop

아칸타 몰 Acanta Mall 맞은편에 위치한 곳으로 일렉트릭 사운드를 즐길 수 있으며 칵테일 종류가 많고 맛있기로 소문났다. 그중에서도 모히토 인기가 좋다.

Mia's Advice

시끌벅적한 댄스 음악 대신 분위기 있는 곳에서 와인이나 칵테일을 즐기고 싶다면 더 츠바키의 라 칸티나 (P.122)를 추천해요.

KIDS
아이를 위한 알짜배기 정보

임산부는 육아용품을, 아기 엄마는 한국보다 저렴한 미국 브랜드 의류를 쇼핑하기 좋은 곳. 워터파크 못지않은 리조트 풀과 알찬 키즈 캠프까지, 아이들을 위한 프로그램 또한 근사하다.

아이와 함께 하는 쇼핑

마이크로네시아 몰 Micronesia Mall

이곳의 메이시스 Macy's는 다른 곳에 비해 의류 정리가 잘 되어 있어서 한눈에 원하는 제품을 고를 수 있다는 장점이 있다. 메이시스의 타미 힐피거 Tommy Hilfiger 제품이 괌 프리미어 아웃렛의 타미 힐피거보다 질이 더 좋다는 현지인의 귀띔. 로스 Ross의 경우 폴로, 아디다스, DKNY, 타미 힐피거 등의 청바지와 원피스, 샌들과 운동화, 의류, 잡화 등을 제일 저렴하게 구입할 수 있는 곳이다. 매장 오픈 시간(10:00~21:00)에 방문하면 좀 더 편하게 고르고 계산할 수 있다.

MUST BUY 폴로 랄프 로렌 Polo Ralph Lauren, 타미 힐피거 Tommy Hilfiger, DKNY 등 미국 브랜드의 청바지와 원피스, 샌들과 운동화, 의류, 잡화

어린이 의류 쇼핑 코스

괌 프리미어 아웃렛 Guam Primier Outlet

단연코 타미 힐피거 의류를 구입하기 위해 들르는 곳. 치열하게 쇼핑한 후, 계산대의 기다란 줄을 보면 그야말로 기진맥진한다. 한국인 관광객이 유독 많은 곳인데, 타미 힐피거 바로 맞은편 로스 매장도 상황은 마찬가지다.

MUST BUY 타미 힐피거 의류 및 물놀이에 필요한 아이템, 장난감

CHECK! 스마트하게 쇼핑하는 법

❶ 할인 쿠폰 괌 프리미어 아웃렛이나 마이크로네시아 몰 방문 시 비지터 센터나 매장 직원을 통해 현재 진행중인 할인 정보나 쿠폰을 문의하자. 또한 방문 전 공식 웹사이트의 할인 정보 체크는 필수!

❷ 반품 요령 육아용품이나 어린이 의류는 구입 후 변심이 잦고, 뒤늦게 할인 쿠폰을 발견해 환불 후 다시 결제하려는 경우도 적지 않다. 괌 프리미어 아웃렛의 타미 힐피거 매장은 최근 이런 식으로 반품하는 사례가 늘고 있어 이미 한 번 계산한 제품은 다시 재구매가 어렵다. 로스의 경우 반품은 가능하나, 일반 구매 라인이 아닌 반품 라인에 줄을 서야 한다는 것을 미리 알아 두면 시간을 절약할 수 있다. 또한 반품 시에는 미국 내 모든 브랜드에서 여권 등의 신분증을 요구한다. 신용카드를 이용해 구매할 경우 점원에 따라 본인의 신용카드인지 확인하기 위해 신분증을 요구할 수 있어 쇼핑 시 여권을 지참하는 편이 좋다.

JP 슈퍼스토어 JP Superstore

상호만 보면 언뜻 슈퍼마켓 같지만, 백화점 리빙&키즈 섹션 못지않게 상품 구성이 훌륭하다. 다양한 브랜드의 제품을 멀티숍 형태로 진열해 놓아 둘러보기도 좋다. 직구 했을 때, 인터넷 면세점에서 구입했을 때의 가격과 비교 후 구입할 것. 육아용품뿐 아니라 아동 의류를 사기에도 더할 나위 없다. 한국에서 만나기 힘든 키즈 브랜드를 만날 수 있는데 세일 기간에는 반드시 살펴볼 것. 의외의 '득템'에 성공할 수 있다.

MUST BUY 젤리캣 Jelly Cat 인형이나 폴로 키즈, 예티 YETI나 하이드로 플라스크 Hydro Flask 텀블러, 알로하 Aloha 가방

K 마트 K-mart

성수기에 이곳을 찾는다면 현지인들보다 압도적으로 많은 한국인 관광객들을 만날 수 있다. 그만큼 인기가 많은 곳이다. 다만, 워낙 한국 임산부들에게 인기라 금방 매진되는 제품이 많다는 게 단점이다.

MUST BUY 먼치킨 Munchkin 오리 온도계와 목욕 장난감, 스와들 Swaddle 속싸개, 아쿠아퍼 Aquaphor 침독 크림, 데스틴 Destin 발진 크림, 존슨앤존슨 Johnson&Johnson 베이비 면봉, 란시노 Lansinoh 유두 보호 크림과 수유 패드, 피셔 프라이스 Fisher Price와 브라이트 스타트 Bright Starts의 장난감, 1세 미만 아이들을 위한 액상 분유 엔파밀과 시밀락, 일반 기저귀와 수영용 팬티 기저귀, 모래놀이 세트

페이리스 슈퍼마켓 Payless Supermarket

현지인들이 가장 사랑하는 마트. 마이크로네시아 몰 Micronesia Mall, 하갓냐, 데데도 등 총 8군데에 위치해 있다. 아이들 먹거리는 이곳에서 해결하자.

MUST BUY 현지에서 소진할 유기농 채소와 과일, 간편한 레토르트 이유식

로스 Ross

예비 엄마를 포함, 모든 아기 엄마들의 필수 코스. 괌 프리미어 아웃렛에 위치한 로스는 01:30까지, 마이크로네시아 몰에 위치한 로스는 새벽 01:00까지 영업한다.

MUST BUY 카터스 Cater's 제품을 가장 많이 구입하게 되는 곳. 신생아 보디 수트를 포함해 3개월, 6개월, 12개월의 의류가 인기가 높다. 신생아를 위한 장난감 역시 저렴하게 구입할 수 있는 곳.

KIDS
아이를 위한 알짜배기 정보

아이들을 위한 놀이터

플레이웍스 PlayworX

마이크로네시아 몰 2층에 위치한 이곳은 아이들이 마음껏 구르고 뛰고, 창의적으로 놀 수 있는 장소다. 온 가족이 쇼핑을 위해 마이크로네시아 몰에 들렀다면 아이들에게도 즐겁게 놀 수 있는 약간의 시간적 여유를 주면 좋을 듯. P.157

키즈 플레이 코너 Kids Play Corner

아담한 규모의 어린이 놀이터. 아이들의 안전을 위해 키가 42인치 이하인 어린이들만 이용할 수 있으며 부모들이 앉아서 지켜볼 수 있도록 플레이 코너 사방에 벤치를 마련해 두었다. 플레이 코너의 소품들은 모두 부드러운 고무 소재를 이용한 것이 특징. 이곳 역시 괌 프리미어 아웃렛에 자리한다. P.128

롤리팝 Lollipop

만 5세 미만 유아들이 즐겁게 놀 수 있는 소규모 키즈 클럽. 카페를 같이 운영하고 있어 커피 한 잔 하면서 아이들을 지켜볼 수 있다. 아포가토나 칼라만시 아이스 티 등 다른 곳에 비해 음료의 종류가 다양한 것이 특징. 양말 착용은 필수다. 마이크로네시아 몰 2층에 위치. P.157

 CHECK! 리조트 내 키즈 클럽

❶ **퍼시픽 아일랜드 클럽(PIC) 키즈 클럽** 워터파크 놀이와 실내 자유시간, 실내 게임과 그림 그리기, 영화 감상 등 다양한 프로그램이 있으며 오전반, 오후반으로 진행된다. PIC 내 시헤키 플레이 하우스는 영유아 놀이방으로 놀이기구가 모두 폭신한 소재로 구성되어 있다. 신장 120cm가 넘지 않는 아이들을 위한 공간이며, 부모가 반드시 동행해야 한다. 모두 무료. **P.239**

❷ **롯데호텔 괌 드림 하이 키즈 플레이그라운드** 2025년에 오픈해 시설이 좋고, 깨끗하다. 1시간 $15로 괌 리조트 내 아이들을 위한 놀이터 가운데 가장 규모가 크다. **P.235**

❸ **호텔 니코 괌 키즈 플레이 룸** 무료입장 가능. 실내 놀이터와 야외 놀이터로 나뉘어져 있는데 보호자의 동행이 필요하다. **P.235**

❹ **웨스틴 리조트 괌 패밀리 프로그램** 스노클링과 키즈 쿠킹 클래스, 영어 놀이와 아트 프로그램 등 가족이 함께 즐길 수 있는 5가지 프로그램을 만들었다. 1층 로비에 위치한 브릭 라이브룸은 실내 키즈 레고룸으로 1만 8000여 개의 레고 브릭과 레고 프렌즈, 시티 브릭 레이스 트랙 등을 마련했다. 투숙객에 한해 이용 가능하며(프런트 데스크에서 사전 예약 필수), 양말 착용이 필수다. 개장시간은 9:00~21:00. **P.236**

Mia's Advice

로컬 어린이들과 만나는 즐거운 여름&겨울 캠프

최근 아이들의 효율적인 영어 교육을 위해 '괌 한 달 살기'에 도전하는 사람들이 급증하고 있어요. 이때 고만고만한 영어캠프를 피하고 싶다면, 현지 어린이들을 위한 로컬 캠프에 참여해 보세요.

괌 주립대 4-H 썸머 캠프 https://www.uog.edu/landgrant/current-initiatives/4-h/summer-camps

밸리 오브 더 라테 썸머 캠프 www.valleyofthelatte.com/2023/05/02/valley-latte-guam-summer-camp

아이 입맛에 딱! 레스토랑 키즈 메뉴

패밀리 레스토랑에서는 아이들을 위한 키즈 메뉴를 선보이고 있다. 대체로 $10가 넘지 않는 가격으로 메인 메뉴와 음료까지 주문할 수 있다. 메뉴로는 삶은 마카로니에 치즈를 곁들인 맥 앤 치즈나 치킨 너겟, 팬 케이크, 스크램블 에그, 샌드위치나 볶음밥 등이 있다

MUST BUY 괌에는 가족 여행객을 위한 무료 키즈밀 이벤트가 있다. 데니스 Denny's 에서는 매주 월~목요일, 2~10세 미만 어린이를 대상으로 성인 메뉴 1개 주문 시 키즈 메뉴 1개를 무료로 제공하고 있다. 또한 나나스 카페 Nana's Cafe는 매주 화·목요일 17:30 ~ 21:00에 성인 메뉴 주문 시 어린이용 도시락(음료 포함)이 무료로 제공된다. 카프리초사 Capricciosa의 경우 매주 화요일 키즈 나이트를 운영하는데, 12세 미만 어린이는 성인 메인 메뉴 주문 시 키즈밀 1개를 무료로 받을 수 있다.

SPA
여독을 이기는 스파 이용법

일정 중 쌓인 피로를 풀어줄 내 여행의 구세주, 스파에 대한 모든 것을 소개한다.
미리 공부해두면 내게 맞는 스파를 선택하는 데 도움이 된다.

괌에서 스파를 즐기는 법

❶ 예약 괌은 건식 마사지보다 오일을 이용해 부드럽게 스트레스를 풀어주는 마사지가 보편화되어 있다(태국이나 필리핀식의 강한 지압을 원했다면 다소 기대에 어긋날 수 있다). 그러니 테라피 메뉴를 잘 알아본 뒤 홈페이지 또는 전화로 예약을 한다. 취소 수수료 유무를 체크하는 것은 필수. 방문할 때는 예약 시간 15분 전에 도착하도록 한다. 귀중품, 소지품은 간소하게 챙길 것.

❷ 가격 동남아시아 지역에 비해서는 높은 편. 저가 마사지는 대부분 1시간에 $60~70가량, 호텔 내에 위치한 마사지의 경우 1시간에 $100~200 선이다. 리조트 부설 스파의 경우 투숙객에게 할인 혜택을 제공하기도 한다. 팁을 지불할 땐 특별한 규정은 없으나, 저렴한 저가 마사지의 경우 $5~10 정도, 호텔 내에서 운영하는 마사지의 경우 마사지 금액의 10%를 준비하는 것이 일반적.

❸ 순서 예약하면서 픽업 차량을 요청하면 추가 요금 없이 이동할 수 있다. 숍에 도착하면 따뜻한 차를 마시며 체질이나 원하는 마사지의 강도 등을 설문지에 체크한다. 선호하는 오일을 선택한 뒤 탈의 후 마사지 가운으로 갈아입는다. 테라피가 끝난 후에는 침대 위에 팁을 올려놓고 나온다. 원한다면 간단한 샤워도 가능하다. 스파 후 바로 수영이나 입욕은 삼갈 것.

Mini Box

타이밍별 스파 공략하기
밤 비행기로 돌아가는 여행자들에겐 24:00까지 문을 여는 텐주도 스파(P.101)를 추천한다. 여행자의 묵은 피로를 해소하기에 제격이다.

임산부를 위한 테라피

 **산모를 위해** 보편적으로 임산부들은 강한 지압 마사지보다는 부드럽게 몸의 긴장을 풀어주는 마사지를 제공하는 편이다. 힐튼 괌 리조트&스파의 스파 아유아람(P.100)에서 진행하는 임산부 마사지 Maternity Massage가 대표적이다. 17주 이상 이용 가능하며 발리니스 기법을 이용해 임신기의 긴장을 완화시키며 몸을 부드럽게 케어하는 마사지다. 또한 롯데호텔 괌 내에 위치한 뱅텡 스파의 경우 15주 이상인 경우 드라이 마사지, 아로마 마사지, 풋 마사지, 핫스톤 마사지가 가능하다.

스파 용어 총 정리

 **핫 스톤 마사지** Hot Stones Massage 오일 마사지 후 엎드린 몸 위에 데운 돌을 올려 놓는다. 큰 돌은 허리 위에, 작은 돌은 등이나 팔 위의 경락점에 놓아 몸을 편안한 상태로 만든다.

 **자바니스 마사지** Javanese Massage 자바섬의 허브와 오일을 이용, 근육을 풀어주는 전통 마사지.

 **아유르베다 마사지** Ayurvedic Massage 아유르베다는 힌두교의 전통 의술로, 아로마 에센셜 오일을 이용해 지압을 하며 피로를 덜어주는 마사지다.

 **메르디안 마사지** Meridian Massage 손의 압력을 이용하거나 혹은 발로 밟기도 하는 등 강도가 센 마사지. 타이 마사지와 비슷하다.

 **뱀부 마사지** Bamboo Massage 대나무와 허브를 이용, 손바닥과 손목을 이용한 힘으로 온몸을 마사지하며 근육 경련과 독소 제거 등의 치유가 목적인 마사지.

압력 Pressure 손으로 누르는 힘의 정도에 따라 나누어져 있다. 약한 정도의 지압이면 'Light pressure', 중간 정도의 지압이면 'Moderate Pressure', 강한 지압을 원할 경우에는 'Deep Pressure'라고 말하면 된다.

2025년 11월, 두짓 비치 리조트 괌에는 남 스파 Namm Spa라는 힐링 공간이 새롭게 오픈했어요. 태국어로 '남'은 맑음과 흐름, 그리고 재생의 근원을 뜻한다고 해요. 마사지는 여섯 가지 종류로 45~90분 사이에 이뤄지며 가격은 $125~190 정도예요. 특히 시차 적응과 신경 안정, 저녁 시간의 릴렉스를 돕는 괌 선셋 마사지가 눈에 띕니다. 트리트먼트 룸에는 개인 탈의실 및 샤워 시설이 마련되어 있는데 기본 제공 시간 외 추가 15분마다 $60가 부과되니 이점 유의하세요.

ITEMS TO BUY
마트에서 사야 할 필수 아이템

이것만은 장바구니에 챙겨 담아야 한다. 한국인 여행자가 사랑하는 K 마트 쇼핑 리스트와
여행 중 요긴한 ABC 스토어의 비상약, 그리고 뷰티 아이템을 한데 모았다.

K 마트에 간다면 이것만은

크래커 위에 뿌려 먹는 이지 치즈.
고소한 맛이 일품.

새콤달콤 독특한 맛, 망고 피클.
용량이 큰 것이 단점.

선물용 기념품으로 최고,
달콤하고 바삭한 바나나 칩.

현지에서 맛보는 5% 저알코올
맥주 O'Doul's.

임산부가 먹어도 안전하다는,
천연 소화제 텀스.

그을린 피부용 수딩 젤. 알로에
베라 잎을 착즙해 만들었다.

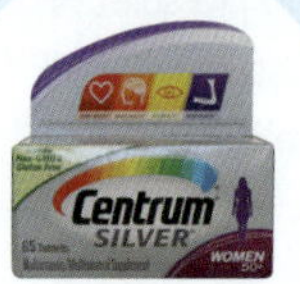

어른들 선물용으로 최고, 센트룸.

아는 사람들만 구입한다는 영양제
얼라이브.

다채로운 과일 맛도
판매하는 Guam 1 맥주.

Mia's Advice

맥주를 비롯한 마실 거리와 채소, 과일, 라면 등 식재료는 페이리스 슈퍼마켓이 조금 더 저렴한 편
이에요. 바비큐를 즐길 예정이라면 페이리스 슈퍼마켓에 들러 재료를 구매해 보세요!

ABC 스토어에 간다면 이것만은

기미와 주근깨 제거 또는 여드름 자국에 효과적인 크림 Nadinola.

SPF 50 자외선 차단제 하와이안 트로픽. 236ml.

피부의 각질을 제거해 맑은 피부를 만들어 주는 노니 비누.

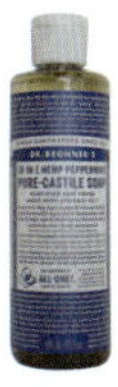

천연 오일 베이스로 만든 물비누, 닥터 브로너스. 237ml.

꿀을 기본 원료로 한 오가닉 크림, 페이스&아이 크림 Honey Girl.

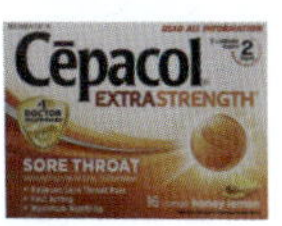

목감기에 좋은 캔디, 먹는 즉시 효과적! Cepacol.

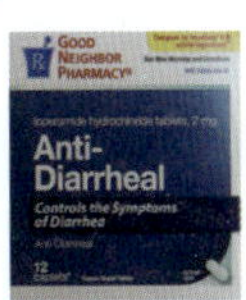

여행지에서 민감한 사람이라면 꼭 필요한 변비약.

열감기용 시럽. 낮과 밤으로 복용 시점을 구분했다.

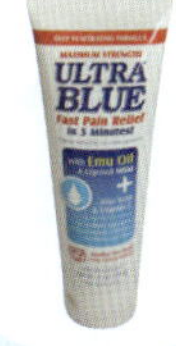

순수한 이무 오일을 함유해 통증을 5분 안에 누그러뜨리는 크림.

Mini Box

호텔 내 쇼핑 공간, 본 보야지 Bon Voyage

웨스틴 리조트 괌, 하얏트 리젠시 괌, 힐튼 괌 리조트&스파 등 괌 리조트 곳곳의 1층 로비에서 만날 수 있으며 투몬 샌드 플라자 내에도 위치한 쇼핑 공간. 의류와 간단한 기념품뿐 아니라 화려한 패턴이 인상적인 마리메코 Marimekko, 감각적인 캠핑 브랜드 예티 Yeti 등의 브랜드가 입점해 있어 소소한 쇼핑의 재미를 느낄 수 있다. 역시 면세가격으로 구매할 수 있다.

여행 계획 세우기
Guam Travel Plan

곽, 한눈에 미리보기
곽 여행, 무엇이든 물어보세요
곽 대중교통 가이드
렌터카 똑똑하게 사용하는 법
365일 곽 축제 캘린더
곽 여행 코스 제안

INFORMATION
괌, 한눈에 미리보기

아는 만큼 보이고, 보이는 만큼 감동받는 법. 괌을 여행하기 전, 필요한 기본 지식들만 추렸다.

 **위치** 북위 13.48도, 동경 144.45도에 위치한 태평양 마리아나 제도 최대의 섬. 길이 48㎞, 폭 6~14㎞의 길쭉한 형태로, 면적은 546㎢다. 이는 우리나라로 치면 제주도 면적의 3분의 1보다 작고, 거제도보다 넓다. 한국에서 비행기로 약 4시간 거리에 자리한 가장 가까운 미국령 Unincorporated Territory of the United States 이다. 시차는 한국보다 1시간 빠르다. 미국령 서쪽 끄트머리에 위치해 미국의 하루가 가장 먼저 시작되는 곳이며, 공군기지와 해군기지가 있는 전략적 요충지이기도 하다.

 **기후** 열대 해양성의 고온 다습한 기후로, 일 년 내내 기온의 변화가 적다. 평균 기온이 26도, 낮에는 30도 이상이며 습도가 80%다. 따라서 한낮에는 거리를 걷기 힘들 수 있으니 물놀이나 기타 워터 스포츠를 즐기거나 시원한 쇼핑몰에서의 쇼핑을 권한다. 12~5월은 건기, 6~11월은 우기로 이때에는 국지성 호우(스콜)가 자주 발생하지만 비 내리는 시간이 짧아 여행에 큰 지장은 없다.

 **역사** 오랜 세월 차모로족이 점유해 온 이 섬은 항해가 페르디난드 마젤란 Ferdinand Magellan 이 1521년 3월 6일 우마탁 마을을 발견한 이래 세계적으로 그 존재가 알려지기 시작했다. 이를 계기로 333년간 스페인의 식민지가 된 괌은 1898년 스페인–미국전쟁에서 이긴 미국의 수중에 들어갔다. 이후 제2차 세계대전 중이었던 1941년 일본이 괌을 점령, 30개월 동안 일본의 지배를 받다 1944년 다시 미국에 속하게 되었다.

 **행정** 1950년 캘리포니아 주법에 근거해 자치권을 가진 미국의 준주로 미합중국 영토의 일부가 되었고, 1989년 완전히 편입됐다. 괌 주민에게도 미국시민권이 주어지는데, 미합중국 대통령 선거, 연방의회 의원 선거 등의 참정권은 주어지지 않았다. 주민 대다수는 미국 본토와 같은 생활 스타일로 살지만 차모로 원주민의 문화와 스페인 문화의 흔적이 아직도 곳곳에 남아 있다. 주도는 하갓냐 Hagatna.

 **비자** 한국과 미국 연방정부는 괌에 한해 비자 면제 신청을 받고 있다. 대한민국 국민일 경우 전자 여권(구여권 불가) 유효 기간이 6개월 이상 남아 있고, 여행 7일 전 ESTA(전자여행허가제) 또는 괌–북마리아나 제도 전자여행허가(G–CNMI ETA)중 하나를 승인받아야 한다. 괌–북마리아나 제도 전자여행허가의 승인을 받은 경우, 괌 이외 미국의 기타 다른 지역으로의 여행은 불가능하다. 인터넷을 통해 전자여행 허가서(ESTA)를 받는 경우에는 90일까지 미국 내 여행이 가능하며, 괌에서 미국 내 다른 곳으로 이동도 가능하다.

 **언어** 공용어는 영어와 차모로어다. 괌 여행 중 가장 많이 듣게 되는 차모로어는 '하파 데이 Hafa Adai'로, '안녕'이라는 뜻이다. 호텔과 쇼핑 센터에서는 영어가 통용된다. 필리핀 이민자가 많아 필리핀어도 높은 비율로 쓰인다.

 **인구** 2025년 기준 16만 9,000명이며 인종 구성 비율은 차모로인 34.6%, 필리핀인 30.7%, 백인 7.2%

등으로 추정한다. 한인은 2.2%로, 약 5,016명이다 (worldpopulationreview.com 참고). 과거 스페인 식민지였던 영향으로 85%가 로마 가톨릭교다. 연간 118만 명이 괌을 방문하며 일본, 한국, 중국, 대만 순으로 방문객이 많다.

 **통화** US달러($)를 사용한다. 지폐는 $1, $5, $10, $20, $50, $100 총 6종류가 있고, 동전은 ¢25(쿼터), ¢10(다임), ¢5(니켈), ¢1(페니) 4종류가 있다. 투어 프로그램은 현장에서 현금 결제가 대부분이지만, 카카오톡 등 메신저를 통해 괌에서 예약할 경우 투어 회사에 따라 한국 통장으로 계약금을 입금해야 하는 경우도 있다. 이때 인터넷 뱅킹이 필요할 수 있다. 기타 레스토랑과 쇼핑몰 등은 신용카드로 결제할 수 있다.

 **환전** 차모로 빌리지 야시장이나 데데도 벼룩시장의 경우 현금 결제만 가능하다. 따라서 급하게 현지에서 현금이 부족할 경우, 호텔 혹은 쇼핑센터에 비치된 ATM 기계를 통해 체크카드로 현금을 인출할 수도 있다. 호텔 내에도 환전소가 비치되어 있지만 수수료 때문에 반드시 현금이 필요한 경우가 아니라면 신용카드 사용이 오히려 경제적이다.

팁 한국인들이 가장 적응하기 힘든 문화가 바로 팁 문화다. 레스토랑에서는 기본적으로 영수증에 팁을 포함시켜서 나오는 경우가 많다. 따라서 영수증에서 팁의 유무(보통 Gratuity, Service Charge, Tip 등으로 표시된다)를 체크한 뒤 팁 표시가 없을 때 음식 값의 15% 정도 주는 것이 좋다. 택시를 탈 때나 마사지를 받을 때, 액티비티 투어 가이드에게도 상황에 맞게 약간의 팁을 건네는 매너를 잊지 말자(역시 10% 정도 팁을 준비하는 것이 좋다). 호텔에서 짐을 운반해준 직원에게는 $2~3, 객실 청소 업무를 담당하는 직원에게도 인당 $1 정도를 침대 베개 위에 올려 두자.

 **전압** 120V·60hz로 우리나라 전자 제품을 사용하기 위해서는 휴대용 변압기, 멀티 플러그, 어댑터 등이 필요하다. 롯데호텔 괌 등 일부 호텔에서는 변압기 대여도 가능하지만, 수량이 많지 않다. 전자 제품이 프리 볼트인 경우 인근 철물점이나 인터넷을 통해 110V 11자 모양의 작은 컨버터를 구입해 가면 된다. 괌에서는 ABC 스토어에서 판매한다. 휴대폰이나 노트북 등 배터리형은 대부분 프리 볼트 제품이지만 미리 해당 전자회사에 확인하는 것이 좋다.

 **면세** 한국에서 괌 출국 시, 또 괌에서 한국 입국 시 주류 2L 이하, 필터담배 200개비, 전자담배 20㎖, 향수 100㎖ 한도로 면세품을 구매할 수 있다. 기타 그밖의 쇼핑에 관해서는 한국에서 괌으로 출국 시 한국 면세점에서 구입할 수 있는 구매 한도는 제한이 없다. 하지만 괌에서 한국으로 입국 시 면세 혜택을 받을 수 있는 금액은 1인당 $800이다(만약 한국에서 괌으로 출국하면서 $3,000을 주고 가방을 구입했다면, 다시 괌에서 한국으로 귀국할 때 $800을 제외한 나머지 $2,200에 맞는 세금을 지불해야 한다).

 **교통** 대부분의 호텔에서는 입출국 시 공항을 편하게 오갈 수 있도록 전용 차량을 운행한다(추가 비용 지불 시 이용 가능). 다만 인원수에 따라 금액을 책정하기 때문에 공항에서 호텔까지 택시 비용과 비교해 저렴한 편을 선택하자. 렌터카는 공항이나 투몬 지역에서 예약이 용이하고, 택시는 모든 호텔과 주요 쇼핑센터에서 쉽게 탑승할 수 있다. 기본 요금이 1mile(1.6㎞)에 $2.40이며, 그 뒤 1/4mile마다 ¢80가 추가된다. 여행자들이 쉽게 이용할 수 있는 대중 교통으로는 호텔과 주요 관광지, 쇼핑센터를 연결하는 레드 셔틀 버스가 있다. 편도 $7(승차 시 운전기사에게 지불)이며 각 정류장마다 셔틀 버스의 노선과 시간을 확인할 수 있다.

FAQ
괌 여행, 무엇이든 물어보세요

괌 여행을 준비하기 전, 가장 기본적으로 궁금해 하는 것들만 추렸다. 이것만 알아도, 여행의 절반은 이미 준비한 셈이다.

Q 괌, 언제 가는 게 좋을까?

A 괌은 건기와 우기가 뚜렷하다. 1~5월은 건기로 대부분 날씨가 좋다. 쇼퍼홀릭이라면 연말(11~12월)을 노려보자. 연중 최대 세일 기간으로 블랙프라이데이와 사이버먼데이, 연말 세일이 큰 폭으로 진행된다. 우기는 통상 6~12월로, 6월부터 서서히 강수량이 높아지고 7~11월에는 많은 비를 동반하다 12월부터 꺾이는 추세다. 다만 강수량이 많더라도 강하고 짧게 쏟아지는 스콜이라 금세 맑게 개는 경우가 대부분. 7~10월 사이엔 태풍이 발생할 수도 있어 미리 알아 두는 것이 좋다(*한국인 여행자의 경우 5월에는 가정의 달 연휴, 7~8월은 여름 휴가철, 9~10월은 추석 연휴가 있어 이 시기 숙박과 항공권 예약 경쟁이 가장 치열하다).

Q 모바일, 어떻게 이용할까?

A 호텔과 쇼핑센터 내에서는 대부분 무료 와이파이를 쓸 수 있지만, 문제는 밖으로 나가면 전혀 이용할 수 없다는 것이다. 따라서 유심, 무제한 요금제, 포켓 와이파이 기기 중 하나를 준비하는 게 좋다. 결론부터 말하자면 와이파이 기기 대여를 권장한다. 기기 하나로 5~10명이 동시에 인터넷을 사용할 수 있기 때문. 다만 한국 통신사에서 이중 요금을 부과할 수 있으므로 데이터를 끄거나, 출발 전 해외 데이터 사용 차단을 신청하는 게 좋다. 와이파이 기기는 인천국제공항 및 괌국제공항에서 대여할 수 있고(새벽 비행기로 도착하는 경우에도 대여 가능) 인터넷을 통해 사전에 예약, 결제하는 편이 좋다. 현지 AT&T, GTA 등 통신사 유심을 이용하면 전화와 메신저로 연락하기가 힘들다는 점을 감수해야 하고, 데이터 로밍 무제한 요금제는 속도가 매우 느리다.

Q 비자가 필요할까?

A 미국령에 속하는 괌은 비자 없이도 여행이 가능하다. 단, 비자면제 신청을 해야 한다. 괌 여행을 하려면 반드시 사전에 ESTA(전자여행허가제) 또는 괌-북마리아나 제도 전자여행허가(G-CNMI ETA) 중 하나를 승인받아야 한다. ESTA는 유료(인당 $40), G-CNMI ETA는 무료로 신청할 수 있다(유아, 소아, 성인 모두 포함). ESTA는 여행 비자 없이 미국을 여행할 수 있는 허가증으로 공식 홈페이지(https://esta.cbp.dhs.gov)를 통해 서류를 작성하면 된다. 늦어도 출발하기 5일 전에 신청하는 것이 좋고, ESTA 신청 시 최대 90일까지 체류할 수 있다. G-CNMI ETA 신청 시에는 홈페이지(https://g-cnmi-eta.cbp.dhs.gov)에서 미리 발급받아야 입국이 가능하다. 승인되면 2년 또는 여권 만료 시점(둘 중 빠른 날짜)까지 유효하다. 최소 여행 5~7일 전까지 신청하는 것이 안전하며 최대 45일을 체류할 수 있다.

Q 언제부터, 무엇부터 준비해야 할까?

A 항공과 호텔을 예약하는 것이 제일 중요하다. 여권이 없다면 그전에 발급받아두는 게 좋다. 예약을 끝냈다면 이동수단을 결정(렌터카, 버스, 택시 등으로 나누어짐)하고, 여행 스타일을 따라 전체적이며 대략적인 일정을 짜는 것이 순서다. 이런 식이라면 적어도 두 달 전부터 여행을 준비해야 허둥대지 않는다. 한 달 전부터는 세부 일정을 짜면서 필요에 따라 렌터카 예약, 준비물 체크, 와이파이 대여, 옵션 예약을 진행하고 쇼핑 쿠폰 등을 챙겨 두는 것이 좋다.

Q 투숙하지 않는 호텔의 수영장도 이용할 수 있을까?
A 워터파크급 놀이시설을 갖춘 곳으로는 유일하게, 호시노 리조트 리조나레 괌에서 성인 $55, 5~11세 $30에 원 데이 패스를 판매하고 있다.

Q 예산은 얼마나 마련해야 할까?
A 숙소와 항공권, 렌터카를 제외하고 현지 체류 비용만 계산한다면, 식사는 대략 1인당 한 끼에 $15~40 정도, 액티비티는 스카이다이빙 등 고가를 제외하고는 1인당 $100 정도. 여기에 쇼핑에 드는 비용을 추가해 가늠하면 된다. 만일의 상황에 대비, 현지에서 가능한 신용카드 준비도 잊지 말자.

Q 숙소는 어떻게 고를까?
A 숙박비와 룸 컨디션은 비례한다는 것을 잊지 말자. 다만 대가족인 경우 그리고 절약형 여행을 계획하거나 새벽 비행기를 통해 입출국할 예정이라면 첫날과 마지막 날은 저가 숙소로, 나머지 일정은 형편에 맞게 적당한 숙소를 고르는 것도 방법. 자세한 내용은 P.230의 호텔&리조트 예약 A-Z를 참고할 것.

Q 여행에 요긴한 모바일 애플리케이션이 있을까?
A 구글 맵은 필수다. 내비게이션이 작동되지 않는 일부 남부 지역에서 특히 편리하다. 웨이즈 Waze는 구글 맵으로 찾기 힘들 경우, 대체재로 사용 가능하다. 인기 메뉴와 평점으로 맛집을 알려주는 옐프 Yelp, 괌 현지인들이 유용하게 사용하는 트립 쿠폰 Trip Coupon, 671 쿠폰 671 Coupon 등은 애플리케이션을 통해 다운받아 현지에서 요긴하게 사용할 수 있다.

Q 렌터카, 꼭 필요할까?
A 대가족이거나, 아이가 있는 경우, 남부나 북부 아일랜드 호핑을 계획하고 있다면 렌터카는 필수다. 만약 렌터카 없이 트롤리와 택시 등을 적절하게 이용할 예정이라면 예상 비용과 버스 스케줄을 미리 알아본 뒤 보다 꼼꼼하게 일정을 짜는 것이 좋다.

Q 렌터카, 어떻게 이용해야 할까?
A 공항 픽업&드롭 서비스, 카 시트나 아이스 박스 무료 대여 등 각 업체마다 제공하는 혜택이 다르니 비교 분석한 뒤 골라야겠다. 일정 내내 렌터카를 이용할 예정이라면 새벽에도 공항 픽업과 반납이 가능한 알라모 렌터카, 버젯 렌터카를 추천한다. 여행 중 1~2일 정도만 빌린다면 시내에서 픽업과 반납이 가능한 괌 드림 렌터카를 이용하는 편이 낫다. 시내에서 렌터카를 반납하는 경우, 공항까지 드롭 서비스를 제공하는지도 잘 살펴보는 것이 좋다. 예약을 했다면 바우처와 여권, 운전면허증(국내·국외)과 예약자 이름의 신용카드를 들고 픽업 카운터로 간다. 차량용 스마트폰 충전기, 차량용 와이파이 충전기, 차량용 스마트폰 지지대 등을 준비하면 이용하기가 훨씬 수월하다. 자세한 내용은 P.60의 렌터카 똑똑하게 사용하는 법을 참고할 것.

Q 비상 식량, 미리 준비해야 할까?
A 김, 레토르트 쌀밥 등은 현지 마트에서 구할 수 있다. 전자레인지의 경우 호텔에 따라 객실에 준비되어 있거나, 로비 체크인 카운터에 따로 요청하면 사용할 수 있다. 육가공품은 기내 반입 자체가 금지되므로 장조림이나 컵라면(수프에 함유) 등의 제품은 괌에서 구입하자.

Q 괌, 치안은 어떨까?
A 총기를 합법적으로 소지할 수 있지만, 위험한 사고가 빈번하게 일어나는 지역은 아니다. 다만 렌터카 이용 시 쇼핑센터나 외진 곳에 주차할 때 쇼핑백, 가방, 휴대폰 등을 두고 내리지 않도록 특히 조심하자.

TRANSPORTATION
괌 대중 교통 가이드

괌 안토니오 B. 원 팻 국제공항에서 시내로 오가는 픽업과 샌딩 교통편은 다양하다. 공항과 시내를 오가는 소요 시간은 10~15분 사이. 비행기 스케줄과 여행자 수에 따라 여행에 맞는 픽업과 샌딩 서비스를 골라보자.

공항 ↔ 시내 이동편
[입국] 안토니오 B. 원 팻 국제공항에서 시내로

공항에서 시내로 이동하는 방법은 크게 다음과 같다. 각 이동수단의 장단점과 금액을 비교, 나에게 최적화된 교통수단을 선택하는 것이 관건. 한국에서 출발 전 예약이 필요할 수 있으니 참고하자.

괌 현지 택시

괌 현지 택시는 예약이 필요 없는 가장 편리한 교통수단이다. 공항 출국장을 나오면 택시 표지판을 쉽게 찾을 수 있고, 새벽에 도착한 경우에도 승차하는 데 어려움이 없다. 택시는 표준 요금제로 시내 호텔로 이동 시 금액은 대략 $30 이며 캐리어 한 개당 $1가 추가된다. 현금 결제를 선호하므로 되도록이면 잔돈을 준비하는 것이 좋다. 짐이 많은 경우라면 기사에게 약간의 팁을 주는 센스도 잊지 말자(괌 현지 택시 중 한인 택시에 한해 1인 $5의 공항세를 현금으로 지불해야 한다).

카카오 T 괌 택시

카카오 택시 메인 화면 상단의 '여행', '카카오 T 괌 택시' 를 순서대로 선택한 뒤 출발지와 도착지, 탑승 날짜와 시간, 탑승 인원수 등을 입력해 사전 결제하면 예약이 완료된다. 한국에서 출발 전 예약할 수 있으며 카카오톡으로 예약 확정 문자가 전송되면 예약이 완료된다. 괌 공항에서는 출국장에서 나온 뒤 Miki Taxi 안내데스크에서 예약 번호를 보여준 뒤 안내에 따라 카카오 T 승차장에서 탑승하면 된다. 단, 공항 픽업을 원한다면 최소 6시간 전 예약해야 한다. 전 과정을 한국어로 이용하는 것은 물론이고 공항세(1인 $5)가 결제 금액에 포함되어 있어 편리하다.

스트롤 Stroll (차량 공유 서비스)

스트롤은 괌에서만 이용 가능한 차량 공유 서비스로 휴대폰 어플리케이션을 다운받아 기본 정보와 결제 카드를 입력하면 차량을 호출할 수 있다. 한국어로 설정하면 보다 편리하게 이용할 수 있다. 호출 시 결제 금액을 미리 알 수 있는 것은 물론이고 경우에 따라 다르지만 대체적으로는 다른 택시에 비해 가격이 저렴하다. 현지 상황에 따라 배차 수가 적을 때는 대기 시간이 길어질 수 있으며, 공항세(1인 $5)가 결제 금액에 포함되어 있다.

호텔 셔틀버스

니코 호텔 괌, 롯데 호텔 괌, 호시노 리조트 리조나레 괌, 괌 리프 호텔 등 일부 호텔은 픽업 서비스를 제공한다. 대부분 공식 홈페이지에서 구매한 경우에만 한하며 최소 도착 3일 전 예약 등의 조건이 있으니 홈페이지에서 확인해보자. 호시노 리조트 리조나레 괌은 예약 필요 없이 무료 셔틀버스로 운영되며 그 외 호텔은 1인 최대 4명까지 차량 탑승 가능하다. 가격은 대략 $30~40로 공항세(1인 $5)는 현금으로 별도 지불해야 한다. 단, 셔틀버스의 경우 인원이 초과된 경우 다음 스케줄의 차량을 탑승해야 하는 경우도 있다.

여행사 픽업 서비스

각종 포털 사이트나 괌 관련 블로그 혹은 카페에서도 공항 픽업 서비스를 신청할 수 있다. 여행사에서 15인 이상 차량으로 픽업하는 경우에는 가격이 저렴한 대신 픽업을 요청한 여행자들이 모두 탑승할 때까지 기다려야 하는 불편함이 있을 수 있다. 개인 차량을 예약한 경우에는 4인 미만, 4~6인 기준으로 차량 크기와 금액이 달라지며 업체에 따라

1인 1캐리어 무료 등의 할인 혜택이 있다. 공항세(1인 $5)는 현금으로 별도 지불해야 한다.

렌터카 픽업 서비스

대부분의 렌터카 업체에서 괌 3일 이상 렌터카 이용 시 공항 픽업 서비스를 진행하고 있다. 첫날부터 렌터카를 이용하는 경우에는 공항 픽업 후 렌터카 사무실로 바로 이동하며, 괌 여행 중간에 렌터카를 이용하는 경우에는 공항에서 호텔로 이동한다. 공항세(1인 $5)는 현금으로 별도 지불해야 한다.

시내 ↔ 공항 이동편
[출국] 시내에서 안토니오 B. 원 팻 국제공항으로

시내에서 공항으로 이동하는 이동수단에는 여행사의 샌딩 서비스와 택시, 렌터카 등이 있다. 시내에서 공항으로 이동하는 경우 공항세는 없다.

괌 현지 택시

예약 필요 없이 호텔 컨시어지에 요청하면 바로 탑승이 가능하다. 단, 다른 샌딩 서비스에 비해 가격이 조금 더 높을 수 있다. 괌의 우버라고 불리는 '스트롤'로 택시를 호출할 경우 차량 수가 적어 배차가 늦어질 수 있다.

카카오 T 괌 택시

한국 여행자들이 많이 가장 많이 사용하는 수단으로 그만큼 같은 비행기로 출국하려는 여행자로 붐빌 수 있으니 미리 예약하는 것이 좋다.

여행사 샌딩 서비스

포털 사이트나 여행사에서 진행하는 샌딩 서비스는 편도의 경우 대략 1인 $15이며, 예약이 필수다. 공항 픽업과 샌딩을 함께 예약하면 보다 가격이 저렴하다.

렌터카 샌딩 서비스

허츠, 버젯 등 대형 렌터카 회사는 렌터카 사용 후 공항에서 반납이 가능하며, 한인 업체의 경우에는 반납 후 회사에서 공항까지 샌딩 서비스를 제공하고 있다.

CHECK! **안토니오 B. 원 팻 국제공항** Antonio B.Won Pat International Airport

괌 최초의 국제공항. 괌 출신으로는 최초로 대의원을 지냈던 정치인 안토니오 보르자 원 팻의 이름을 땄다. 1층엔 여행사 카운터와 렌터카 데스크, 2층엔 항공사 체크인 카운터, 3층엔 입출국 심사장이 자리한다. 도착 후 3층에서 입국 심사를 거친 뒤 짐을 찾아 세관 검사를 받은 후 1층으로 내려가면 OK. 입국 심사 시 필요한 서류는 미국 출입국 신고서(기내 제공), 비자 면제 신청서(ESTA 혹은 I-736), 괌 세관 신고서 등이 있다.

TRANSPORTATION
괌 대중 교통 가이드

일반 택시는 물론이고 카카오 택시도 가능한 곳이 바로 괌. 택시 이외에도 레드 셔틀과 액티비티 픽업 서비스를 이용해 렌터카 없이도 괌을 둘러볼 수 있는 루트를 소개한다.

레드 셔틀 Red Shuttle

괌에서 렌터카를 사용하지 않는 여행객들에게 또 다른 발이 되어 주는 레드 셔틀. 노선은 총 3개로 투몬 셔틀, 쇼핑몰 셔틀, 차모로 빌리지 나이트마켓 셔틀이 있다. 그중 투몬 셔틀과 쇼핑몰 셔틀은 1회 승차 시 $7이며, 1일권 $15, 2일권 $20, 3일권 $25, 4일권 $30, 5일권 $35로 두 개의 노선을 모두 이용할 수 있다. 차모로 빌리지 나이트마켓 셔틀의 경우 편도 $8로 다른 노선과 중복으로 이용할 수 없다.
E-티켓을 구입하는 경우 홈페이지(guamredshuttle.com)에서 티켓을 구매한 뒤 예약 시 발송되는 메일 내 '티켓 표시하기'를 클릭해, 승차할 때 화면을 운전자에게 보여주면 된다. 단, E-티켓을 이용하려면 승차 시 인터넷에 연결되어 있어야 한다. 셔틀 탑승 시 인터넷 사용이 불가능하다면 현장에서 운전기사에게 티켓을 구매할 수도 있다. 셔틀을 운행하는 시간표가 주기적으로 바뀌는 데다 평일과 일요일의 스케줄이 다르기 때문에 홈페이지에서 직접 확인하는 것이 가장 정확하다.

투몬 셔틀 Tumon Shuttle

투몬 내 위치한 리조트와 마이크로네시아 몰, 이파오 비치, 괌 프리미어 아웃렛, JP 슈퍼스토어 등을 순환한다. 하루 20회 정도 순환하며, 운영시간은 대략 09:30~21:30이다.

쇼핑몰 셔틀 Shopping Mall Shuttle

투몬 셔틀에 비해 탑승 장소가 적다. 두짓타니, PIC, 괌 프리미어 아웃렛, JP 슈퍼스토어, 마이크로네시아 몰, K마트, 빌리지 오브 돈키(돈돈돈키 괌)를 순환한다. 하루 6회 순환하며, 운영시간은 대략 11:35~19:50 이다.

차모로 빌리지 나이트 마켓 셔틀 Chamorro Village Night Market Shuttle

매주 수요일에만 운영되며 괌 프리미어 아웃렛에서 출발해 차모로 빌리지에 도착하는 스케줄(2회, 괌 프리미어 아웃렛에서17:45, 18:40 출발)과 차모로 빌리지에서 출발해 투몬 내 위치한 리조트에 하차하는 스케줄(2회, 차모로 빌리지에서 19:15, 20:15 출발)로 나뉘어 있다.

픽업 서비스 Pick up Service

렌터카를 이용하지 않거나, 택시를 이용하지 않아도 충분히 괌 곳곳을 둘러볼 수 있다. 단, 내 취향에 맞는 액티비티를 선정하는 것이 중요하다. 원하는 상품에 따라 북부나 남부 쪽을 여행사의 셔틀버스를 이용해 이동할 수 있다.

비지 투어즈 BG Tours

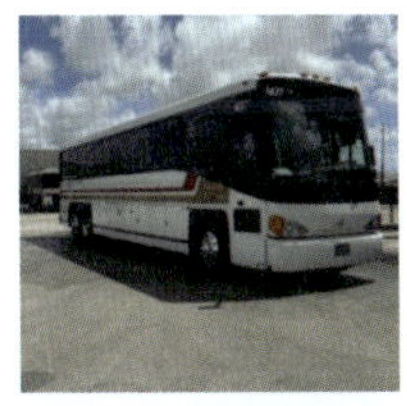

돌고래는 물론이고 열대 밤의 별 관측도 함께 즐기는 선셋 디너 크루즈, 괌 전통 쇼인 타오타오타씨, 태양의 서커스에서 영감을 받아 세계적인 디자이너와 쇼 제작자 40여 명이 참여해 만든 대규모 프로젝트인 카레라 쇼 앳 샌드 캐슬까지 다양한 볼거리와 즐길 거리가 모여 있는 비지 투어즈. 프로그램에 따라 추가 요금을 내거나 크루즈의 경우에는 픽업 요금이 포함되어 있다.

문의 bestguamtours,kr

스타 샌드 비치 클럽 Star Sand Beach Club

리티디안 비치는 아름답기로 소문났지만 날씨에 따라 통제가 되기도 한다. 그럴 땐 리티디안 비치 내에서도 프라이빗한 구역인 우루나오 프라이빗 비치의 투어 프로그램을 신청해보자. 워터 스포츠, 문화 체험, 오프로드 & 사격체험, BBQ와 별빛투어까지 하루 종일 이곳에서 시간을 즐길 수 있는 아이템이 넘쳐난다. 이곳 역시 프로그램에 픽업 서비스가 포함이라 렌터카가 없어도 충분히 하루를 알차게 보낼 수 있다.

문의 www.guamstarsand.com

비키니 아일랜드 클럽 Bikini Island Club

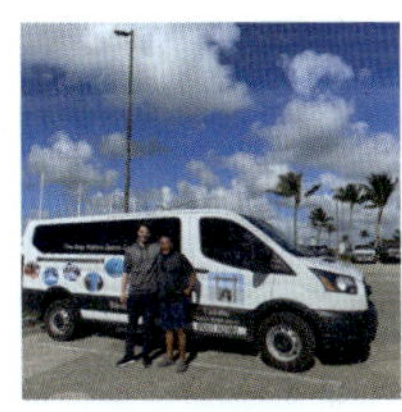

남부 코코스 라군은 에메랄드 빛 바다가 아름답기로 소문난 곳이다. 이곳에 위치한 비키니 아일랜드 클럽에는 제트 스키, 바나나 보트, 패러세일링, 스노클링 등 다양한 워터 스포츠가 모두 모여 있다. 투어 상품에 런치 및 픽업 서비스도 포함되어 있어 부담이 덜하다.

문의 bikiniislandclub.com

라테 계곡의 어드벤처 파크
Valley of the Latte Adventure Park

탈로포포 강과 우검 강을 따라 리버 크루즈를 즐겨보자. 남부 괌의 정글을 탐험 및 고대 차모로 마을에서 괌의 문화와 역사에 대해 배워보자. 좀 더 모험심이 있다면 카약과 패들 보딩 투어를 선택할 수도 있으며 오전 투어는 바비큐 점심 식사와 픽업 서비스가 포함이다. 리버 크루즈는 호텔 픽업 시간을 포함해 총 4시간 가량 소요된다.

문의 ko,valleyofthelatte.com

RENT-A-CAR
렌터카 똑똑하게 사용하는 법

아이부터 어르신까지 다양한 구성원으로 이뤄진 가족 여행자라면, 괌의 숨겨진 명소를 발견하고자 하는 모험가라면, 렌터카가 답이다.

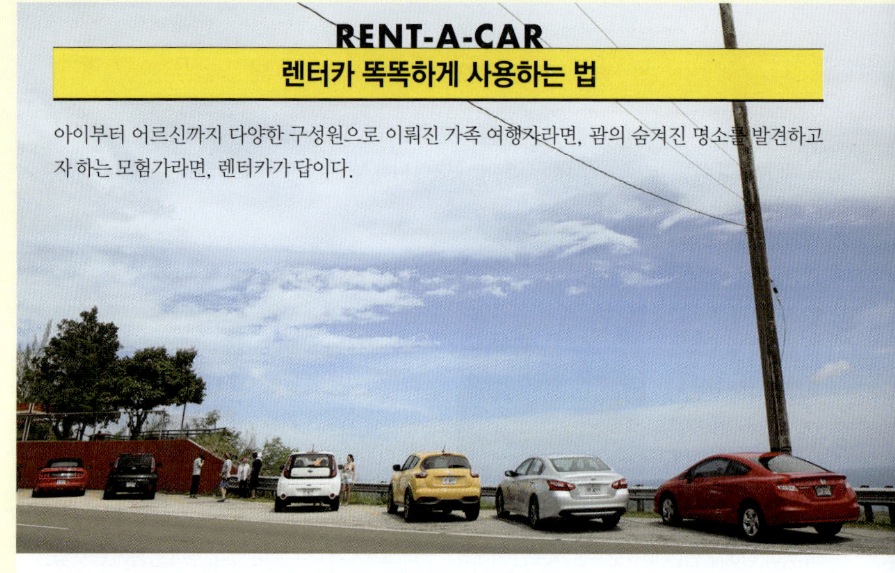

STEP 1 : 예약　면허증 체크 ▶ 국내에서 예약 ▶ 관련 보험 계약 ▶ 결제 및 확정서 체크

예약 전 가장 먼저 해야 할 일은 국내 · 국제 운전면허증의 유효 기간을 살피고, 적성 검사 기간을 체크하는 것. 한국 면허증은 괌 도착 날짜를 기준으로 30일간, 국제운전면허증 소지자는 최대 3개월이 유효 기간이다. 괌에서는 만 21세 이상이어야 운전대를 잡을 수 있다는 사실도 반드시 알아둘 것. 확인이 끝났다면 본격적인 예약 단계로 넘어간다. 현지에서는 간혹 원하는 차종을 고를 수 없으니, 출발 전 한국에서 예약하는 것을 추천한다. 우선 렌터카 업체의 차량 등급과 요금제 포함 내역을 선택한다. 추가로 내비게이션과 카 시트 등 옵션 포함 여부도 체크할 것. 특히 '보험' 부분이 가장 중요하다. 자차, 대인/대물 보험은 필수고 추가로 자손 보험까지 포함하면 안전하다. 이름, 나이, 차종, 이용 일수 등을 꼼꼼히 적어 최종 가격을 확인 한 뒤 예약을 진행하는데, 신용카드(체크카드나 아멕스 불가)로 결제하면 이메일로 확정서를 받을 수 있다.

Mini Box

렌터카 관련 보험 종류

❶ **대인/대물 보험 EP** Extended Protection 사고 시 상대방과 상대방의 차량에 대한 손해를 배상받을 수 있는 보험. *대여료에 포함.

❷ **자차 보험 CDW** Collision Damage Waive 운전자로부터 발생한 대여 차량의 손상에 대한 책임을 공제해주는 보험. 단 액세서리나 플랫 타이어, 내비게이션, 차량 기기 등의 분실이나 손상은 대여자 부담이다. 이 금액 역시 *대여료에 포함.

❸ **자손 보험 PAI** Personal Accident Insurance 운전자 및 동승자의 사고로 인한 치료비, 구급차 비용 및 사망 시 보험금을 보상받을 수 있는 보험이다.

❹ **로드사이드 어시스턴트 프로텍션 RAP** Roadside Assistance Protection 긴급 차량 출동 서비스. 열쇠를 분실하거나, 타이어가 펑크 났거나, 배터리가 방전되거나, 운전 중 연료가 부족한 경우 등 운전이 불가능해 견인 차량이 필요할 때 도움을 준다.

CHECK! 주요 렌터카 업체

크게 글로벌 렌터카 업체와 한인 렌터카 업체로 나뉜다. 글로벌 렌터카의 경우 공항에서 대여와 반납 모두 가능하며 24시간 운영한다. 다만 영어에 대한 부담감이 있다면 시내에 영업점을 두고 있는 한인 렌터카를 이용하는 것도 좋다. 시내까지 직접 이동해야 한다는 단점은 있지만 반납 후 공항까지 드롭 서비스(셔틀 버스)를 운영하거나 내비게이션 또는 포켓 와이파이 무료 대여 등의 부가적인 혜택을 제공한다. 현지에서 카카오톡으로 대여 가능 여부를 알아볼 수도 있다.

● **알라모 렌터카** Alamo Rent A Car **(글로벌)**
문의 671-649-0110(공항 사무소), 671-647-1016
(시내 사무소) **홈페이지** www.alamo.co.kr

● **허츠 렌터카** Hertz Rent A Car **(글로벌)**
문의 671-642-3210(공항 사무소), 647-7264~5
(시내 사무소) **홈페이지** www.hertz.co.kr

● **닛산 렌터카** Nissan Rent A Car **(글로벌)**
문의 671-642-3210(공항 사무소), 671-648-8000
홈페이지 www.nissanrent.com

● **버젯 렌터카** Budget Rent A Car **(글로벌)**
문의 671-647-1446(공항 사무소)
홈페이지 www.budget.com

● **에이비스 렌터카** Avis Rent A Car **(글로벌)**
문의 671-646-8156(공항 사무소)
홈페이지 www.avis.com

● **리치 렌터카(한인)**
문의 070-4795-1000
홈페이지 www.skyguam.co.kr

● **괌 드림 렌터카** Dream Rent A Car **(한인)**
문의 070-4290-1711(한국 예약 문의, 카톡 예약 상담 아이디 @괌드림렌트카)
홈페이지 www.dreamguam.com

Mia's Advice

내비게이션이나 귀중품은 절대 차 밖에서 보이도록 놓지 마세요. 특히 한국인 여행자에게 인기 높은 차종 '큐브'는 내부가 훤히 들여다보여 도난의 위험이 크답니다. 최근에는 리티디안 비치 등에서 문을 부수고 차 안에 있는 귀중품을 훔치는 강도 사건이 발생했으니 조심, 또 조심해야 합니다.

STEP 2 : 픽업 렌터카 카운터 ▶ 여권, 확정서, 면허증, 신용카드 제시

공항에서 픽업할 경우, 짐을 찾고 'Rental Car' 표지판을 따라가면 렌터카 사무소를 마주할 수 있다. 그곳에서 바로 대여를 하거나, 셔틀 버스를 타고 공항 밖으로 이동해 픽업해야 하는 경우도 있다. 카운터 직원에게 예약 확정서(이메일로 받은 바우처), 여권, 유효한 국내운전면허증, 국제운전면허증, 신용카드를 제시하면 곧장 렌터카를 받을 수 있다. 이때 신용카드는 반드시 예약자 명의와 같아야 하며, 이 카드를 통해 보증금 Deposit이 청구(현금으로 청구하는 경우도 있다)된다는 사실을 알아둬야겠다. 물론 보증금은 반납 1~2주일 후 되돌려준다. 시내에서 렌터카를 대여한다면, 사무실을 직접 방문해야 한다. 대여시간은 24시간 기준이며, 시간이 초과되면 추가 요금이 발생할 수 있으니 유의할 것.

STEP 3 : 주유   하루 사용 시 $10~20 분량 주유, 반납 시 픽업 당시만큼 주유

일정 중 한 번 쯤은 주유를 하게 마련. 특히 반납하는 길이라면, 픽업 당시와 같은 양만큼 주유를 해두어야 한다. 직원이 상주하는 곳(쉘 주유소)이라면 편하지만, 그렇지 않은 경우에는 셀프 주유에 도전해야 한다. 셀프 주유는 미국 본토 여행에도 요긴하니 배워 둬서 나쁠 건 없다. 주유비가 한국보다 저렴해 대부분 하루 렌터카 사용 시 $10~20 정도의 분량을 주유하면 충분하다(1 gal(3.7ℓ) $4.88~$4.99가량).

CHECK!   도전, 셀프 주유!

❶ 현금으로 주유소 기계 앞에 하차 → 시동 끈 뒤 차를 세운 곳의 주차번호 확인(각 주유구마다 번호가 표시되어 있음) → 주유소 내 상점 안에 들어가 점원에게 자신의 차가 정차한 주유구의 번호와 원하는 금액을 말한다(예를 들면 2번 주유구에서 $40어치를 주유하고 싶다면 "넘버 투, 포티 달러 플리즈! Number 2, 40 dollar please"라고 말하면 된다) → 그런 뒤 차 있는 곳으로 돌아와 주유구를 연다(차종에 따라 주유구를 손으로 살짝 누르면 열리는 것도 있다) →3가지 가격 중 원하는 금액의 주유기를 들어 주유구에 갖다 대고 손잡이의 튀어나온 버튼을 누르면 주유가 된다(이때 주유기가 꽂혀 있는 레버를 위로 올려야 주유가 가능하다) → 거스름돈을 받아야 하는 상황이 생기면 다시 상점에 들어가 "넘버 투 체인지 플리즈 Number 2, Change Please"라고 말하자.

❷ 신용카드로 주유소 기계 앞에 하차 → 주유기 화면의 Preset 버튼을 누른다 → 원하는 양/금액 입력 후 엔터를 누른다 → 신용카드를 넣어 계산한 뒤 주유구 버튼을 눌러 금액만큼 주유를 한다. 모빌 주유소의 경우 신용카드 결제 시 보증금으로 $50가 함께 선결제된다(이 금액은 2주 후 결제 취소된다).

STEP 4 : 반납   해당 주차 번호 확인 ▶ 반납 ▶ 영수증 수령

글로벌 렌터카 업체를 이용했다면, 해당 반납 구역을 찾아 차량을 반납한다. 이때 차 안에 두고 온 물건은 없는지 살핀다. 처음 방문했던 공항 내 렌털 데스크로 주차한 장소의 번호를 말하면 반납 완료. 직원으로부터 받은 영수증은 잘 보관해 둔다. 시내에 위치한 한인 렌터카를 이용했다면 해당 업체에 차량 반납 후 렌터카 사무소에서 제공하는 셔틀 버스를 타고 공항으로 간다. 시내 렌터카 사무소에서도 경

우에 따라 공항 셔틀 버스를 운행하니 확인할 것. 키를 분실하면 업체, 차량에 따라 조금씩 다르나 대략 $350~500가량 부과된다.

알아 두자, 괌 교통 정보

mile

마일

거리는 km 대신 마일 mile, 속도는 km/h 대신 mi/h로 표시한다. 참고로 1mile은 1.6km. 차량에 표시된 속도가 50mi/h라면 80km/h로 달리는 셈.

무조건 정지

운전 중 Stop 사인이 있다면 무조건 3초 이상 정지한 뒤 먼저 온 차량 순서대로 출발한다. 브레이크를 살짝 놓으면서 앞으로 천천히 움직이는 것 또한 금지.

안전벨트 착용은 필수

괌에서 안전벨트는 법률에 의해 운전자 및 동승자는 의무적으로 착용하도록 되어 있다. 이를 위반할 경우 벌금(최소 $100)이 부과된다. 뿐만 아니라 만 3세까지는 카시트를, 만 11세(신장 약 140cm 이하)까지는 부스터 시트가 필요하다. 만 11세 미만 어린이를 보호자 없이 차 안에 혼자 두는 것도 법률로 금지하고 있다. 잠깐이라도 아이를 차에 혼자 두지 말자.

노란색 중앙 실선

비상등을 켜고 노란색 중앙 실선 안으로 들어가 차량 통행을 확인한 뒤 좌회전 또는 유턴을 할 수 있다. 양방향이 모두 진입이 가능하다.

우측 통행

괌은 우리나라와 같이 운전석이 왼쪽에 있으며 도로는 우측 통행이다.

주차금지구역

No Parking(주차금지구역), Accessible Passenger Loading Zone(장애인 주차구역), Reserved Parking(지정 주차구역), Fire Land(소방 공간), Tow Away Zone(견인 공간) 등에는 절대 추차 금지. 주차 시 견인 및 범칙금이 $40~100 이상 부과된다.

정차 중인 스쿨버스는 추월 금지

노란색 스쿨버스가 정차해 학생들을 싣고 내릴 때, 일반 차량이 이를 앞지르는 것은 절대 금지다. 스쿨버스가 반대 방향에서 정차 중이더라도 마찬가지.

빨간불일 때도 우회전 가능

신호가 빨간불이더라도 일시 정지한 후 왼쪽을 잘 살폈다면 우회전을 해도 된다. 다만, 'No Turn on Red'라는 표지판이 있는 경우에는 금지.

CALENDAR
365일 괌 축제 캘린더

1년 365일 축제의 즐거움으로 가득한 괌. 여행 날짜와 겹친다면 축제 한마당에 동참해 함께 즐겨보자. 보다 가까이, 괌의 속살을 엿볼 수 있다.

1 JAN	2 FEB	3 MAR

새해 불꽃놀이
New Year's Eve Fireworks
장소 이파오 비치 파크(하갓냐 베이)

공휴일
1월 1일 새해 New Year
1월 세 번째 월요일
마틴 루터 킹 목사의 날
Martin Luther king Jr. Day

괌 시장배 여자 골프 토너먼트
Guam Governor's
Cup Ladies Golf Tournament
장소 레오 팰리스 리조트

공휴일
2월 18일 대통령의 날
President's Day

구팟 차모로 게 축제
Gupot Chamorro Crab Festival
장소 메리조 참전용사 가족 공원 Malesso'
Veteran Sons & Daughters Pier Park

공휴일
3월 첫 번째 월요일
괌 발견의 날
Guam History & Chamorro Heritage Day
장소 우마탁 베이

7 JULY	8 AUG	9 SEP

괌 광복절 퍼레이드
Guam Liberation Perade
장소 하갓냐(Marine Corps Drive)

공휴일
7월 4일 독립기념일 Independence Day
7월 21일 괌 해방 기념일 Liberation Day

7~8월 주말
투몬 나이트 마켓
Tumon Night Market
장소 투몬 & 타무닝 메인 도로
(DFS 괌 앞 도로)

도니(매운 고추) 축제 Donne Festival
장소 망길라오(Santa Teresita Church 옆)

공휴일
9월 첫 번째 월요일
노동자의 날 Labor Day

정확한 날짜는 괌정부관광청 홈페이지 www.welcometoguam.co.kr과 페이스북 www.facebook.com/Visitguam.kr을 통해 보다 자세히 알 수 있어요!

4 — APR

괌 코코 로드 레이스
Guam Koko Road Race
장소 거버너 조셉 F. 플로레스 기념공원

5 — MAY

13일
망고 페스티벌 Mango Festival
장소 아갓(Sagan Bisita)

바나나 축제 Banana Festival
장소 이판 비치 파크, 탈로포포

공휴일
5월 마지막 월요일
현충일 Memorial Day

6 — JUN

괌 마이크로네시아 아일랜드 페어
Guam Micronesia Island Fair
장소 파세오 공원

10 — OCT

10~12월 주말
투몬 나이트 마켓
Tumon Night Market
장소 투몬 & 타무닝 메인 도로
(DFS 괌 앞 도로)

공휴일
10월 두 번째 일요일
콜럼버스의 날 Columbus Day

11 — NOV

드래곤보트 페스티벌
Dragonboat Festival
장소 Frank H. Cushing Way

공휴일
11월 11일 상이용사의 날
Veterans Day
11월 네 번째 목요일
추수감사절
Thanksgiving

12 — DEC

공휴일
12월 8일 카마린 성모 대축일
Santa Marian Kamalen Day
12월 25일 크리스마스 Christmas

괌 마니아들을 위한
업데이트 뉴스

괌은 재방문율이 상당히 높은 관광지다. 그만큼 괌을 주기적으로 방문하는 마니아들을 위해 새롭게 업데이트된 소식을 전한다.

메이플라워 II
Mayflower II

투몬에서 이미 유명한 베이커리 카페로, 하갓냐에 2호점을 오픈했다. 버터 향 가득한 페스트리와 커피를 즐길 수 있으며 곧 샐러드와 파스타 등 점심 메뉴도 추가할 예정이다.

주소 138 Martyr St, Hagåtña
운영 07:00~17:00

용러 레스토랑
Yongle Restaurant

35년 경력의 셰프가 선보이는 중식 전문점. 딤섬과 만두, 볶음밥 등 남녀노소 누구나 좋아할 만한 대중적인 메뉴들을 제공한다. 무엇보다 가격이 합리적이어서 가성비 높은 식사로 인기가 높다.

주소 Korean Trade Center, Unit 14, Harmon Industrial Park **운영** 10:30~14:30, 17:00~21:00

프로비전스 와인 앤 치즈
Provisions Wine & Cheese

와인과 스낵으로 한 끼 식사를 대신해보는 건 어떨까? 엄선된 와인과 치즈, 올리브, 그리고 테이크아웃 샐러드 등 와인과 함께 곁들일 수 있는 아이템을 판매한다. 여행 후 호텔 객실에서 하루의 피곤을 풀고 싶다면, 이곳에서 와인과 치즈를 구입해보자.

주소 139 Chalan Santo Papa Juan Pablo Dos, Hagåtña **운영** 월~금 11:00~18:00, 토 11:00~16:00

투몬 스큐어 하우스
Tumon Skewer House

괌 최초의 연기 없는 꼬치집이 탄생했다. 테이블에서 완벽하게 구운 꼬치를 편안하게 즐길 수 있다. 꼬치 한 개당 $2.99의 가격도 만족스럽다. 고기 뿐 아니라 채소나 해산물 구이 등 다양한 메뉴가 준비되어 있다.

주소 941 Pale San Vitores Rd, Tumon (블루 라군 플라자 내 위치) **운영** 17:00~24:00

괌 여행 코스 제안

MUST DO LIST
모두를 위한 필수 코스

느긋하게 휴양을 즐기면서도 랜드마크와 쇼핑 스폿을 두루 섭렵할 수 있는
알짜배기 여행 코스를 추천한다.

3박 4일(렌터카 1일 포함)

1 DAY	투몬 비치 혹은 호텔 수영장 → 비치인 슈림프(런치) → DFS 괌 & JP 슈퍼스토어 → K 마트 → 빌리지 오브 돈키–돈돈돈돈키 괌 → 프로아(디너)
2 DAY	돌핀 크루즈 → 렌터카 픽업 → 사랑의 절벽 → 건 비치 → 괌 프리미어 아웃렛(쇼핑 겸 디너)
3 DAY	스페인 광장 → 하갓냐 대성당 → 아델럽곶 → 에메랄드 밸리 → 우마탁만 공원 & 마젤란 기념비 → 우마탁 다리 → 솔레다드 요새 → 이나라한 자연 풀 → 제프스 파이러츠 코프 → 렌터카 반납 → 나나스 카페(디너)
4 DAY	마이크로네시아 몰(쇼핑 겸 런치) → 호시노 리조트 리조나레 괌 워터파크 → 카레라 쇼 앳 샌드 캐슬(디너)

4박 5일(렌터카 2일 포함)

1 DAY	호텔 수영장 → 토리(런치 뷔페) → DFS 괌 & JP 슈퍼스토어 → 빌리지 오브 돈키–돈돈 돈돈키 괌 → 메스클라 도스 버거(디너)
2 DAY	피시 아이 마린 파크 혹은 리버 보트 크루즈(라테 계곡의 어드벤쳐 파크) → 스타 샌드 비치 클럽(선셋 비치 & 바비큐)
3 DAY	투몬 비치 → 일본식 철판 요리(런치) 또는 호텔 뷔페 → 렌터카 픽업 → 라테 스톤 공원 → 스페인 광장 → 하갓냐 대성당(수요일이라면 차모로 빌리지 야시장 투어) → 쓰리 스퀘어(디너) → K마트
4 DAY	아델럽곶 → 슬로워크 커피 로스터스 → 에메랄드 밸리 → 세티만 전망대 → 우마탁만 공원 & 마젤란 기념비 → 우마탁 다리 → 솔레다드 요새 → 이나라한 자연 풀 → 제프스 파이러츠 코브(디너)
5 DAY	사랑의 절벽 → 마이크로네시아 몰(쇼핑 겸 런치) → 렌터카 반납 → 더비치바 레스토랑(디너) → 타오타오타씨 비치 디너 쇼(쇼만 관람)
6 DAY	호시노 리조트 리조나레 괌 워터파크 → 카레라 쇼 앳 샌드 캐슬 → 튜나 카페(호텔 배달)

TPO PLAN
여행 유형별 추천 코스

사랑하는 연인, 아이, 가족과 함께라서 더 즐거운 3박 4일 괌 여행 코스.

BABYMOON & PRENATAL 베이비문 & 태교여행를 위한 코스

1 DAY	호텔 수영장 → DFS 괌 & JP 슈퍼스토어 → 저녁은 숙소 근처에서 해결하거나 호텔 배달이 가능한 튜나 카페(회 이외에도 주먹밥 등의 메뉴 판매)
2 DAY	스타 샌드 비치 클럽 (골드팩 이용, 식사와 별빛 투어로 스냅 촬영까지 포함)
3 DAY	사랑의 절벽 → 마이크로네시아 몰(쇼핑 겸 런치) → 임산부 마사지 → 디너쇼
4 DAY	호텔 브런치 → 빌리지 오브 돈키–돈돈돈돈키 괌

HONEYMOON & COUPLE 허니문 & 커플을 위한 코스

1 DAY	슬로워크 커피 로스터스(아침) → 스페인 광장 & 하갓냐 대성당 → 햄브로스(런치) → K 마트 → 나나스 카페(디너)
2 DAY	비키니 아일랜드 클럽 또는 스타 샌드 비치 클럽 중 택 1(식사 포함) → 디너 쇼
3 DAY	스카이 다이빙 등의 액티비티 → 카프리초사(런치) → 사랑의 절벽 → 건 비치의 더비치바 레스토랑에서 로맨틱한 디너(식사 후 택시로 호텔까지 이동)
4 DAY	호시노 리조트 리조나레 괌 워터파크 (원데이 패스 이용) → 귀국 준비(호텔에서 체크 아웃한 뒤 새벽 비행기를 탑승할 예정이라면 빌리지 오브 돈키–돈돈돈돈키 괌에서 마지막 쇼핑과 식사를 해결할 것)

FAMILY WITH CHILDREN 아이 동반 가족 여행자를 위한 코스

1 DAY	투몬 비치 → 마이크로네시아 몰 쇼핑 후 플레이웍스 혹은 괌 프리미어 아웃렛 쇼핑 후 키즈 플레이 코너 → 튜나 카페(호텔 배달)
2 DAY	스타 샌드 비치 클럽 → 아쿠아리움 오브 괌 레스토랑(디너) → K마트
3 DAY	피시 아이 마린 파크 또는 스타 샌드 비치 클럽 → 슈퍼 아메리칸 서커스 → 호텔 뷔페
4 DAY	사랑의 절벽 → 괌 프리미어 아웃렛 → 귀국 준비(호텔에서 체크 아웃한 뒤 새벽 비행기를 탑승할 예정이라면 빌리지 오브 돈키 – 돈돈돈돈키 괌에서 마지막 쇼핑과 식사를 해결할 것)

BIG FAMILY 대가족 & 그룹 여행을 위한 코스

1 DAY	투몬 남부 택시 투어 → 튜나 카페(호텔 배달) → K마트
2 DAY	크루즈(점심 포함) → 괌 프리미어 아웃렛(디너는 푸드 코트 혹은 패밀리 레스토랑 이용)
3 DAY	라테 계곡의 어드벤처 파크 → 사랑의 절벽 → 나나스 카페(디너)
4 DAY	호텔 수영장 → 카레라 쇼 앳 샌드 캐슬(쇼만 관람) → 귀국준비(*일정상 가능하다면 오후에 수요일 차모로 빌리지 야시장 투어를 곁들인다)

FRIENDS 단짝 여행자를 위한 코스

1 DAY	호텔 수영장 → 슈퍼 아메리칸 서커스 → 괌 프리미어 아웃렛(쇼핑 및 디너)
2 DAY	스타 샌드 비치 클럽 혹은 피시 아이 마린 파크(런치 포함) → DFS 괌 & JP 슈퍼스토어 → 하드 록 카페(디너)
3 DAY	호시노 리조트 리조나레 괌 워터파크(원데이 패스 이용) → 타가다 놀이공원 → 클럽 ZOH
4 DAY	사랑의 절벽 → 비치인 슈림프(런치) → 스파 → 귀국 준비 (*일정상 가능하다면 오전에 데데도 벼룩시장을 곁들이며, 저녁 비행기라면 빌리지 오브 돈키–돈돈돈 돈키 괌에서 마지막 쇼핑을 즐긴다.)

ONE DAY
하루만 더, 테마별 코스

여행 목적에 따라 테마를 나눠 추가 스케줄을 제안했다. 테마별로 추천하는 원데이 코스 중 취향에 맞는 플랜을 선택하면 완벽한 나만의 맞춤 일정이 완성된다.

차모로 문화를 제대로 느끼고 싶다면

라테 스톤 공원 → 하갓냐 대성당 → 스페인 광장 → 프로아에서 런치(차모로 스타일의 BBQ 레스토랑) → 아델럽곶 → 에메랄드 밸리 → 우마탁만 공원 & 마젤란 기념비 → 우마탁 다리 → 솔레다드 요새 → 이나라한 자연 풀 → 제프스 파이러츠 코브(디너) 혹은 수요일이라면 차모로 빌리지 야시장(쇼핑 겸 디너)

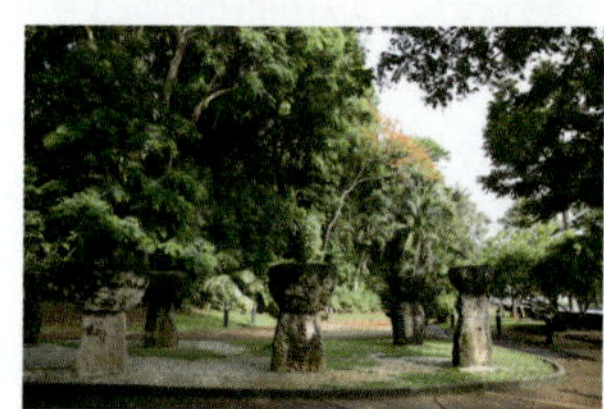

Mini Box

목적지가 많아 빠듯해 보일 수 있는 일정이지만, 렌터카를 이용한다면 소화할 수 있다. 기념사진만 찍고 이동하기보단, 주변도 둘러보고 어떤 역사적인 배경을 가지고 있는지 살펴보면 의미 있는 시간이 될 것.

액티비티로 가득한 하루를 원한다면

스카이다이빙(또는 패러세일링) 혹은 람람산 투어 → 크루즈 → 카레라 쇼 앳 샌드 캐슬(디너 포함)

 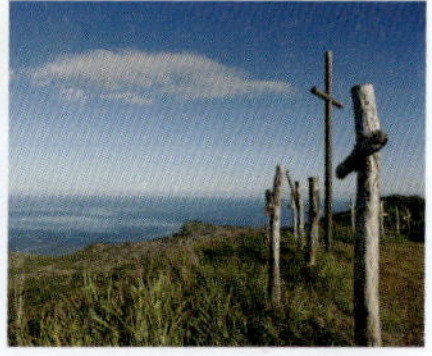

Mini Box

람람산을 하이킹할 예정이라면, 세티만 전망대 근처에 차를 세워 두고 올 것. 2~3시간가량 소요되기 때문이다. 비가 오면 미끄러질 수가 있으니 되도록 등산화를 착용해야 하는 것은 물론. 산행 후에는 근처 아갓 마리나의 마리나 그릴(P.227)에서 허기를 달래거나, 스카이다이빙을 한 경우라면 근처 괌 프리미어 아웃렛에 들러 끼니를 해결해도 좋겠다. 위의 일정은 바지런히 움직여야 소화할 수 있으니 마음에 드는 일정 2가지만 골라 가기를 추천한다.

괌에서 1년 치 가족 옷을 넉넉하게 구매하고 싶다면

로스ROSS(마이크로네시아 몰) → 메이시스(마이크로네시아 몰) → 갭(마이크로네시아 몰) → 타미 힐 피거 (괌 프리미어 아웃렛) → 캘빈 클라인(괌 프리미어 아웃렛 로스ROSS)

Mini Box

로스ROSS는 의류, 슈즈, 가방(캐리어 포함), 뷰티 아이템, 리빙 아이템 등 전 분야의 이월상품을 모두 모아 놓은 곳이다. 그만큼 방대한 양을 자랑한다. 특히 빅 사이즈 의류를 원하는 사람들에게는 천국같은 공간이다. 하지만 짧은 시간 동안 원하는 아이템을 찾는다는 게 다소 버거울 수 있으니 찬찬히 둘러 보면서 내게 꼭 맞는 물건을 찾아보자.

괌의 평화로운 바다에서 힐링하고 싶다면

패것 동굴 (케이브) → 리티디안 비치
→ 더비치바 레스토랑

Mini Box

꾸밈없는 순수한 괌을 마주하고 싶다면 패것 동굴 투어 만한 것이 없다. 땀 흘려 하이킹 한 뒤 이곳에서 자유로운 동굴 수영을 즐겨보자. 동굴 수영이 아쉽다면 리티디안으로 이동해도 좋고, 그냥 앉아서 바다 뷰를 마음껏 즐기고 싶다면 더비치바 레스토랑으로 바로 향해도 좋다.

Mia's Advice

일정을 계획할 때 가장 중요한 것은 '목적'이에요. 꼭 해야하는 것, 놓치고 싶지 않은 일정을 먼저 생각한 다음 남는 시간의 스케줄을 짜는 것이 좋아요. 비가 오는 경우라면 쇼핑몰에 집중하는 것도 좋아요. 최근에 오픈한 빌리지 오브 돈키–돈돈돈키 괌에는 쇼핑뿐 아니라 푸드 코트의 메뉴도 다양해 관광객들의 만족도가 높은 편이랍니다.

지역별 여행 정보
Travel Around Guam

투몬&타무닝

북부

중부 & 하갓냐

남부

괌 광역지도
러시아
중국
블라디보스토크
삿포로
베이징
평양
동해
인천
서울
일본
황해
도쿄
나고야
오사카
상하이
동중국해
타이베이
대만
필리핀해
비행시간 4시간 20분
북마리아나
제도
마닐라
필리핀
마리아나 제도
Mariana Islands
괌

A
B
괌 전도
N
W E
S
0 6km
북부 P.136
3A
9
지고
Yigo
28
데데도
Dededo
1
투몬·타무닝 P.76
투몬만
Tumon Bay
타무닝
Tamuning
중부 P.158
1
하갓냐만
Hagatna Bay
10A
16
하갓냐
Hagåtña
8
바리가다
Barrigada
15
아산
Asan
11
1
망기라오
Mangilao
피티
Piti
10
사사만
Sasa Bay
파고만
Pago Bay
1
2A
조나
Yona
5
12
산타리타
Santa Rita
17
아갓
Agat
태평양
4A
2
탈로포포
Talofofo
4
우마탁
Umatac
이나라한
Inarajan
4
메리조
Merizo
남부 P.200

tumon
tamuning

곽 여행의 중심
투몬&타무닝

투몬&타무닝은 괌에서 가장 화려한 동네다. 타무닝은 섬의 서부 연안에 위치한 마을이고, 투몬은 타무닝에서도 투몬 비치 일대를 부르는 지명이지만 여행자들은 편의상 괌 여행의 기점인 이곳을 묶어 투몬&타무닝이라 통칭한다. 투명한 물빛으로 넘실거리는 괌의 대표 해변, 투몬 비치는 바로 그 중심에 있다. 두짓 비치 리조트 괌, 두짓 타니 괌 리조트, 더 츠바키 타워 등 유명 호텔&리조트들이 모두 투몬 비치를 에워싸고 늘어선다. 뿐만 아니라 쇼퍼 홀릭의 필수 코스인 DFS 괌 면세점과 JP 슈퍼스토어 등 쇼핑 명소도 한데 자리해, 매일 밤 늦은 시간까지 밀려드는 인파로 거리가 흥성거린다. 게다가 아쿠아리움과 마술 쇼를 비롯한 엔터테인먼트, 액티비티까지 여행에 필요한 모든 것이 이곳에 집중되어 있으니, 투몬&타무닝을 빼놓고 괌을 논하기란 아무래도 불가능하다.

LOOK INSIDE
들여다보기

곰을 처음 여행하는 사람이라면 투몬&타무닝에서 보내는 시간이 대부분을 차지하므로, 이곳만 잘 파악해도 여행의 만족도가 달라진다. 특히 투몬 비치 일대는 유명 레스토랑과 면세점, 쇼핑 센터와 고급 리조트들이 모여 있으니 집중해서 살필 필요가 있다.

투몬 비치
Tunom Beach

시내 호텔에 투숙하면 대부분 이 투몬 비치를 마주한다. 객실 베란다에서, 호텔 수영장에서, 투몬 비치를 끼고 있는 레스토랑에서. 이 바다가 얼마나 아름다운지는 바다 위에 서면 단번에 알 수 있다. 고운 모래사장을 직접 밟고, 맑은 바다물에 발을 담그고, 그 위로 지나가는 물고기 떼를 보고 있으면 마음이 정화되는 기분을 느낄 수 있다.

카레라 쇼 앳 샌드 캐슬
Karera Show at Sand Castle

곰에서 선보이는 매직 쇼 가운데 가장 규모가 크다. 1시간 15분의 러닝 타임 동안 이국적인 불춤, 곡예사, 대형 IMAX 스크린, 그리고 몰입감 넘치는 사운드 등 감각적인 경험을 선사한다. 곰에서 가장 스펙터클한 공연으로 유명하다. 티켓에 따라 저녁 식사를 포함하거나, 백스테이지에서 등장 인물들을 만나는 기회가 있는 등 옵션이 다양하다.

곰 프리미어 아웃렛
Guam Premier Outlets(GPO)

명품 쇼핑을 DFS 곰에서 한다면, 이를 제외한 모든 쇼핑은 곰 프리미어 아웃렛에서 한다고 해도 과언이 아니다. 종류 불문하고 최저가 아이템은 로스에서, 사계절 입을 가족 옷은 타미 힐피거에서, 여성 슈즈는 나인 웨스트에서 해결하자. 각종 프랜차이즈 레스토랑도 모여 있어, 하루 종일 시간을 보내도 부족한 곳.

리틀 피카스
Little Pika's

투몬&타무닝에는 인기를 구가하는 맛집이 모여 있다. 셀프 바비큐로 유명한 나나스 카페부터 곰 넘버원 햄버거인 메스클라 도스까지. 게다가 각 호텔마다 뷔페가 일품이라 미식가들에게는 천국이 따로 없다. 그중에서도 차모로어로 '잘게 다진 고기'라는 뜻의 티낙탁을 이용해 햄버거를 선보인 리틀 피카스의 티낙탁 버거를 놓치지 말자.

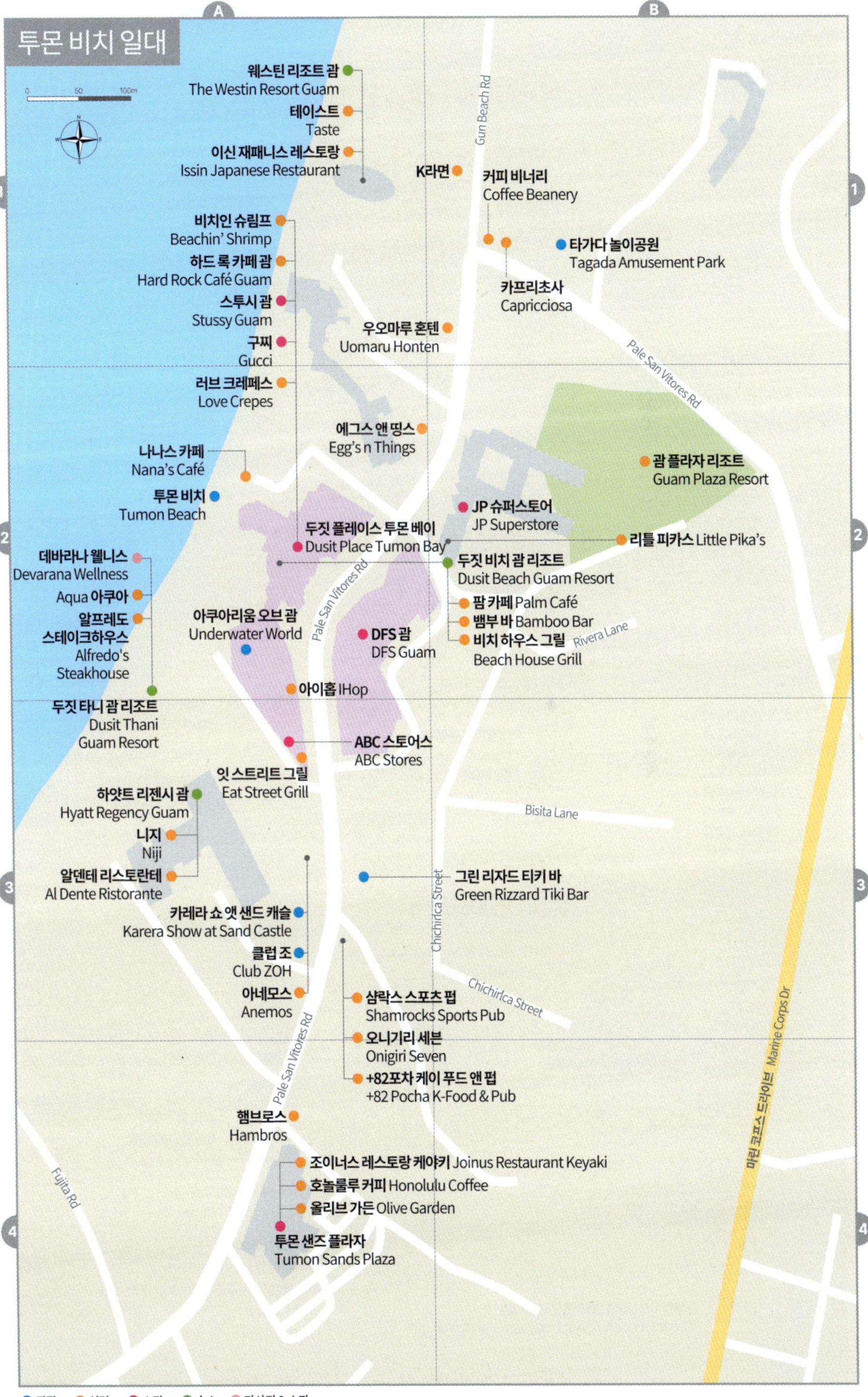
투몬 비치 일대
A
B
웨스틴 리조트 괌
The Westin Resort Guam
테이스트
Taste
이신 재패니스 레스토랑
Issin Japanese Restaurant
K라면
커피 비너리
Coffee Beanery
Gun Beach Rd
비치인 슈림프
Beachin' Shrimp
하드 록 카페 괌
Hard Rock Café Guam
스투시 괌
Stussy Guam
구찌
Gucci
우오마루 혼텐
Uomaru Honten
타가다 놀이공원
Tagada Amusement Park
카프리초사
Capricciosa
Pale San Vitores Rd
러브 크레페스
Love Crepes
에그스 앤 띵스
Egg's n Things
나나스 카페
Nana's Café
괌 플라자 리조트
Guam Plaza Resort
투몬 비치
Tumon Beach
JP 슈퍼스토어
JP Superstore
두짓 플레이스 투몬 베이
Dusit Place Tumon Bay
리틀 피카스 Little Pika's
두짓 비치 괌 리조트
Dusit Beach Guam Resort
데바라나 웰니스
Devarana Wellness
팜 카페 Palm Café
Aqua 아쿠아
뱀부 바 Bamboo Bar
알프레도
스테이크하우스
Alfredo's
Steakhouse
아쿠아리움 오브 괌
Underwater World
DFS 괌
DFS Guam
비치 하우스 그릴
Beach House Grill
Rivera Lane
Pale San Vitores Rd
두짓 타니 괌 리조트
Dusit Thani
Guam Resort
아이홉 IHop
ABC 스토어스
ABC Stores
잇 스트리트 그릴
Eat Street Grill
하얏트 리젠시 괌
Hyatt Regency Guam
Bisita Lane
니지
Niji
그린 리자드 티키 바
Green Rizzard Tiki Bar
알덴테 리스토란테
Al Dente Ristorante
Chichirlca Street
카레라 쇼 앳 샌드 캐슬
Karera Show at Sand Castle
클럽 조
Club ZOH
Chichirlca Street
아네모스
Anemos
샴락스 스포츠 펍
Shamrocks Sports Pub
오니기리 세븐
Onigiri Seven
+82포차 케이 푸드 앤 펍
+82 Pocha K-Food & Pub
Marine Corps Dr
마린 코프스 드라이브
Pale San Vitores Rd
햄브로스
Hambros
Fujita Rd
조이너스 레스토랑 케야키 Joinus Restaurant Keyaki
호놀룰루 커피 Honolulu Coffee
올리브 가든 Olive Garden
투몬 샌즈 플라자
Tumon Sands Plaza
관광
식당
쇼핑
숙소
마사지 & 스파
0 50 100m
N W E S

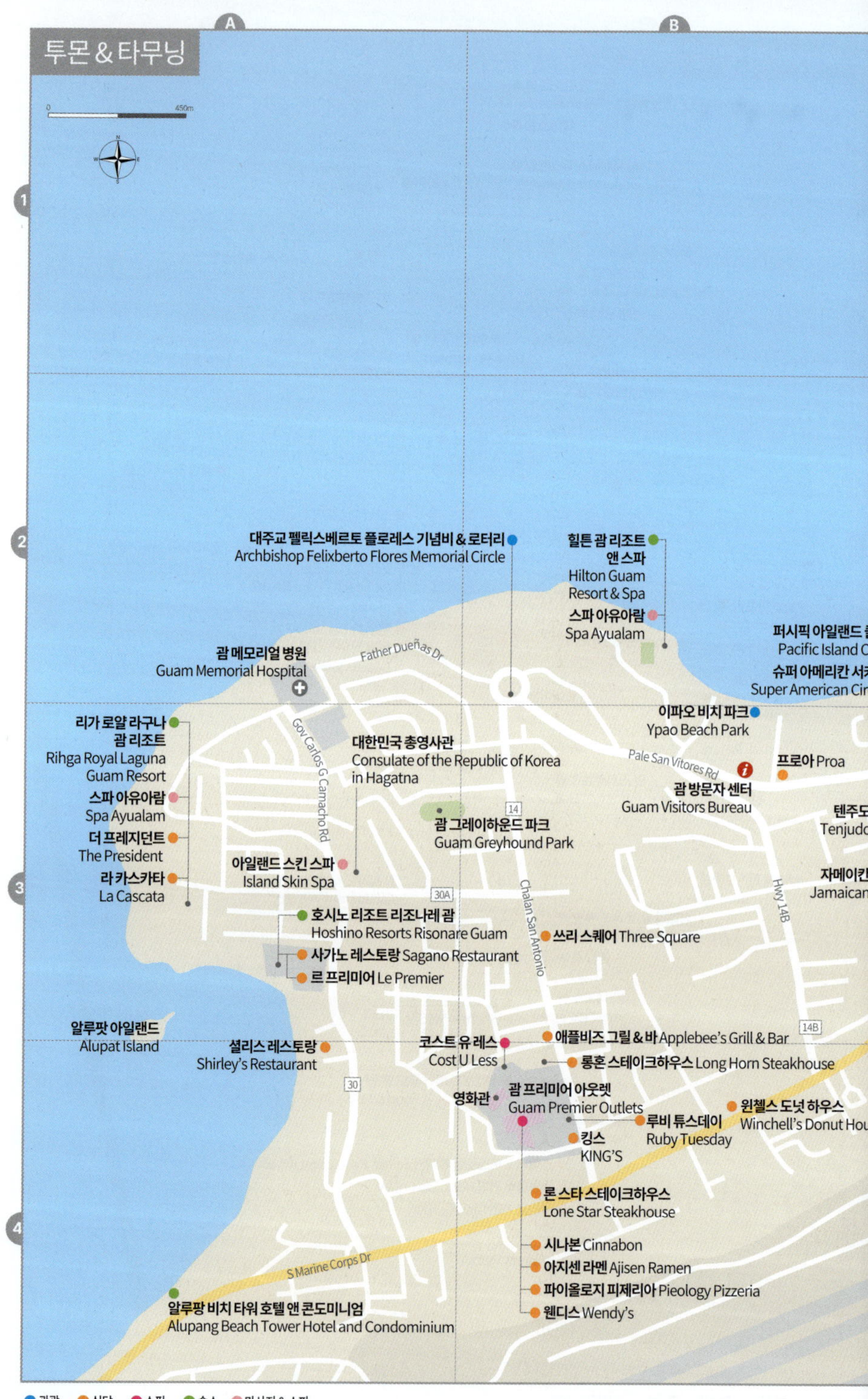
투몬 & 타무닝
450m
N
대주교 펠릭스베르토 플로레스 기념비 & 로터리
Archbishop Felixberto Flores Memorial Circle
힐튼 괌 리조트 앤 스파
Hilton Guam Resort & Spa
스파 아유아람
Spa Ayualam
퍼시픽 아일랜드 클
Pacific Island Clu
슈퍼 아메리칸 서커
Super American Circ
괌 메모리얼 병원
Guam Memorial Hospital
Father Dueñas Dr
이파오 비치 파크
Ypao Beach Park
리가 로얄 라구나 괌 리조트
Rihga Royal Laguna Guam Resort
대한민국 총영사관
Consulate of the Republic of Korea in Hagatna
Gov Carlos G Camacho Rd
Pale San Vitores Rd
프로아 Proa
스파 아유아람
Spa Ayualam
괌 방문자 센터
Guam Visitors Bureau
텐주도
Tenjudo
더 프레지던트
The President
14
괌 그레이하운드 파크
Guam Greyhound Park
라 카스카타
La Cascata
자메이칸
Jamaican
아일랜드 스킨 스파
Island Skin Spa
30A
호시노 리조트 리조나레 괌
Hoshino Resorts Risonare Guam
Chalan San Antonio
쓰리 스퀘어 Three Square
사가노 레스토랑 Sagano Restaurant
르 프리미어 Le Premier
14B
알루팟 아일랜드
Alupat Island
셜리스 레스토랑
Shirley's Restaurant
코스트 유 레스
Cost U Less
애플비즈 그릴 & 바 Applebee's Grill & Bar
롱혼 스테이크하우스 Long Horn Steakhouse
30
영화관
괌 프리미어 아웃렛
Guam Premier Outlets
루비 튜스데이
Ruby Tuesday
윈첼스 도넛 하우스
Winchell's Donut Hous
킹스
KING'S
론 스타 스테이크하우스
Lone Star Steakhouse
시나본 Cinnabon
아지센 라멘 Ajisen Ramen
S Marine Corps Dr
파이올로지 피제리아 Pieology Pizzeria
웬디스 Wendy's
알루팡 비치 타워 호텔 앤 콘도미니엄
Alupang Beach Tower Hotel and Condominium
관광   식당   쇼핑   숙소   마사지 & 스파

C
D
Hwy 34
호텔 니코 괌 Hotel Nikko Guam
더 츠바키 타워 The Tsubaki Tower
토리 Tolee
카사 오세아노 Casa Oceano
벤케이 재패니스 레스토랑 Benkay Japanese Restaurant
라 칸티나 La Cantina
밀라노 그릴-라 스텔라 Milano Grill- La Stella
선셋 비치 비비큐 Sunset Beach BBQ
종합병원 Guam Regional Medical City (GRMC)
스파 아유아람 Spa Ayualam
34
롯데호텔 괌 Lotte Hotel Guam
16
마이크로네시아 몰 Micronesia Mall
프란시스 베이크하우스 Frances Bakehouse
웨스틴 리조트 괌 The Westin Resort Guam
오션뷰 호텔 앤 레지던스 괌 Oceanview Hotel & Residence Guam
27A
투몬만 Tumon Bay
괌 리프 호텔 Guam Reef Hotel
베이뷰 호텔 괌 Bayview Hotel Guam
Pale San Vitores Rd
괌 플라자 리조트 Guam Plaza Resort
홀리데이 리조트 & 스파 괌 Holiday Resort & Spa Guam
투몬 비치 Tumon Beach
리틀 피카스 Little Pikas
크랩 대디 Crab Daddy
두짓타니 괌 리조트 Dusit Thani Guam Resort
서울정 Seoul Jung
하얏트 리젠시 괌 Hayatt Regency Guam
두짓 비치 리조트 괌 Dusit Beach Resort Guam
스파 타라 Spa Thara
Tumon Lane
동물원 Guam Zoological, Botanical and Marine Garden
반 타이 Ban Thai
투몬 골프 드라이빙 레인지 Tumon Golf Driving Range
멘쿠이 Menkui
경찰서
마타팡 비치 파크 Matapang Beach Park
1
라이브하우스 괌 Livehouse Guam
베니 Benii
Pale San Vitores Rd
추라스코 Churrasco
그랜드 플라자 호텔
페일 산 비토레스 로드 Pale San Vitores Rd
후지 이치반 라멘 Fuji Ichiban Ramen
피카스 카페 Pika's Café
크라운 플라자 리조트 괌 by IHG Crowne Plaza Resort Guam by IHG
더 테라스 The Terrace
부가 Buga
차이니스 파크 Chinese Park
로얄 오키드 괌 호텔 Royal Orchid Guam Hotel
메스클라 도스 Meskla Dos
1
Harmon Industrial Park Rd
캐피톨 키친 Capitol Kitchen
케이 마트 K-Mart
마린 코프스 드라이브
Hwy 10A
10A
빌리지 오브 돈키-돈돈돈키 괌 Village of Donki-Don Don Donki Guam
안토니오 B. 원 팻 국제공항
16
1
2
3
4

TRAVEL COURSE
추천 여행 코스

1DAY

액티비티, 쇼핑, 맛집 투어를 하루에 정복!

인기 있는 맛집으로 아침을 시작, 아름다운 투몬 비치를 즐긴 뒤 한낮엔 쇼핑몰에서 유유자적 즐겨보자. 해질 무렵에는 화려한 쇼를 관람하고 화려한 칵테일 한 잔으로 하루를 마무리하자.

1 COURSE 에그스 앤 띵스 P.112

도보 12분

2 COURSE 투몬 비치 P.090

차로 6분

4 COURSE 괌 프리미어 아웃렛 P.128

5 COURSE 파이올로지 피제리아 (괌 프리미어 아웃렛 내 위치) P.132

도보 5분

차로 13분

3 COURSE 빌리지 오브 돈키 P.125

7 COURSE 하드록 카페 P.097

차로 8분

6 COURSE 카레라 쇼 앳 샌드 캐슬 P.096

이동거리를 최소화한 스케줄. 오전에는 스파로 몸에 에너지를 충전하고, 오후에는 산책하듯이 쇼핑을 즐긴 뒤 투몬 비치의 아름다운 일몰을 가슴에 담는다. 매주 수~토요일 저녁 뷔페 레스토랑 테이스트에서는 다양한 테마의 퀴진을 선보인다. 저녁 시간은 여유롭게 즐길 것!

1 COURSE 나나스 카페 P.108

도보 5분

2 COURSE 데바라나 웰니스 P.101

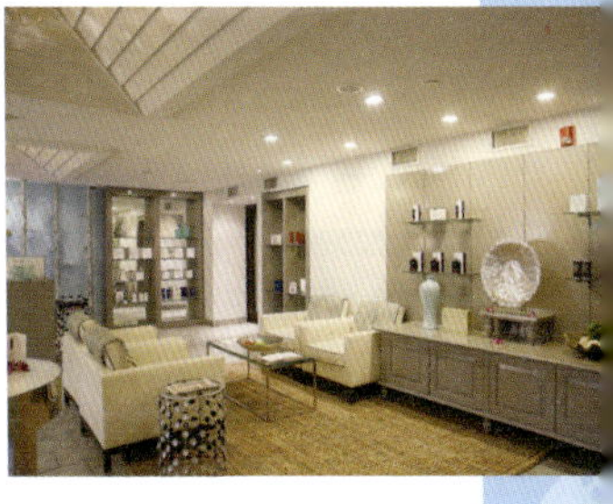

도보 5분

3 COURSE JP 슈퍼스토어 P.127

도보 5분

4 COURSE 비치인 슈림프 P.105

도보 5분

5 COURSE 투몬 비치 P.090

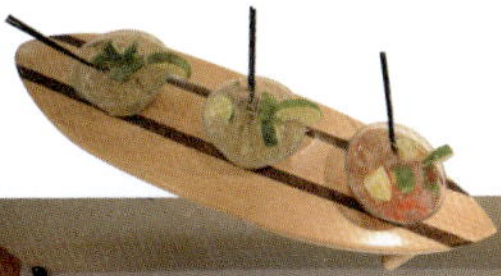

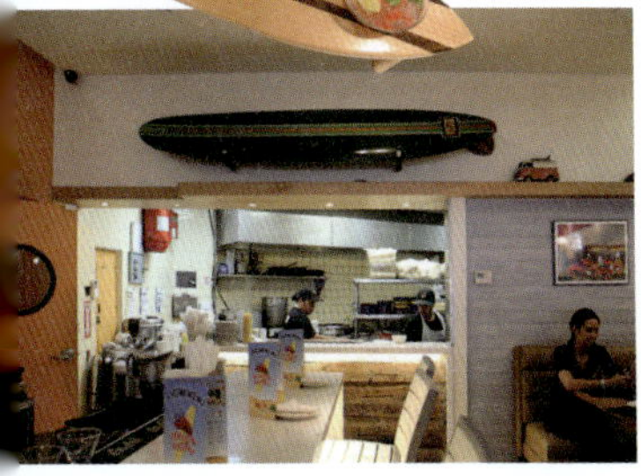

도보 8분

6 COURSE 테이스트 P.103

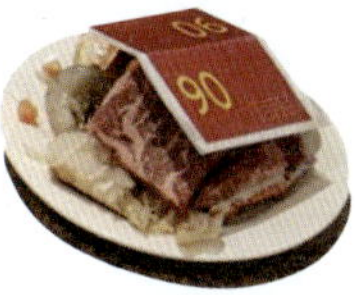

INFORMATION
여행에 유용한 정보

 **쇼핑** 타미 힐피거는 미국 공식 사이트에 가입하면 할인 쿠폰을 받을 수 있는데 이 쿠폰을 GPO(괌 프리미어 아웃렛) 내 타미 힐피거 매장에서도 적용 받을 수 있다. 또한 괌에서는 특정 신용카드 소지자를 위한 항공 및 호텔, 렌터카 할인 등이 있으니 여행 계획 전 잘 살펴보자.

 **무료 배포 잡지** 호텔 로비나 쇼핑센터 곳곳에 무가지 아일랜드 타임 Island Time, 아일랜드 다이제스트 Island Digest 등을 배포하고 있다. 쉽게 지나치기 쉽지만 이 잡지들은 현지인들이 즐기는 다양한 이벤트나 쇼핑에 관련된 팁은 물론이고 괌에서 새로 오픈한 레스토랑이나 카페 등의 생활 정보를 꼼꼼하게 담아 낸다.

 **현지 투어** 현지에서 즉흥적으로 투어를 하고 싶은 경우, 대부분은 한국에 상주하고 있는 여행사와 카카오톡 등의 메신저로 빠른 예약이 가능하다. 다만 괌 현지에서 한국 여행사의 계좌로 송금을 하거나 신용카드 결제가 가능해야 한다. 남부 혹은 중부 투어의 경우 괌 한인 택시를 이용하면 가능하다.

 **와이파이** DFS 괌, JP 슈퍼스토어 등 쇼핑몰 내 인터넷 사용은 무료다. 속도가 빠르지는 않아도 여행이나 쇼핑에 관련된 검색을 하는 데 불편하지 않다. 다만 길거리에서는 인터넷을 사용할 수 없는 경우가 많아 헤매기 쉬우므로, 숙소에서 근처 쇼핑몰이나 마켓 등을 도보로 움직일 예정이라면 미리 동선을 파악하자. 단, 레드 셔틀 버스 티켓을 인터넷으로 구매한 경우 E-티켓을 제시하려면 반드시 인터넷 연결이 되어 있어야 한다. 외부에서의 인터넷 사용이 용이하지 않다면 버스 티켓은 현장에서 셔틀버스 운전자에게 직접 구매하자.

 **환전** 최소한의 팁, 택시비, 현지 액티비티 비용 정도만 현금으로 준비하고 나머지 금액은 모두 카드 결제가 가능하다. 요즘에는 해외 결제 수수료가 없고 현지에서 현금 인출도 가능한 체크카드의 사용도가 높은 편. 특히 트래블 월렛 체크카드를 이용해 Bank of Hawaii ATM 기계에서도 인출이 가능하다(트래블 월렛 체크카드로 인출 시 수수료 없음). 그외에도 하나 트래블로그 체크카드, SOL 트래블 체크카드, 토스 체크카드 등이 있다.

 **경찰서** 불미스러운 사건이 생겼을 때 가장 먼저 떠오르는 것이 바로 경찰. 도난이나 강도 등 여행자가 맞닥뜨릴 수 있는 사건, 사고를 대비해 인근의 경찰서를 미리 알아두는 것이 좋다. 이 지역에서는 투몬 경찰서의 도움을 받자. 직접 방문하거나, 현재 위치에서 911로 전화해 경찰의 출동을 요청해도 된다.

지도 P.81-C2 ▶ **주소** 919 Pale San Vitores Rd., Tamuning(근처 주소) **전화** 671-649-6330

Mia's Advice

괌에서 여권을 잃어버리거나, 그 외 불미스러운 사고가 생겼을 때는 대한민국 총영사관 Consulate of the Republic of Korea in Hagatna에 도움을 요청해야 해요. 대한민국 총영사관은 리가 로열 라구나 괌 리조트, 호시노 리조트 리조나레 괌 근처에 위치해 있습니다.

지도 P.81-A3 ▶ **주소** 153 Zoilo St., Tamuning **전화** 671-647-6488, **운영** 월~금 09:00~16:00 (11:30~13:30 점심시간)

ACCESS
가는 방법

공항에서 시내인 투몬&타무닝까지 차로 이동하려면 10~15분가량 소요된다. 투몬&타무닝은 괌의 중심지면서 공항과의 거리도 가깝기 때문에 여행의 기점으로 삼기 좋다.

 **항공** 인천국제공항에서 괌까지 운항하는 항공사는 아시아나 항공, 대한항공, 진에어, 제주항공, 티웨이 항공 등이 있다. 4시간 30분가량 소요되며, 공항에서 투몬&타무닝 중심의 DFS 괌까지 차로 8분 소요된다.

 **셔틀 버스** 일부 호텔의 셔틀 버스를 예약했거나 괌 셔틀(www.guamshuttle.com) 혹은 여행사 셔틀을 예약한 경우 역시 출구로 나오면 예약자의 이름을 들고 있는 직원을 만날 수 있다. 또는 출구 앞 데스크에서 예약자 이름을 확인 후 직원의 안내에 따라 차로 이동한 뒤 호텔로 출발한다. 이 경우 동일한 항공으로 픽업 요청을 한 여행객들을 모아 진행하기 때문에 30~40분 정도의 대기 소요시간이 있고, 호텔까지 이동한다고 하면 1시간 이상 소요될 수 있다. 호텔의 셔틀 버스나 여행사의 경우 왕복(1인) $15 정도면 이용할 수 있다. 셔틀버스는 리조트에 따라 무료인 경우도 있지만 공항세는 대부분 1인당 $5씩 별도로 지불해야 한다.

 **택시** 공항에서 시내를 오가는 가장 쉬운 방법. 호텔에 따라 가격은 다르지만 대략 $30~40(4인 기준)이며 캐리어 1개당 $1의 비용이 추가된다. 공항세는 1인 $5를 별도로 지불해야 한다.

 **렌터카** 입국 수속을 마치고 출구로 나오면 렌터카 업체 부스가 모여 있다. 한국에서 미리 예약해온 경우 바로 바우처와 신용카드, 운전면허증 등을 제시하고 차를 인계 받을 수 있다. 대부분 차 키와 내비게이션 등을 받은 뒤 주차장으로 함께 이동해 차를 인계 받는다. 공항에서 투몬&타무닝 시내까지는 10~15분가량 소요되며 규정속도를 지키면 특별히 어려운 구간은 없다.

Mia's Advice

괌 국제 공항은 출구가 작아서, 헷갈리거나 길을 잃을 염려가 없어요. 처음 미국령을 여행하는 사람이라도 크게 걱정하지 않아도 됩니다. 또한 공항에서 이착륙하는 비행기의 정보는 www.guamairport.com의 사이트 내 트래블 인포메이션에서 확인하세요!

TRANSPORTAION
지역 교통 정보

괌의 주요 교통수단은 셔틀 버스와 택시, 렌터카다. 하지만 투몬&타무닝 지역만 둘러볼 계획이라면 레드 셔틀 버스만으로도 충분하다. 레드 셔틀은 각 호텔과 주요 쇼핑 센터를 연결하고 있으며, 매주 수요일에는 차모로 빌리지 나이트 마켓 셔틀이 별도로 운영되고 있다.

셔틀 버스 투몬은 레드 셔틀 Red Shuttle의 출발지다. 버스는 주변의 리조트를 순회하며 관광객을 태운 뒤 주요 관광지와 쇼핑지를 오간다. 대중교통으로 괌을 둘러보고 싶다면, 우선 자신이 머무는 숙소에서 셔틀 버스 탑승이 가능한지, 혹시 불가능하다면 숙소에서 가장 가까운 셔틀 버스 탑승 장소는 어디인지 먼저 체크하는 것이 좋다.
(*레드 셔틀은 배차 간격이나 운행시간이 수시로 바뀌기 때문에 꼭 탑승 전 미리 체크할 것)

노선 및 탑승 요금
버스 티켓은 홈페이지(guamredshuttle.com)에서 구입하거나 직접 현장에서 운전기사에게 구매할 수 있다. 단, 홈페이지에서 구입한 E-티켓을 이용

하려면 승차 시 인터넷에 연결되어 있어야 한다. 티켓 종류는 편도($7), 1일 패스($15), 2일 패스($20), 3일 패스($25), 4일 패스($30), 5일 패스($35)가 있으며 5세 이하는 무료다. 차모로 빌리지 나이트 마켓 셔틀의 경우 편도 $8이며 다른 노선 티켓과 중복으로 이용할 수 없다.

투몬 셔틀 Tumon Shuttle
괌 프리미어 아웃렛 기준 첫차 / 막차 10:15 / 20:50
마이크로네시아 몰 기준 첫차 / 막차 10:28 / 20:50

북부노선 » 괌 프리미어 아웃렛 Guam Premier Outlets(GPO) → 호시노 리조트 리조나레 괌 Hoshino Resorts Risonare Guam → 리가 로열 라구나 괌 리조트 Rihga Royal Laguna Guam Resort → 힐튼 괌 앤 리조트 스파 Hilton Guam & Resort Spa → 퍼시픽 아일랜드 클럽 건너편 Across Pacific Island Club(PIC) → K 마트 K Mart → 홀리데이 리조트 괌 Holiday Resort Guam → 아칸타 몰/그랜드 플라자 Acanta Mall/Grand Plaza → 하얏트 리젠시 괌 건너편 Across Hyatt Regency Guam → DFS 괌 DFS Guam → JP 슈퍼스토어 JP Super Store → 더 웨스틴 리조트 괌/퍼시픽 플레이스 건너편 The Westin Resort Guam/Across Pacific Place → 호텔 니코 괌 Hotel Nikko Guam → 더 츠바키 타워 The Tsubaki Tower → 롯데호텔 괌 Lotte Hotel Guam → 마이크로네시아 몰 Micronisia Mall

남부노선 » 마이크로네시아 몰 Micronisia Mall → 퍼시픽 플레이스/웨스틴 리조트 괌 건너편 Pacific Place/Across Westin Resort Guam → 더비치바 레스토랑

The Beach Restaurant & bar → 호텔 니코 괌 Hotel Nikko Guam → 더 츠바키 타워 The Tsubaki Tower → 롯데 호텔 괌 Lotte Hotel Guam → 웨스틴 리조트 괌 Westin Resort Guam → 두짓 비치 리조트 괌/두짓 플레이스 투몬 베이 Dusit Beach Resort Guam/Dusit Place Tumon Bay → 카레라 앳 샌드 캐슬/하얏트 리젠시 괌 Karera at Sand Castle/Hyatt Regency Guam → 투몬 샌즈 플라자 건너편 Across Tumon Sands Plaza → 홀리데이 리조트 괌/크라운 플라자 리조트 괌 by IHG Holiday Resort Guam/Crowne Plaza Resort Guam by IHG → 퍼시픽 아일랜드 클럽 Pacific Island Club(PIC) → 이파오 공원/괌 방문자 센터 Ypao Park/GVB → 힐튼 괌 앤 리조트 스파 Hilton Guam & Resort Spa → 리가 로열 라구나 괌 리조트 Rihga Royal Laguna Guam Resort → 호시노 리조트 리조나레 괌 Hoshino Resorts Risonare Guam → 괌 프리미어 아웃렛 Guam Premier Outlets(GPO)

쇼핑몰 셔틀 Shopping Mall Shuttle

마이크로네시아 몰 기준 첫차/막차 11:35/19:20

괌 프리미어 아웃렛 Guam Premier Outlet (GPO) → 빌리지 오브 돈키-돈돈돈키 괌 Village of Donki-Don Don Donki Guam → K 마트 K Mart → JP 슈퍼스토어 JP Superstore → 마이크로네시아 몰 Micronesia Mall → 두짓 플레이스 투몬 베이 Dusit Place Tumon Bay → K 마트 K Mart →

퍼시픽 아일랜드 클럽 Pacific Island Club(PIC) → 괌 프리미어 아웃렛 Guam Premier Outlet (GPO)

차모로 빌리지 나이트 마켓 셔틀 Chamorro Village Night Market Shuttle

수요일에만 2회 운영

차모로 빌리지 도착 》 괌 프리미어 아웃렛 Guam Premier Outlet (GPO) (17:45, 18:40) → 차모로 빌리지 (18:40/19:00)

차모로 빌리지 출발 》 차모로 빌리지 Chamorro Village (19:15, 20:15) → 호시노 리조트 리조나레 괌 Hoshino Resorts Risonare Guam → 리가 로열 라구나 괌 리조트 Rihga Royal Laguna Guam Resort → 힐튼 괌 & 리조트 스파 Hilton Guam & Resort Spa → 퍼시픽 아일랜드 클럽(PIC) 건너편 Across Pacific island club(PIC) → 홀리데이 리조트 괌/크라운 플라자 리조트 괌 by IHG Holiday Resort Guam/Crowne Plaza Resort Guam by IHG → 아칸타 몰/그랜드 플라자 Acanta Mall/Grand Plaza → 하얏트 리젠시 괌 건너편 Across Hayatt Regency Guam → JP 슈퍼스토어 JP Superstore → 더 웨스틴 리조트 괌/퍼시픽 플레이스 건너편 The Westin Resort Guam/ Across Pacific Place → 호텔 니코 괌 Hotel Nikko Guam → 더 츠바키 타워 The Tsubaki Tower → 롯데호텔 괌 Lotte Hotel Guam (20:21, 21:01)

Mia's Advice

투몬&타무닝 지역에는 유료 셔틀 버스 이외에도 리조트에서 직접 운영하는 무료 셔틀버스 서비스가 있어요. 호시노 리조트 리조나레 괌에서는 차로 5분 거리에 있는 괌 프리미어 아웃렛을 오가는 셔틀버스를 무료로 이용할 수 있어요. 뿐만 아니라 일본 대형 슈퍼마켓이라고 할 수 있는 빌리지 오브 돈키-돈돈돈키 괌 역시 관광객들의 편리를 위해 유료 셔틀버스를 운영하고 있어요. 편도 $5, 왕복 $10로 10:00~22:30에 호텔 니코 괌, 더 츠바키 타워, 롯데 호텔 괌, 웨스틴 리조트 괌, 홀리데이 리조트 스파 & 괌, PIC, 힐튼 괌 리조트 & 스파 등을 정차해요.

 **택시** 괌의 택시는 100% 콜택시로 운영된다. 다만 호텔 컨시어지나 쇼핑센터의 경우 택시 정류장에 대기하고 있는 경우가 있다. 한인 택시를 이용하고 싶다면 카카오T 괌 택시를 호출하거나 카카오톡으로도 픽업 장소를 요청할 수 있다(아이디 guam7788, 헬로미키 등). 직접 전화로 픽업을 요청할 경우에는 한인 친구 택시 671-747-5522, 한인 카톡 택시 671-929-2020, 마마 한인 택시 671-688-1001, 미키 택시 671-888-7000 등이 있다.

렌터카 렌터카를 이용해 투몬과 타무닝 지역을 둘러보고 싶다면 가급적 16:00~18:00를 피하는 것이 좋다. 선셋 투어나 디너쇼 픽업을 위한 차량이 쏟아지기 때문에 괌의 메인 도로인 Pale San Vitores Rd의 교통 체증이 매우 심하다.

Mini Box

택시 번호가 671-123-4567이라고 가정하자. 괌 현지에서 로밍한 휴대전화를 사용한다면, 보통은 번호 그대로 누르는 것이 맞다. 단, 연결이 안 될 경우 통신사에 따라 1-671-123-4567을 눌러보자.

❶ 렌터카로 투몬과 타무닝을 여행한다면, 타무닝 지역의 대주교 펠렉스베르토 플로레스 기념비&로터리 Archbishop Felixberto Flores Memorial Circle를 주의하세요. 남부 쪽으로 향하는 길이라면 교차로로 진입해 시계 반대 방향으로 3/4 정도 회전하다 Chalan San Antonio(Hwy 14) 방향으로 나가야 하거든요.

❷ 투몬&타무닝 시내에서 퍼시픽 아일랜드 클럽(PIC) 방향으로 진입하다 보면 오른쪽에 투몬 경찰서가 있답니다. 경찰서 앞 삼거리 도로에는 하얀색 선으로 마름모 표시가 그려져 있는데, 만약 정차 신호 시 이 라인 안에 진입해 정차한 경우 벌금(약 $110)이 있어요. 이곳은 비상시 경찰차가 출동해야 하는 구역이라, 차의 주정차를 금하고 있답니다.

즐거움이 가득한
투몬 & 타무닝 페스티벌

투몬 베이 뮤직 페스티벌
Tumon Bay Music Festival

괌 필하모닉 재단이 주최하고 다양한 음악 장르의 아티스트들이 공연을 선보이는 괌 지역 최대 규모의 행사. 합창과 핸드벨 콘서트, 솔로와 소규모 앙상블, 재즈, 록 등의 공연은 물론이고 밴드와 오케스트라까지 음악으로 하나가 되는 행사다. 올해로 20회를 기록하며 매년 규모가 커지고 있다.

일정 2025년 2월 26일 ~ 3월 8일 (매년 2~3월 사이에 개최) **시간** 공연에 따라 다름 **위치** 괌 플라자 리조트 Guam Plaza Resort, 세인트 존스 교회 St. John's Church, 마이크로네시아 몰 Micronesia Mall 등. **요금** 대략 $15 **문의** www.tbmfguam.org

투몬 나이트 마켓
Tumon Night Market

다양한 볼거리와 즐길 거리가 넘치는 이벤트. 투몬 & 타무닝 메인 도로가 축제 장소로 바뀌어 매주 일요일, 행사가 펼쳐진다. 야외 무대에서는 라이브 뮤직과 댄스 퍼포먼스는 물론이고 클라이밍과 이동식 기차 등 아이들을 위한 이벤트도 함께 있어 온 가족이 즐거운 한때를 보낼 수 있다. 뿐만 아니라 80개 이상의 로컬 브랜드들이 선보이는 팝업 숍도 이 축제만의 자랑. 곳곳에 푸드 트럭이 있어 현지 먹거리를 맛볼 수 있으며, 괌 문화를 체험할 수 있는 부스도 마련되어 있다. 파일럿으로 진행된 이 행사는 2026년에도 운영될 예정이며 향후 상설 행사로 자리잡을 가능성도 논의되고 있다.

일정 2025년 8월 3일 ~ 2025년 9월 28일(매주 일요일), 10월 12일 ~12월 21일(매주 일요일) **시간** 17:00~21:00 **위치** 투몬 & 타무닝 메인 도로 (카레라 앳 샌드 캐슬부터 두짓 타니 괌 리조트 사이) **요금** 무료 **문의** www.jnstagram.com/visitguamusa/

Mia's Advice

괌에 대한 축제 소식을 가장 빨리 알고 싶다면 괌정부관광청(www.welcometoguam.co.kr)을 클릭하세요. 괌 곳곳에서 열리는 다양한 이벤트와 즐거운 축제 정보가 모두 모여 있어요. 여행 기간 중 괌 현지인들과 어우러져 진짜 괌을 만날 수 있는 기회를 놓치지 마세요.

ATTRACTION
투몬&타무닝의 볼거리와 즐길거리

투몬&타무닝은 관광의 중심지다. 바다 위에서 즐길 수 있는 다양한 액티비티, 그리고 작고 소박한 동물원과 아쿠아리움, 투몬 비치에서 번지는 노을까지. 이른 아침부터 늦은 밤까지 돌아다녀도 시간이 모자랄 만큼 볼거리가 차고 넘친다.

©HONG TAE SHIK

① 투몬 비치 Tumon Beach

맑은 산호색의 물빛이 마음을 치유한다. 투몬 비치는 단연 괌을 대표하는 해변이자 랜드마크다. 두짓 타니 괌 리조트, 두짓 비치 리조트 괌 등 대형 호텔 및 리조트들과 대형 쇼핑센터도 모두 투몬 비치를 따라 2km가량 밀집해 있어 늘 많은 관광객으로 북적거린다. 햇빛에 반사되어 반짝반짝 빛나는 산호 백사장, 에메랄드 색으로 투명하게 빛나는 바닷물은 언제나 장관을 이룬다. 해변에서 즐길 수 있는 액티비티도 다양하니 가족 여행자들에겐 더없이 좋은 관광 명소다. 특히 늦은 오후 투몬 비치에서 바라본 노을은 한 폭의 그림 같은 풍경을 선사하는데, 이는 괌에 왔다면 절대 놓치지 말아야 하는 인기 볼거리다. 얕은 수심, 입자가 고운 모래사장 덕에 아이들도 안전하게 물놀이를 즐기기 좋다.

지도 P.81-C2 **운영** 24시간(운영 시간이 정해져 있지 않으나, 이른 새벽이나 늦은 밤에는 출입을 삼가) **가는 방법** 안토니오 비원 팻 국제공항에서 차로 10분.

② 두짓 플레이스 투몬 베이
Dusit Place Tumon Bay

투몬 중심가에 있는 괌 최대의 복합문화단지 안에
는 두짓 플레이스가 자리한다. 이곳은 괌에서 가장
번화한 곳으로 볼거리와 즐길 거리, 먹거리와 숙
박까지 한데 모여 있어 최고의 엔터테인먼트 구역
으로 군림한다. 투몬 비치를 마주한 쇼핑의 메카로
스투시 괌, 롤렉스 부티크, 발렌시아가, 보테가 베
네타, 클로에, 구찌, 지방시 등의 패션숍 외에도 괌
의 유일한 수족관인 아쿠아리움 오브 괌 Aquarium of
Guam, 로큰롤 분위기에 흠뻑 빠질 수 있는 하드록
카페 Hard Rock Café, 투몬 가장 중심에 위치한 두짓
타니 괌 리조트, 두짓 비치 리조트 괌과 JCB 플라
자 라운지 괌까지. 괌 여행의 모든 즐길 거리를 망
라한다.

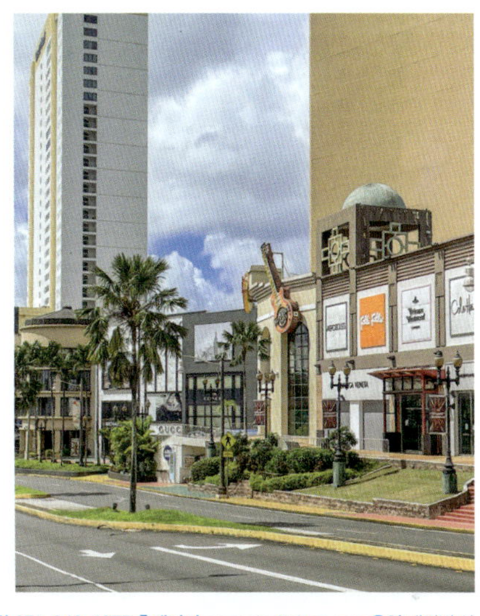

지도 P.79-A2 **주소** 1225 Pale San Vitores Rd., Tumon **전화** 671–649–1275 **홈페이지** www.dusitplace.com **운영** 매장별 상
이(대략 10:00~21:00) **가는 방법** 안토니오 비 원 팻 국제공항에서 차로 8분. 투몬 중심가 괌 DFS 건너편에 위치.

③ 타가다 놀이공원 Tagada Amusement Park

한국인이 운영하는 소규모 놀이공원. 주요 기구가 바이킹, 범퍼카, 디
스코 라이드 3가지뿐인 조촐한 규모지만, 셋 다 스릴 넘치는 놀이기
구라 의외로 방문객이 많은 편이다. 해변가나 쇼핑센터가 아닌, 색다
른 것을 즐기려는 이들에게 가볍게 둘러보길 추천한다. 특히 어린이
가 있는 가족 여행자라면 한 시간 정도는 너끈히 머물 수 있다. 자고
로 놀이공원은 함께 즐기는 사람들이 많을수록 신나는 법! 이용객이
적은 저녁 보다 늦은 밤 시간대 방문하는 것이 더 흥겹다.

지도 P.79-B1 **주소** 1425 Pale San
Vitores Rd., Tamuning **전화** 671–858–
7000 **운영** 월, 화, 목 17:00~22:00, 금, 토
16:00~23:00, 일 16:00~22:00 **요금** 놀
이기구당 $6~10 **가는 방법** 안토니오 비 원
팻 국제공항에서 차로 10분. DFS 괌에서 도
보 8분.

④ 마타팡 비치 파크 Matapang Beach Park

투몬 비치가 관광객들에게 인기가 높은 곳이라면, 마타팡 비치는 괌 현지인들이 애착을 갖고 즐겨 찾는 해변이다. 백사장에는 원주민들이 사용한 전통 카누인 아웃리거 카누 Outrigger Canoe가 줄지어 있고, 해 질 무렵이면 카누를 연습하는 사람들도 볼 수 있다. 그 옆에 자리한 공원에는 직접 바비큐를 해 먹을 수 있는 공간도 있다. 프라이빗하게 해변을 즐기고 싶다면 단연 추천할 만한 곳. 다만, 주차장이 매우 좁다.

지도 P.81-C2 **주소** Frank H. Cushing Way, Tamuning **운영** 24시간(운영 시간이 정해져 있지 않으나, 이른 새벽이나 늦은 밤에는 출입을 삼가) **가는 방법** 안토니오 비 원 팻 국제공항에서 차로 7분. 홀리데이 리조트 & 스파 괌 옆 골목으로 진입하거나 크라운 플라자 리조트 괌 by IHG 수영장 바로 앞에 위치. 레드 셔틀 버스(투몬 셔틀) 이용 시 홀리데이 리조트&스파 괌/크라운 플라자 리조트 괌 by IHG 정류장에서 하차.

CHECK! 아웃리거 카누 Outrigger Canoe

아웃리거 카누란 이 지역의 전통 목선을 의미한다. 마젤란과 함께 세계일주를 했던 피가페타는 괌의 아웃리거 카누에 대해 이렇게 기록했다. '1521년 괌 혹은 로타 지역에서 이런 모양의 배를 봤으며, 푸시네(이탈리아의 한 마을)의 곤돌라와 비슷하나 더 좁은 모양이었다.' 추측해 보면, 좁고 긴 배 위에 통나무로 된 플로트를 매단 이 카누는 바로 '플라잉 프로아 Flying Proa'다. 고대 차모로인들은 수평선을 민첩하게 가로지르는 프로아를 타고 별, 파도 등을 나침반 삼아 섬 주위를 여행하거나 무역을 위해 이동했다고 전한다. 괌 박물관 입구, 괌 국제 공항 앞에서도 이 아웃리거 카누를 복원한 모습을 만날 수 있다.

⑤ 슈퍼 아메리칸 서커스 Super American Circus

마치 영화 속 한 장면처럼 미국식 축제의 열기를 느끼고 싶
다면, 이 공연을 놓치지 말자! 화려한 조명과 신나는 음악
속에서 전통적인 아메리칸 서커스가 펼쳐진다. 공중 곡예,
아찔한 오토바이 묘기, 줄타기, 아크로바틱, 마술 등 손에
땀을 쥐게 하는 퍼포먼스가 이어져 잠시도 눈을 뗄 수 없
다. 특히 불 쇼는 공연의 하이라이트로 관객들의 탄성을 자
아낸다. 공연 중간에는 관람객이 직접 참여하는 코너도 있
어 흥미와 만족도가 높다. 어느 자리에서도 무대가 잘 보이
도록 설계되어 좌석 위치에 상관없이 공연을 즐길 수 있다
는 것도 장점. 공연은 총 60분이며, 중간 휴식 시간에는 페
이스 페인팅 체험이나 피에로와의 사진 촬영도 가능하다.
공연 시작 20~30분 전부터 입장이 가능하며, 공연 후에
는 기념 굿즈를 구매할 수도 있다.

지도 P.81-C3 **주소** 210 Pale San Vitores Rd, Tamuning **전화**
671-864-9763 **홈페이지** guamcircus.com **운영** 목~화 18:00~
19:00 **요금** 성인 $66~85, 12세 미만 $33~36 **가는 방법** 괌 국제공항
에서 Hwy 10A를 타고 직진하다 S Marine Corps Dr를 끼고 우회전 후
GU 14A를 끼고 좌회전, Pale San Vitores Rd 를 끼고 좌회전, 오른쪽 퍼
시픽 아일랜드 클럽 내 파빌리온 공연장에 위치. 차로 6분.

플레저 아일랜드 괌, DAY & NIGHT 완전 정복

Day Time
물 좋은 놀이터, 아쿠아리움

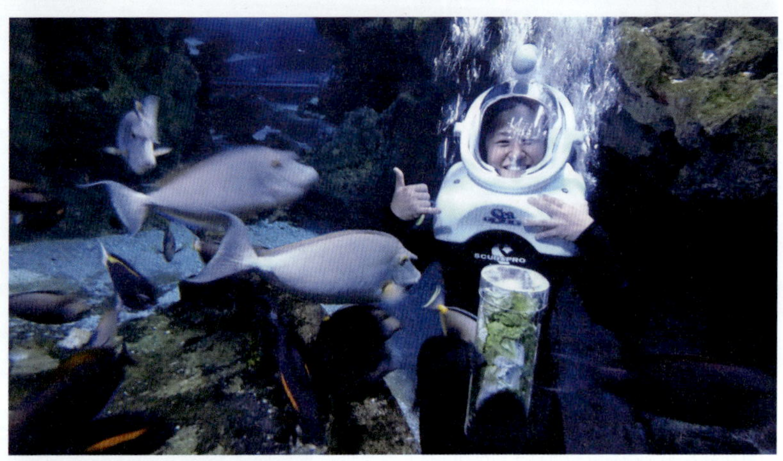

아쿠아리움 오브 괌
Under Water World

괌의 유일한 아쿠아리움. 섬의 수중 생태계를 가장 가깝게 체험할 수 있는 곳이다. 아쿠아리움 오브 괌에서 가장 유명한 것을 꼽자면 단연 100m에 이르는 수중 터널에서 자유롭게 부유하는 상어와 가오리를 비롯, 다양한 해양 생물들을 만날 수 있다. 날씨와 상관없이 실내에서 안전하게 물놀이를 즐길 수 있는 액티비티를 찾는다면, 공기가 주입되는 헬멧을 쓰고 수조를 누비는 시 트랙 Sea TREK을 추천한다. 복잡한 훈련 없이 간단한 장비로 즐길 수 있는 액티비티로 물을 무서워하는 이들도 도전해볼 수 있다. 시 트랙 투어 전 간단한 건강 설문지를 작성 후 책임 면제 계약서에 서명, 10분간 오리엔테이션을 거치면 준비 완료! 수중 헬멧을 착용한 뒤 수직 사다리를 타고 내려가 무중력 상태에서 해저를 걸으며 활기찬 해양 생물들을 만나보자. 구조 자격증을 소지한 다이버가 동행, 안전하게 신비로운 수중세계로 이끈다. 방문 예약은 홈페이지에서 가능. 전화로 예약하는 것보다 훨씬 편리하다.

최소 예약 15분 전에 도착하는 것이 좋으며, 체크인 시 신분증이 필요하다. 수영복과 타월, 여벌의 옷을 챙기는 것이 좋으며 8세 이상 도전 가능하다. 시 트랙은 전화로만 예약 문의가 가능하며, 1시간 30분 정도 소요된다.

지도 P.79-A2 **주소** 1245 Pale San Vitores Rd., Suite 450 Tumon **전화** 671-649-9191 **홈페이지** www.aquariumofguam.com **운영** 10:00~18:00 **요금** 오션 사파리 성인 $23, 어린이(만 3~11세) $12, 시 트랙 성인 $129, 어린이(만 8~11세) $115 **가는 방법** 안토니오 비 원 팻 국제공항에서 차로 10분. 두짓 비치 리조트 괌 옆 두짓 플레이스 투몬 베이 1층에 위치. 건물 내 주차장이 있다.

호시노 리조트 리조나레 괌 워터파크

Hoshino Resorts RISONARE Guam Waterpark

좀 더 다이내믹한 물놀이를 원한다면 호시노 리조트 리조나레 괌 내부에 위치한 마이크로네시아 최대 규모 워터파크를 이용해보자. 최대 1.2m 높이의 높은 파도를 즐길 수 있는 파도풀, 편안한 휴식을 만끽하는 360m의 유수풀, 스릴 넘치는 12m 높이의 만타 슬라이드를 포함한 여러 슬라이드 등 다양한 시설을 갖췄다. 특히 30cm의 얕고 안전한 키즈 풀에는 세 가지 종류의 슬라이드가 함께 있어 특히 어린이를 동반한 가족들에게 인기가 많다. 실외뿐 아니라 실내 수영장을 겸비했으며 물놀이에 지친 이들을 위한 자쿠지에서의 휴식도 이곳만의 장점. 호텔 투숙객은 무료로 이용할 수 있으며, 일반 방문객도 워터파크 리셉션에서 티켓을 구매하면 입장할 수 있다. 호텔 투숙객이 아닌 이들에게는 타월 대여(대여료 $5, 보증금 $5)와 사물함(이용료 $3+보증금 $2)이 유료다.

지도 P.80-A3 **주소** 445 Governor Carlos G. Camacho Rd., Tamuning **전화** 671-647-7777 **홈페이지** hoshino resorts.com/en/hotels/risonareguam- **운영** 09:30~17:30 **요금** 호시노 리조트 리조나레 괌 투숙객 무료, 방문객은 12세~ $55, 5~11세 $30 서프보드 대여 $20, 바디보드 대여 $10, 어린이용 라이프 재킷 대여 무료(투숙객, 방문객 동일) **가는 방법** 안토니오 비 원 팻 국제공항에서 차로 8분. 공항에서 HWY 10A를 타고 직진하다가 S.Marine Corps Dr를 끼고 좌회전 후 Hwy 30을 끼고 우회전. 왼쪽에 위치.

©Hoshino Resorts

Mia's Advice

호시노 리조트 리조나레 괌 투숙객의 경우 체크아웃 하는 당일에도 이용이 가능해요. 귀중품을 제외한 짐은 체크아웃 후 프런트 데스크에 보관할 수 있답니다. 단 당일 12:00에는 픽업해야 하니 이 부분은 꼭 기억해 주세요.

Night Time
휘황한 나이트라이프, 서커스쇼 & 클럽

©BALGADA GROUP (BG TOURS)

카레라 쇼 앳 샌드 캐슬
Karera Show at Sand Castle

투몬의 중심부에 위치한 괌 최대 규모의 공연장. 이곳에 가면 미국 라스베이거스에서나 볼 법한 화려한 쇼를 감상할 수 있는데, 실제로 태양의 서커스나 롤링스톤즈, 마돈나 등 공연에서 활약했던 제작진이 디렉팅에 참여한 것으로도 유명하다. 괌, 사모아, 북미, 유럽 출신 50명 이상 공연팀의 이국적인 불춤, 댄서들이 신나는 음악에 맞춰 선보이는 화려한 춤사위, 보기만 해도 아찔한 곡예, 관람객도 직접 참여할 수 있는 프로그램 등 다채로운 코너를 선보이며 관람객들의 눈을 사로잡는다. 무엇보다 남녀노소 누구나 즐길 수 있는 쇼로 가득해 가족 여행자들의 인기 관광 명소로 손꼽힌다. 쇼가 끝난 후에는 배우들과 기념촬영도 할 수 있다. 러닝타임은 디너가 포함된 경우 티켓에 따라 약 2시간 45분~3시간 15분 정도 소요된다. 디너 불포함으로 공연만 관람할 경우 1시간 15분이다. 밤 비행기로 한국 출국하는 스케줄이라면, 마지막 투어로 이 쇼를 선택해도 좋겠다.

지도 P.79-A3 **주소** 1199 Pale San Vitores Rd., Tamuning **전화** 671-646-8000 **홈페이지** www.bestguamtours.kr(**홈페이지** 예약 시 할인) **운영** 월·화·목~토요일 17:30 또는 18:00(디너가 포함된 경우), 19:30(공연만 관람할 경우) **요금** 성인 $50~450(디너 불포함), 성인 $89.10~450(디너 포함), 어린이(6~11세) $25 **가는 방법** 안토니오 비 원 팻 국제공항에서 차로 8분. 공연장 건너편에 전용 주차장 위치. 레드 셔틀 버스(투몬 셔틀)이용 시 카레라 앳 샌드 캐슬/하얏트 리젠시 괌 정류장에서 하차.

©BALGADA GROUP (BG TOURS)

클럽 ZOH **Club ZOH**

괌 최고의 나이트클럽. 자정을 넘으면 클럽 앞에 길게 늘어선 줄이 이곳이 얼마나 핫한 곳인지 짐작하게 한다. 힙합, 일레트로닉 댄스 뮤직, R&B 로 이어지는 유명 DJ들의 화려한 선곡은 이곳만의 자랑. 클럽 내에서 알코올이 포함된 음료를 주문하려면 반드시 신분증이 있어야 한다. 다양한 이벤트가 많은 클럽으로도 유명한데, 플러티 프라이데이 Flirty Friday라는 이름으로 21:00~23:00에는 모든 여성들의 입장 및 음료가 무료라거나, 디즈니 나이트 Disney Night라는 테마로 디즈니 관련 아이템을 장착하면 무료입장 가능하다는 식의 이벤트를 열어 즐거움을 더한다. 입장 가능한 최소 연령은 18세, 음주는 21세부터 허용된다.

지도 P.79-A3 **주소** 1199 Pale Vitores Rd., Tumon **전화** 671-646-8000 **홈페이지** bestguam tours.kr **운영** 월·화·금·토 21:00~02:00, 일 20:00~02:00 **요금** $30 **가는 방법** 안토니오 비 원 팻 국제공항에서 차로 8분. 카레라 앳 샌드 캐슬 옆에 위치.

하드 록 카페 괌

Hard Rock Café Guam

괌에서 가장 미국적인 나이트라이프를 즐기고 싶다면, 단연코 하드 록 카페 괌을 추천한다. 80년대 로큰롤을 테마로 꾸민 글로벌 체인 레스토랑인 이곳은 이미 그 흥겨운 분위기와 친근한 서비스로 확고한 마니아 층을 거느린다. 하드 록 카페 괌에서는 1층에 하드록 굿즈를 판매하는 록 숍을, 2층엔 레스토랑을 운영 중이다. 실내는 전설적인 뮤지션들의 악기와 의상, 사진들로 빼곡해 시각적 즐거움을 안긴다. 스테이크와 햄버거, 종류를 헤아리기 힘들 정도의 칵테일까지 메뉴가 다양하고, 라이브 무대는 덤으로 감상할 수 있다.

지도 P.79-A2 **주소** 1273 Pale San Vitores Rd., Tamuning **전화** 671-648-7625 **홈페이지** www.Hard Rock. com/ cafes/guam **영업** 11:30~22:00 **예산** $5.25~74.95(바하마 마마 시그니처 칵테일 Bahama Mama Signature Cocktail $10.95, 오리지널 레전더리 버거 Original Legendary Burger $20.95) **가는 방법** 안토니오 비 원 팻 국제공항에서 차로 9분. DFS 괌 건너편. 도보 2분. 두짓 플레이스 투몬 베이 2층에 위치.

⑥ 차이니스 파크 Chinese Park

평화롭게 피크닉을 즐기거나 투몬 베이의 아름다운 풍경을 감상하기 좋은 곳이다. 1985년, 괌에 거주하는 중국인들의 기부금으로 만들어졌으며, 투몬&타무닝을 관통하는 마린 드라이브 Marine Drive 대로변에 위치한다. 공원 내에는 공자 동상과 중국식 정자가 있고 잔디밭 한가운데엔 황금 황소 조각상 여러 개가 줄지어 서 있으니 사진을 촬영하며 한때를 보내기 좋다. 다만 인적이 드물어 방치된 낡은 시설물이 더러 있다.

지도 P.81-C3 ▶ **주소** 490 S Marine Corps Dr, Tamuning **운영** 09:30~19:00 **요금** 무료 **가는 방법** 안토니오 비 원 팻 국제공항에서 차로 3분. K 마트 앞 도로인 S Marine Corps Dr 에서 왼쪽에 메스클라 도스 Meskla Dos 햄버거 집을 지나 8분. 길 건너편에 위치.

⑦ 괌 동물원 Guam Zoo

괌의 유일한 동물원. 1977년 지미 & 바버라 쿠싱 부부가 야생동물에게 보호구역을 제공하려는 목적으로 설립한 공간이다. 철문 입구의 초인종을 누르고 들어서면 무성한 수풀과 동물 우리가 죽 늘어서는데, 이곳엔 현재 괌에 50마리 미만이 서식하는 마리아나 과일 박쥐, 코코새라고도 불리는 괌의 마스코트 괌 뜸부기 등의 멸종 위기종을 비롯해 원숭이, 앵무새, 악어 등 40여 종의 동물이 모여 산다. 스타프루트, 노니, 파파야 등 다양한 열대 식물들이 자라는 식물원으로서의 역할도 한다. 규모가 작은 편이라, 휘 둘러보는 데 20여 분 남짓 소요된다. 투몬 비치와 인접해 있는 홀리데이 리조트&스파 괌 Holiday Resort & Spa Guam의 뒤꼍에 자리한다.

지도 P.81-C2 ▶ **주소** Matapang Beach Park, Tumon **전화** 671-646-1477 **홈페이지** www.guamzoo.com **운영** 10:00~16:00 **휴무** 12/25 **요금** 성인 $15, 어린이(11세 이하) $8.50 **가는 방법** 안토니오 비 원 팻 국제공항에서 차로 8분. 홀리데이 리조트&스파 괌 옆 골목으로 진입, 도보 3분. 레드 셔틀 버스(투몬 셔틀) 이용 시 홀리데이 리조트 괌/크라운 플라자 리조트 괌 by IHG에서 하차.

⑧ 이파오 비치 파크 Ypao Beach Park

투몬의 남쪽 끝에 자리한 비치 파크로, 새하얀 산호 백사장이 유독 아름다운 곳. 거버너 조셉 플로레스 비치 파크 Gov. Joseph Flores Beach Park 로도 불린다. 해변 뒤꼍에 아이들이 뛰놀 수 있는 놀이터가 자리하고, 화장실과 샤워시설, 지붕이 있는 바비큐 테이블 등 비교적 쾌적한 시설을 갖췄다. 덕분에 관광객은 물론 가족 단위의 현지인들도 즐겨 찾는다. 마라톤 대회 같은 괌의 대표적인 축제가 펼쳐지는 장소로도 유명하다. 주차장이 넓은 것도 이곳 만의 장점.

지도 P.80-B3 **주소** Pale San Vitores Rd., Tamuning **전화** 671-475-6288 **운영** 07:00~18:00 **가는 방법** 안토니오 비 원 팻 국제공항에서 차로 8분. 퍼시픽 아일랜드 클럽(PIC)에서 힐튼 괌 리조트&스파 방향으로 직진하다 오른쪽에 프로아 레스토랑을 끼고 우회전하면 공원이 보인다. 18:00~07:00에는 주차 금지라 공원 초입에 주차하고 도보로 들어가야 한다. 레드 셔틀 버스(투몬 셔틀) 이용 시 이파오 공원/괌 방문자 센터 정류장에서 하차.

Mia's Advice

괌에서 자전거를 타고 싶다면 민스 오사카 마트 Mins Osaka Mart 를 이용하세요. 괌 곳곳에는 자전거 도로가 따로 지정되어 있어 자전거 타는 일이 어렵지 않아요. 대여료는 5시간에 $15, 1일(24시간) $25랍니다. 기념품과 주먹밥, 초콜릿, 레저용품과 음료 등도 판매하니 라이딩을 즐길 때 함께 챙겨 두세요.

주소 746 Pale San Vitores Rd, Tumon (근처 주소) **전화** 671-688-0660, **홈페이지** csosakaguam.com **영업** 월~일 07:00~22:00

휴양의 결정적 순간, 스파

아무리 즐겁게 놀아도 하루 해가 지면 온몸이 피곤하다. 그럴 땐 궁극의 마사지 1시간이 피로에도 거뜬한 몸을 만든다. 괌의 중심지답게, 투몬&타무닝 지역엔 고급 스파부터 합리적인 가격대의 스파가 모여 있다. 내 취향에 맞는 스파 숍을 찾아보자.

CHECK! 스파 이용 시 주의사항

스파를 예약했다면 15분 전 도착은 필수. 늦게 도착하면 그만큼 스파를 받는 시간이 줄어든다. 다음 예약자를 위해 예약된 시간 내에 끝내는 것이 원칙이니 꼭 시간을 지키자(대부분 픽업·드롭 서비스를 운영하니 예약 시 문의).

호텔 투숙객이 호텔 내 스파를 이용할 경우 이용료를 할인해 주는 경우가 있다. 예약 전에 미리 체크하자.

스파 숍은 대부분 21:00~22:00 사이 영업이 끝나는데, 마사지 후 새벽 비행기를 탑승하려는 여행객들이 이 시간대에 맞춰서 예약하는 경우가 많다. 늦은 시간 스파를 받고 싶다면 예약을 서두르는 것이 좋다.

임산부의 경우 17주차 이상만 마사지를 받을 수 있어요!

스파 아유아람 Spa Ayualam

천연 재료를 주로 이용하는 자연주의 스파. 테라피스트가 직접 손의 온기와 능란한 기술로 피로와 긴장을 풀어준다. 모든 테라피가 수기 마사지를 기반으로 이뤄지는데, 가장 추천할 만한 테라피는 단연 시그니처 릴렉스 마사지다. 손가락과 손바닥을 이용해 근육 구석구석을 어루만지니 피로가 쌓인 여행자들에게 제격이다. 관리 후에는 라운지에서 허브 티 타임을 즐길 수 있다. 힐튼 괌 리조트&스파 외 호텔 니코 괌에도 같은 브랜드의 스파 숍이 있다.

지도 P.80-B2 ▶ **주소** 202 Hilton Rd., Tamuning **전화** 671-646-5378 **홈페이지** spaayualamguam.com **운영** 10:00~22:00 **예산** $65~340(시그니처 릴렉스 마사지 Signature Relaxation Massage 60분 $135, 임산부 마사지 Maternity Massage 60분 $135) **가는 방법** 안토니오 비 원 팻 국제공항에서 차로 6분. 힐튼 괌 리조트&스파 더 타시 LL층.

데바라나 웰니스 Devarana Wellness

두짓 타니 호텔의 스파숍 체인으로, 아로마틱 타이 허벌 스팀 마사지, 차모로족에게서 영감을 받은 마사지, 따뜻한 비를 맞는 것처럼 평온한 기분을 만들어 주는 아로마틱 레인 샤워 마사지 등 독특한 테라피 메뉴를 내세운 곳. 커플 마사지 프로그램은 신혼부부들에게 인기가 많다. 대표 마사지는 태국식의 강한 지압을 느낄 수 있는 데바라나 시그니처 마사지. 스파 프로그램은 45분에서 5시간까지 선택의 폭이 넓은 편.

지도 P.79-A2 **주소** 1227 Pale San Vitores Rd., Tamuning **전화** 671–648–8064 **홈페이지** www.devaranaspa.com **운영** 10:00~22:00 **예산** $105~940(데바라나 시그니처 마사지 Devarana Signature Massage 90분 $120) **가는 방법** 안토니오 비 원 팻 국제공항에서 차로 9분. 두짓 타니 괌 리조트 1층.

텐주도 스파 Tenjudo Spa

저렴한 가격으로 부담 없이 마사지를 즐길 수 있어 관광객뿐 아니라 현지인들에게도 인기가 높은 곳이다. 마사지 프로그램은 30, 40, 60, 90분으로 나누어져 있어 짧은 시간 피로를 푸는 데 효과적이다. 지압 마사지, 림프선 마사지, 다리와 허벅지 마사지, 목 마사지 등 다양한데, 여러 부위를 한꺼번에 받고 싶다면 지압, 두피 마사지, 다리와 허벅지 마사지 등이 합쳐진 90분 콤보 프로그램을 이용해보자. 투몬 근처의 경우 호텔 픽업, 드롭 서비스를 받을 수 있으며 한국인이 상주하고 있어 편리하다.

지도 P.81-C3 **주소** 582 Pale San Vitores **전화** 671–649–9336 **홈페이지** www.tenjudospa.com **운영** 10:00~24:00 **예산** $50~120 (마사지의 종류, 시간에 따라 조금씩 다름) **가는 방법** 안토니오 비원 팻 국제공항에서 차로 8분. 괌 프리미어 아웃렛 건너편에 위치.

RESTAURANT
투몬&타무닝의 식당

투몬&타무닝에서라면 세계 각국의 다양한 음식을 맛볼 수 있다. 한식에서 벗어나 다양한 먹거리에 도전해보는 것도 괌을 여행하는 즐거움 중 하나. 단, 주문 전에 고려해야 할 게 있다. 한국에 비해 1인분의 양이 매우 많다는 사실.

뷔페 & 레스토랑 여행하는 내내 1일 1 뷔페를 해도 부족할 정도로, 괌은 뷔페 문화가 발달되어 있다. 특히 몇몇 리조트는 요일별로 뷔페의 주제를 정해 미식가들의 호기심을 자극한다. 그 밖에도 해산물 전문 레스토랑부터 브라질, 멕시칸 요리까지 다양한 음식을 맛볼 수 있다.

❶ 카사 오세아노 Casa Oceano

스페인어로 '바다의 집'을 뜻하는 곳으로 인테리어를 스페인 스타일의 전통 패턴으로 꾸몄다. 괌 현지 메뉴뿐 아니라 전 세계의 다양한 요리들을 만날 수 있는 곳. 다만 인기가 높아 더 츠바키 타워 호텔의 투숙객이 아닌 경우 당일 이용이 어려우니 테이블 체크(tablecheck.com)를 이용해 미리 예약하자. 주중 디너에는 괌 현지식인 켈라구엔 스테이션뿐 아니라 참치회를 맛볼 수 있는 포케 스테이션, 각종 스시와 철판 요리, 립 아이 스테이크, 맥주와 와인, 샴페인이 제공된다. 주말 브런치에는 스시 롤과 튀김, 랍스터와 립아이 스테이크 등이 스페셜로 마련되며 와인과 맥주, 미모사 등을 맛볼 수 있다.

지도 P.81-C1 ▶ **주소** 241 Gun Beach **전화** 671-969-5200 **홈페이지** thetsubakitower. co.kr/portfolio/casa-oceano/ **영업** 수~일 07:00~10:00, 11:30~14:30, 18:00~21:30, 월 07:00~10:00, 화 07:00~10:00, 18:00~21:30 **예산** (주중 조식 뷔페 성인 $40, 어린이 $26, 주중 점심 뷔페 성인 $45, 어린이 $27, 주중 저녁 뷔페 성인 $60, 어린이 $36, 토·일요일 브런치 성인 $65, 어린이 $39) **가는 방법** 안토니오 비 원 팻 국제공항에서 차로 15분. 더 츠바키 타워 로비층에 위치.

② 테이스트 Taste

푸짐한 가짓수를 자랑하는 디너 뷔페로 유명한 레스토랑. 음식의 퀄리티와 만족도가 높아 재방문율이 높은 레스토랑 중 하나다. 토요일 점심에는 랍스터와 스테이크를 포함한 인터내셔널 메뉴가 제공되며 일요일 브런치에는 통돼지구이, 립아이 스테이크, 랍스터와 게, 무제한 맥주가 제공된다. 테이스트의 가장 큰 장점은 저녁마다 다양한 테마로 음식이 차려진다는 점이다. 수요일에는 아일랜드 바비큐와 해산물을 맛볼 수 있고 목요일에는 이국적인 동남아시아 요리, 금~토요일에는 인터내셔널 요리와 샴페인이 제공된다. 취향에 맞는 날을 골라서 방문해보자. 레스토랑은 웨스틴 리조트 괌 The Westin Resort Guam 내에 위치한다.

지도 P.79-A1 **주소** 105 Gun Beach Rd., Tamuning **전화** 671-647-0991 **영업** 월~화 06:30~10:00, 수~금 06:30~10:00, 18:00~21:00, 토 06:30~10:00, 11:30~14:00, 18:00~21:00, 일 06:30~10:00, 11:00~14:30 **예산** 조식 뷔페 성인 $28, 어린이(6~11세) $23, 점심 뷔페 성인 $37, 어린이(6~11세) $18.50, 디너 뷔페 성인 $45~52, 어린이(6~11세) $39.6~42.9 **가는 방법** 안토니오 비 원 팻 국제공항에서 차로 10분. 웨스틴 리조트 괌 1층에 위치.

지도 P.79-A2 **주소** 1255 Pale San Vitores Rd., Tumon **전화** 671-649-9000 **영업** 월~일 06:30~10:00, 월~토 11:00~14:00, 일 11:00~14:00 **예산** 조식 성인 뷔페 $29, 어린이(6~11세) $14, 점심 성인 뷔페 $32, 어린이(6~11세) $16, 선데이 브런치 성인 뷔페 $57, 어린이(6~11세) $28.50 **가는 방법** 안토니오 비 원 팻 국제공항에서 차로 10분. 두짓 비치 리조트 괌 로비에 위치.

③ 팜 카페 Palm Café

투몬 비치 바로 앞에 있는 뷔페 레스토랑. 두짓 비치 리조트 괌 Dusit Beach Resort Guam 내에 위치해 투숙객들의 아침 식사 장소로 사용된다. 점심에는 일본 스타일의 런치 뷔페를, 저녁 시간대에는 다양한 테마의 뷔페를 운영한다. 일~목요일에는 세계 각국의 요리를 맛볼 수 있는 인터내셔널 뷔페 International Dinner Buffet, 금요일에는 해산물 뷔페 Saefood Dinner Buffet, 토요일에는 프라임 립 & 알래스카 킹 크랩 뷔페 Prime Rib & Alaskan King Crab Dinner Buffet가 있다.

④ 아쿠아 Aqua

투몬 비치 앞 두짓 타니 괌 리조트에 위치한 뷔페 레스토랑. 괌 요리와 다양한 아시안 요리가 가득하다. 투명한 바다가 한눈에 내려다보이는 오션 뷰, 스타일리시한 인테리어가 매력적인 분위기를 더한다. 다양한 해산물 요리와 즉석에서 조리하는 면 요리, 바비큐와 초밥 등 우리에게도 익숙한 메뉴는 물론, 디너와 토요일 점심에는 생맥주가 무료로 제공되고, 일요일 브런치에는 생맥주와 와인이 무료로 제공된다. 오전에는 리조트 투숙객들로 가득하니 여유롭게 식사하길 원한다면 점심이나 저녁 식사를 추천한다.

지도 P.79-A2 ▶ **주소** 1227 Pale San Vitoes Rd., Tamuning **전화** 671-648-8000 **홈페이지** www.dusit.com/dusitthani-guamresort/dining/aqua **영업** 조식 06:30~10:00, 저녁 17:00~21:00, 토요일 점심 11:00~14:00, 일요일 브런치 11:00~14:00 **예산** 조식 뷔페 성인 $37, 어린이(6~11세) $18, 저녁 뷔페 성인 $58, 어린이(6~11세) $29, 토요일 점심 뷔페 성인 $45, 어린이(6~11세) $22, 일요일 브런치 뷔페 성인 $80, 어린이(6~11세) $40 **가는 방법** 안토니오 비 원 팻 국제공항에서 차로 10분. 두짓 타니 괌 리조트 3층에 위치.

⑤ 아네모스 Anemos

카레라 앳 샌드 캐슬 공연장 바로 옆에 위치한 레스토랑. 카레라 앳 샌드 캐슬 공연에 디너가 포함된 티켓을 예약했다면 바로 이곳에서 저녁 식사를 하게 된다. 공연 관람이 아니어도 개별 방문이 가능하며, 이탈리안 지중해식 요리를 코스로 즐길 수 있다. 그릭 샐러드, 피자, 샤퀴테리와 치즈 모음, 구운 문어, 홍합찜, 랍스터 파스타, 스테이크 등 다양한 메뉴가

준비되어 있어 고르는 재미가 있다. 디저트 맛집으로도 유명한데 특히 딸기 밀푀유와 티라미수가 압권. 괌에서 그리스 셰프의 손 끝에서 탄생한 지중해 요리를 즐겨보자.

지도 P.79-A3 ▶ **주소** 1199 Pale San Vitores, Tumon **전화** 671-648-8104 **홈페이지** bestguamtours.com/ko/ **영업** 목~화 15:00~22:00 **예산** $12~115(랍스터 파스타 $32, 그릴드 믹스 $115) **가는 방법** 안토니오 비 원 팻 국제공항에서 차로 8분. 레드 셔틀 버스(투몬 셔틀)이용 시 카레라 앳 샌드 캐슬/하얏트 리젠시 괌 정류장에서 하차.

⑥ 비치인 슈림프 Beachin' Shrimp

괌에서 새우 요리를 맛보고 싶다면 단연코 이곳이 정답이다. 캘리포니아와 루이지애나, 그리고 멕시코의 풍미를 더한 퓨전 스타일의 특제 메뉴를 선보이기 때문. 담백한 새우요리를 선호한다면 코코넛 슈림프를, 도전 정신이 강하다면 이곳만의 비법으로 10시간 동안 우려낸 국물 소스가 일품인 비치인 슈림프 링기니 피니를 추천한다. 괌 수제 맥주인 괌 브루어리 괌 골드와 괌 브루어리 아일랜드도 판매하고 있다.

지도 P.79-A2 ▶ **주소** 1255 Pale San Vitores Rd., Tamuning(두짓 플레이스 투몬 베이 지점) **전화** 671-642-3224 **영업** 10:00~21:00 **예산** $12.99 ~37.99(비치인 슈림프 링기니 피니 Beachin' Shrimp Linguini Fini $24.99, 립 타이드 모히토 트리오 Riptide Mojito Trio $20) **가는 방법** 안토니오 비 원 팻 국제공항에서 차로 8분. DFS 괌 건너편, 도보 1분. 두짓 플레이스 투몬 베이 1층에 위치.

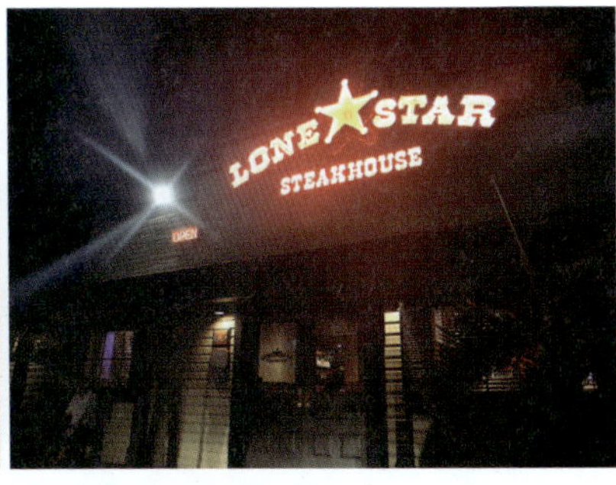

⑦ 론 스타 스테이크하우스 Lone Star Steakhouse

부담 없이 립과 스테이크, 랍스터를 즐길 수 있는 곳. 텍사스풍으로 터프하게 꾸민 실내에 앉아있자면 어디선가 카우보이가 등장할 것만 같다. 시그니처 스테이크와 함께 즐기기 좋은 메뉴는 단연 양파 하나를 통째로 튀겨 낸 텍사스 텀블위드 Texas Tumbleweed. 빨간색과 보라색의 토르티야 칩과 함께 제공하는 시금치 아티초크 딥도 애피타이저로 추천한다. 한국어 메뉴판이 있어 편리하다.

지도 P.80-B4 ▶ **주소** 615 Marine Corps Dr., Tamuning **전화** 671-646-6061 **홈페이지** lonestarguam.com **영업** 월~일 11:00~22:00 **예산** $11.99~64.99 본 인 립아이 Bone in Ribeye $64.99, 텍사스 텀블위드 Texas Tumbleweed $14.99, 시금치 아티초크 딥 Spinach Artichoke Dip $13.99 **가는 방법** 안토니오 비 원 팻 국제공항에서 차로 10분. DFS 괌에서 차로 11분. 괌 프리미어 아웃렛 근처에 위치.

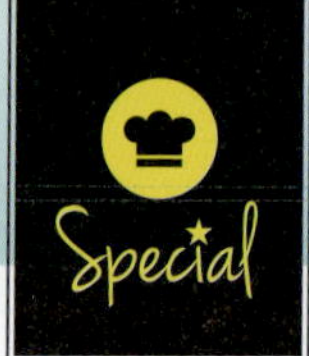

LOCAL FLAVOR!
차모로의 맛 즐기기

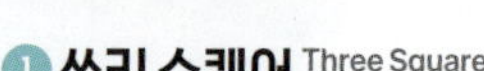
바삭하게 튀긴 패럿 피시 한 접시.

❶ 쓰리 스퀘어 Three Square

차모로 가정식을 선보이는 곳. 감각적인 인테리어가 돋보인다. 메뉴에 자주 등장하는 티낙탁 Tinaktaks이란 차모로어로 잘게 다진 고기라는 뜻인데, 소고기와 코코넛밀크, 그린 빈이 어우러진 비프 티낙탁 Beef 요리가 이곳의 대표 메뉴다. 생선 한 마리가 통째로 튀겨져 나오는 프라이드 패럿 피시 역시 강력 추천! 일요일 08:00~14:00에는 브런치 메뉴를 선보이고 있으며 빌리지 오브 돈키 매장 내에도 스리 스퀘어 Three Square라는 이름으로 운영하고 있다.

지도 P.80-B3 **주소** 416 Chalan San Antonio, Tamuning **전화** 671-646-2652 **영업** 화~일 08:00~20:00(마지막 주문 19:30) **예산** $4.95~25.92(비프 티낙탁 Beef Tinaktak $17.95, 비비큐 갈비 쇼트립 BBQ Kalbi Short Ribs $25.92, 프라이드 패럿 피시 Fried Parrot Fish $18.95, 일요일 브런치 $8~24.95) **가는 방법** 안토니오 비 원 팻 국제공항에서 차로 5분. DFS 괌에서 Pale San Vitores Rd를 타고 남쪽으로 직진, 플로레스 대주교 동상이 있는 원형 교차로(Archibishop Felixberto Flores Memorial Circle)에서 Hwy 14(Chalan San Antonio)로 진입, 왼쪽에 위치. 차로 9분.

❷ 프로아 Proa

항공사 승무원들의 소문난 단골집. 괌 현지식 바비큐를 제대로 맛볼 수 있는 공간으로, 타무닝에 1호점이 위치한다. 대표 메뉴로는 쇼트립과 스페어립, 치킨 바비큐, 레드 라이스가 푸짐하게 곁들여 나오는 빅 펠러 트리오가 있다. 뿐만 아니라 밥 위에 햄버그스테이크와 달걀 프라이가 올려진 로코모코 역시 인기 메뉴. 현지인과 관광객 모두에게 사랑받는 곳으로 미리 예약하지 않으면 대기 시간이 길어질 수 있다. 꼭 방문 전 예약하자.

지도 P.80-B3 **주소** 429 Pale San Vitores Rd., Tamuning **전화** 671-646-7762 **홈페이지** www.instagram.com/proaguam **영업** 월~토 11:00~14:00, 17:00~21:00 **예산** $10.99~32.99(빅 펠러 트리오 Big Feller Trio $24.95 **가는 방법** 안토니오 비 원 팻 국제공항에서 차로 5분. DFS 괌 등지고 왼쪽으로 도보 30분. 길 건너 이파오 공원 초입에 위치.

❸ 메스클라 차모루 퓨전 비스트로
Meskla Chamoru Fusion Bistro

메스클라는 스페인어로 '혼합'을 뜻하는 메즈클라 Mezcla에서 차용된 것으로 차모로족 셰프 피터 듀나스가 가장 괌다운 음식을 선보이는 곳이다. 현지 가정식은 물론이고 차모로 전통 요리까지 맛볼 수 있다. 켈라구엔과 육포와 비슷한 티날라 카트니, 구운 조개요리인 히네트논 타푼 등이 함께 나오는 차모루 체사 플래터를 비롯해 문어 티낙탁, 소꼬리찜 등이 유명하다. 단, 소꼬리찜은 디너에만 판매된다. 일요일 브런치에는 차모로 음식과 와플, 팬케이크는 물론이고 사시미, 바삭한 통돼지구이 등과 라이브 뮤직이 함께 해 더 흥겨운 분위기를 자아낸다.

지도 P.164-B3 **주소** 130 E Marine Corps Dr, Hagatna **전화** 671–479–2652 **홈페이지** mesklaguam.com **영업** 월~토 11:00~14:00, 17:30~21:00, 일 10:00~12:00, 12:30~14:30 **예산** 런치&디너 $15.25~35.95(멜라스카스 피에스타 플래터 Melaska's Fiesta Platter $35.95, 차모루 체사 플래터 Chamoru Chesa Platter $31.9, 문어 티낙탁 Octopus Tinaktak $32.95, 소꼬리찜 Braised Oxtail $34.95) 선데이 브런치 성인 $42, 어린이(5~11세) $18) **가는 방법** 안토니오 비 원 팻 국제공항에서 차로 8분. 공항에서 E Sunset Blvd 에 진입. 직진 후 Chalan Machaut/Purple Heart Memorial Hwy를 끼고 우회전.

❹ 리틀 피카스 Little Pika's

차모로의 풍미가 물씬한 티낙탁 버거를 만날 수 있는 곳. 코코넛 밀크를 곁들인 패티에 구운 토마토와 발사믹 소스 등을 함께 얹어 풍미가 조화롭다. 밥 위에 햄버거 패티, 달걀 프라이를 얹은 로코모코 Locomoco, 스팸 주먹밥 무수비 Spam Musubi 등 하와이안 메뉴도 곁들였다. 한식을 찾는다면 불고기&김치볶음밥이 제격.

지도 P.79-B2 **주소** 1300 Pale San Vitores Rd., Tamuning **전화** 671–647-7522 **홈페이지** www.pikascafeguam.com **영업** 07:30~20:00 **예산** $15.50~19(로코모코 Locomoco $19, 티낙탁 버거 Tinaktak Burger $18, 불고기&김치볶음밥 $19) **가는 방법** 안토니오 비 원 팻 국제공항에서 차로 9분. DFS 괌 등지고 오른쪽으로 직진, 도보 3분.

⑧ 나나스 카페 Nana's Café

실내에선 해산물과 스테이크를 우아하게 맛볼 수 있고 야외에선 구워 먹는 재미가 쏠쏠한 바비큐가 자리하고 있다. 나나스 카페의 인기 메뉴는 크래킨 킹 크랩 Crack'in King Crab인데, 비닐 봉투 안에 갓 쪄낸 크랩과 케이준 스파이스 스튜, 감자 등을 넣고 섞은 메뉴로 우리 입맛에 잘 맞는다. 랍스터와 등심, 치킨과 새우 등을 함께 구워 내는 바비큐존에서는 갈비와 스테이크, 랍스터와 킹크랩 등 구성에 따라 가격이 조금씩 달라진다. 대략 $65~95로 맥주와 음료, 샐러드바를 무제한으로 이용할 수 있다. 바비큐와 크래킨 킹크랩은 온라인에서 미리 주문하면 10% 할인된다.

지도 P.79-A2 **주소** 152 San Vitores Ln., Tamuning **전화** 671-649-6262 **홈페이지** www.nanascafeguam.com **영업** 11:00~14:00, 17:30~21:00 **예산** 런치 코스 $25~35, 런치 뷔페 $42~74, 런치 어린이(6~11세) $21~37.50, 디너 $15~95 (크래킨 킹크랩 Crackin King Crab $65) **가는 방법** 안토니오 비 원 팻 국제공항에서 차로 9분. DFS 괌 등지고 오른쪽으로 직진 후 첫 번째 사거리에서 좌회전. 도보 7분.

우리 입맛에도 부담 없는 크래킨 킹 크랩.

불맛 좋은 레스토랑
 **브라질리언 VS. 자메이칸** 

추라스코 Churrasco

추라스코는 철판이나 석쇠에 구운 불고기라는 뜻으로 이곳에서는 브라질 전통 스테이크를 경험할 수 있다. 기다란 꼬치에 소고기, 돼지고기, 닭고기, 양고기 등을 통째로 꽂아 익힌 뒤 적당한 크기로 잘라 무한정 서빙하니, 고기를 좋아하는 이들에겐 그야말로 천국! 샐러드 바도 메뉴가 다채롭다. 차가운 해산물 샐러드인 시푸드 세비체 Seafood Ceviche를 비롯해 구운 연어, 크랩 샐러드, 빵과 수프, 각종 채소와 과일 등을 한데 낸다. 취향에 따라 샐러드바만 이용하는 것도 가능하며 홈페이지에서 보다 편리하게 예약할 수 있다.

지도 P.81-C2 ▶ **주소** 1000 Pale San Vitores Rd., Tamuning **전화** 671-649-2727 **홈페이지** churrascoguam.com **영업** 수~일 18:00~21:30 **예산** 성인 $62, 어린이(4~10세) $31, 샐러드바 온리 성인 $31, 어린이(4~10세) $15.50 **가는 방법** 안토니오 비 원 팻 국제공항에서 차로 5분. DFS 괌 등지고 왼쪽으로 직진, 도보 9분.

자메이칸 그릴 Jamaican Grill

고기 양이 푸짐하고 가격대가 저렴해 현지인들에게 사랑받는 자메이칸 음식점. 내부 인테리어를 자메이칸 스타일로 꾸며 독특한 분위기를 자아낸다. 인기 메뉴는 바비큐립이나 꼬치새우구이지만, 좀 더 푸짐하게 즐기고 싶을 땐 스테이크&슈림프 콤보 메뉴를 주문해 괌 로컬 음식인 레드 라이스와 곁들여도 좋다. 주문 포장은 인터넷이나 애플리케이션으로도 가능하며, 차모로 빌리지와 데데도 몰, 망길라오에도 분점이 있으니 참고할 것.

지도 P.81-C3 ▶ **주소** 588 Pale San Vitores Rd., Tamuning **전화** 671-647-4000 **홈페이지** www.jamaicangrill.com **영업** 10:00~21:00 **예산** $6.50~40(저크 치킨 켈라구엔 Jerk Chicken Kelaguen $12.95, 저크 버거 jerk Burger $16.95, 스테이크 & 점보 슈림프 콤보 Steak and Jumbo Shrimp Combo $40) **가는 방법** 안토니오 비 원 팻 국제공항에서 차로 4분. DFS 괌 등지고 왼쪽으로 도보 24분. PIC 건너편.

⑨ 조이너스 레스토랑 케야키 | Joinus Restaurant Keyaki

일본식 철판요리 전문점. 총 4가지 세트 메뉴 중 치킨, 등심 스테이크, 새우 베이컨 말이 등으로 구성된 A세트와 치킨 대신 연어를 포함한 B세트가 가장 인기가 많다. 세트 메뉴에는 기본적으로 기본적으로 샐러드와 밥, 미소 수프를 포함한다. 철판요리는 눈 앞에서 직접 요리하는 과정을 지켜볼 수 있어 흥미롭다. 점심에는 세트 가격이 저렴해 인기가 높으므로 예약이 필수다. 그 밖에 구이나 덮밥, 우동, 초밥 등 단품 메뉴의 종류도 다양하다.

지도 P.79-A4 **주소** 1082 Pale San Vitores Rd., Tumon **전화** 671-646-4033 **영업** 11:00~14:00, 17:30~21:00 **예산** $17.50~60(점심 세트 메뉴 Lunch Set Menu $35) **가는 방법** 안토니오 비 원 팻 국제공항에서 차로 8분. DFS 괌 등지고 왼쪽으로 직진, 도보 6분. 투몬 샌즈 플라자 내 1층.

⑩ 알프레도 스테이크하우스 Alfredo's Steakhouse

투몬 해변을 바라보는 뷰 맛집이자 가장 완벽한 조건의 원육을 최상의 굽기로 제공하는 드라이 에이징 스테이크 하우스. A5 와규와 USDA 프라임 비프 스테이크, 드라이 에이징 비프로 나누어져 있다. 드라이 에이징 비프의 경우 매일 부위가 달라 담당 서버에게 문의해야 한다. 사이드 메뉴로는 한국인들에게 유명한 와규 볶음밥과 파마산 치즈가 들어간 크림 스피니치, 알프레도 시저 샐러드 등이 있다.

지도 P.79-A2 **주소** 1227 Pale San Vitores Rd, Tumon **전화** 671-648-8000 **영업** 17:00~21:00 **예산** $17~299(립아이 스테이크 Ribeye Steak $78, 와규 볶음밥 Wagyu Fried Rice $16) **가는 방법** 안토니오 비 원 팻 국제공항에서 차로 13분. 두짓타니 괌 리조트 3층에 위치.

이탈리안 레스토랑을 만나는 법

카프리초사 Capricciosa

1978년 시부야에 처음 오픈한 캐주얼 이탈리안 레스토랑. 1991년 괌에 문을 연 이래 푸짐한 양과 맛으로 사랑받아 왔다. 특별한 메뉴를 주문하고 싶다면, 해물 칼국수와 비슷한 맛과 만듦새를 자랑하는 조개 육수 스파게티나 담박한 풍미의 오징어 먹물 스파게티를 추천한다. 사랑의 절벽 입장권 구매 시 이곳의 라이스 크로켓을 무료로 맛볼 수 있는 쿠폰(메인 메뉴 주문 시에만 사용 가능)을 함께 제공하니 미리 알아둘 것. 점심시간이 저녁시간에 비해 덜 혼잡하다.

지도 P.79-B1 ▶ **주소** 1411 Pale San Vitores Rd., Tamuning **전화** 671-647-3746 **영업** 11:00~21:00 **예산** $6.75~32.50(조개 육수 스파게티 Clams in Delicate Broth $18.99, 오징어 먹물 스파게티 Squid Ink Spaghetti $19.99) **가는 방법** 안토니오 비 원 팻 국제공항에서 차로 7분. DFS 괌 등지고 오른쪽으로 직진, 도보 8분. 청록색 건물의 Pacific Place 2층에 위치. 타무닝점 이외에도 아가냐 쇼핑센터점, 로열 오키드점 등 곳곳에서 카프리초사를 만날 수 있다.

알덴테 리스토란테 Al Dente Ristorante

모던 이탈리안 레스토랑으로 전통 이탈리안 피자, 수제 파스타, 신선한 해산물을 이용한 메뉴 등 다양한 요리를 선보인다. 비주얼로 승부를 거는 1kg 앵거스 비프 티본 스테이크 Fiorentina가 시그니처 메뉴다. 오픈 키친으로 주방의 생생한 현장을 직접 마주할 수 있다. 참고로 알덴테 AL Dente는 파스타와 리조토를 씹었을 때 단단한 심이 느껴지는 정도의 익힘을 뜻한다.

지도 P.79-A3 ▶ **주소** 1155 Pale San Vitores Rd, Tumon **전화** 671-647-1234 **영업** 금~토 18:00~22:00 **예산** $20~70 **가는 방법** 안토니오 비 원 팻 국제공항에서 차로 15분. 하얏트 리젠시 괌에 위치.

브런치 & 버거 미국 정통의 풍미를 맛보고 싶다면 단연코 버거를 추천한다. 특히 괌에서는 매년 버거를 두고 인기 투표를 할 만큼 관심도가 높다. 한편, 줄을 서서 먹어야 하는 브런치 레스토랑도 인기다. 유명한 에그스 앤 띵스와 미국 전역에서 만날 수 있는 아이홉을 비롯, 선택지도 다채롭다.

❶ 아이홉 IHop

가성비 좋은 브런치 전문 프랜차이즈로 미국 내 여러 도시에서 대중적인 인기를 구가한다. 팬케이크, 와플, 스테이크, 오믈렛 등 메뉴의 종류도 다양하고, 아침에는 간편하게 스팸과 달걀 프라이, 밥을 주문할 수도 있다. 아이홉 대표 메뉴를 주문하고 싶다면 버터밀크 팬케이크와 달걀, 베이컨 또는 소시지, 해시브라운 포테이토 등이 곁들여진 크리에이트 어 팬케이크 콤보를, 건강식을 즐기고 싶다면 시금치 버섯 오믈렛 Spinach & Mushroom Omelet을 추천한다. 두짓 플레이스 투몬 베이 1층에 입점해 쇼핑을 하면서 들르기 좋다. 타무닝에 위치한 또 다른 아이홉은 괌 프리미엄 아웃렛 인근에 자리하며, 규모는 훨씬 널찍하다.

지도 P.79-A2 **주소** 1245 Pale San Vitores Rd., Tamuning **전화** 671-989-8222 **홈페이지** www.ihop.com **영업** 월~토 08:00~21:00, 일 07:00~21:00 **예산** $9.99~59.99(시금치 버섯 오믈렛 Spinach & Mushroom Omelet $20.99, 크리에이트 어 팬케이크 콤보 Create a Pancake Combo $19.99 **가는 방법** 안토니오 비 원 팻 국제공항에서 차로 7분. 두짓 플레이스 투몬 베이 1층에 위치.

❷ 에그스 앤 띵스 Egg's n Things

1974년 하와이에서 처음 선보인 이래 오늘날까지 꾸준히 인기를 얻어 온 브런치 카페. 2014년 처음으로 괌에 들어선 에그스 앤 띵스는 오믈렛과 베네딕트, 크레페, 팬케이크, 와플 등의 메뉴가 대표적. 특히 밥 위에 스테이크, 달걀 프라이를 얹고 홈메이드 그레이비 소스를 곁들여 먹는 대중적인 파니올로 로코모코 Paniolo Locomoco와 딸기 휩 크림 팬케이크 앤 맥 너츠 Strawberry Whipped Cream Pancakes and Mac Nuts

가 가장 인기 있는 메뉴. 괌 리프 호텔의 조식당으로도 유명하다.

지도 P.79-A2 **주소** 1317 Pale San Vitores Rd., Tamuning **전화** 671-648-3447 **홈페이지** www.eggsn thingsguam.com **영업** 07:00~14:00 **예산** $11.95~18.25(딸기 휩 크림 팬케이크 앤 맥 너츠 $18.25, 파니올로 로코모코 $16.95) **가는 방법** 안토니오 비 원 팻 국제공항에서 차로 8분. DFS 괌 등지고 오른쪽으로 직진, JP슈퍼 스토어 건너편에 위치. 도보 4분.

❸ 메스클라 도스 Meskla Dos

괌에 여행 오면 누구나 한 번쯤은 맛보게 되는 수제 버거. 메스클라 도스의 버거는 육즙이 풍부하고 재료를 아낌 없이 투하한 것이 특징이다. 이곳에서 가장 인기 있는 메뉴로는 프렌치 토스트 슬래머 French Toast Slammer, 그릴드 치즈 버거 Grilled Cheese Burger, 그리고 슈림프 우항 버거 Shrimp Uhang Burger를 꼽는다. 주방에서 직접 구워 내는 패티를 보고 있노라면 주문하기도 전에 군침이 돌 정도. 주차 편의를 위해 많은 이들이 K마트 근처에 자리한 매장을 이용하지만, 투몬의 메인 거리에도 자그마한 분점이 있다.

지도 P.81-C3 **주소** 413 A&B N. Marine Corps Dr., 14A, Tamuning **전화** 671-646-6295 **홈페이지** www.mesklados.com **영업** 11:00~21:00 **예산** $9.50~16.50(그릴드 치즈 버거 Grilled Cheese Burger $13.50, 프렌치 토스트 슬래머 French Toast Slammer $12.50) **가는 방법** 안토니오 비 원 팻 국제공항에서 차로 3분. DFS 괌 등지고 왼쪽으로 직진 후 왼쪽 Gu 14A 방향으로 좌회전 후 직진. 도보 27분. K마트 건너편.

그릴드 치즈 버거 Grilled Cheese Burger

❹ 햄브로스 Hambros

비비드한 파란 컬러의 외벽이 인상적인 이곳은 수제 버거 전문점. 버거가 서빙되는 순간 두툼한 패티에 시선이 끌린다. 치즈 버거가 메인으로 그 외에도 아보카도 버거 위드 와사비 마요 Avocado Burger with Wasabi Mayo, 베이컨 치즈 버거 Bacon Cheese Burger, 그릴드 슈림프 버거 Grilled Shrimp Burger 등이 있다. 버거 주문 시 $6를 추가하면 소다 음료와 사이드 메뉴(감자튀김, 고구마튀김, 어니언링) 선택이 가능하며 추가 요금을 내면 치즈, 달걀, 패티, 새우 등의 속재료를 더 추가할 수 있다.

지도 P.79-A4 **주소** 1108 San Vitores Ln., Tumon **전화** 71-646-2767 **홈페이지** www.instagram.com/hambros_guam **영업** 수~목, 일~월 11:00~20:30, 금~토 11:00~21:30 **예산** $7.50~17.50(치즈 버거 Cheese Burger $11.50) **가는 방법** 안토니오 비 원 팻 국제공항에서 차로 8분. Pale San Vitores Rd.에서 칠리스 그릴 앤 바 Chili's Grill & Bar 를 끼고 우회전. 왼쪽에 위치.

 투몬&타무닝 지역은 한국인과 일본인에게 인기가 많은 여행지인 만큼 그들 입맛에 딱 맞는 아시안 퀴진 레스토랑이 거리마다 넘쳐난다. 일식의 경우 이자카야, 우동, 라멘 전문집이 압도적으로 많고, 현지인들이 즐겨 찾는 한식당은 하몬 지역 근처에 모여 있다.

① 부가 Buga

괌에 거주하는 한인들이 즐겨 찾는 한식당. 여행 중에 한국 음식이 간절할 때면, 이곳에서 삼겹살과 묵은지의 오묘한 조화를 만끽하며 그리움을 달래 봐도 좋다. 특별 메뉴인 오리백숙, 오리 누룽지 영양탕, 그리고 오리 장수 영양탕을 즐기려거든 4인 기준으로 미리 예약 주문해야 한다. 맛깔스러운 칼국수 무침도 빼놓을 수 없는 별미.

지도 P.81-D3 주소 267 E Harmon Industrial Park Rd., Tamuning 전화 671-646-4322, 671-747-5611 영업 월~토 11:00~15:00, 17:00~21:00 예산 $10~75(비빔 칼국수 $18, 돼지 생목살 1인분 $22, 오리백숙 $75) 가는 방법 안토니오 비 원 팻 국제공항에서 차로 4분. K Mart 뒤에 위치. 구글 맵에서 찾으려면 부가식당 또는 근처 'san jung(산정)'을 입력한다.

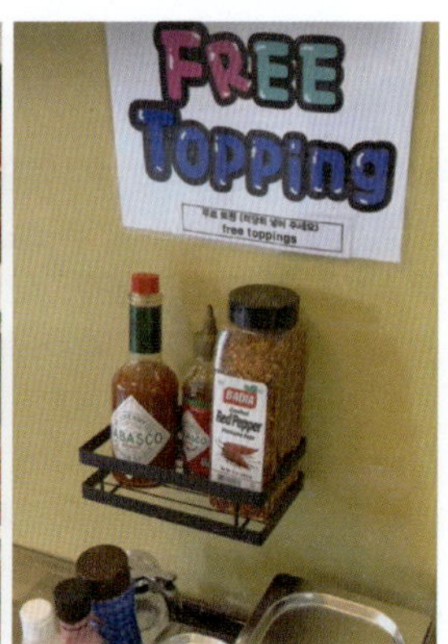

② K 라면 K-Ramen

셀프 누들 바. 한국인들에게 '한강 라면'으로 유명한 바로 그 라면을 괌에서도 맛볼 수 있다. 라면에 오뎅이나 치즈, 만두 등을 추가할 수 있다. 뿐만 아니라 한국 아이스크림, 주먹밥, 김말이, 로제 떡볶이, 햇반 등이 비치되어 있어 편리하다.

지도 P.79-B1 주소 127 Gun Beach Rd., Tumon 전화 671-649-7958 영업 화~일 10:30~22:30 예산 라면 $7.99 (셀프 서비스) 가는 방법 안토니오 비 원 팻 국제공항에서 차로 8분.

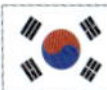

괌의 한인 타운, 하몬!

하몬은 투몬&타무닝 기준으로 마린 코프스 드라이브 건너편에 위치한 지역이다. 하몬과 주변 지역엔 한국 식당과 마트, 한국식 술집이 옹기종기 모여 있다. 김치가 그립거나, 치맥을 즐기고 싶을 땐 이곳을 찾아 볼 것. 늦은 밤이라면 길 찾기가 조금 힘들 수 있지만, K 마트 뒷골목인 E 하몬 인더스트리얼 파크 로드(E Harmon Industrial Park Rd)만 잘 찾아가면 한데 늘어선 반가운 가게들을 만날 수 있다.

① 서울식당 Seoul Restaurant
뜨끈한 찌개와 불고기가 주 메뉴. 투몬 시내라 접근성이 좋다.

② 미담식당 Mi Dam Restaurant
쾌적한 분위기, 정갈한 만듦새로 현지인들에게도 사랑 받는 한식당.

③ 포촌치킨 Pochon Chicken
치맥하기 좋은 곳. KFC가 채워주지 못하는 한끗을 느끼고 싶다면.

④ 산정식당 San Jung
삼겹살, 부대찌개, 소주의 얼큰함이 그리울 때 찾아갈 만한 식당.

⑤ 교동짬뽕 Sky Pika Noodle
다양한 한국식 중화요리를 선보이는 곳. 배달과 포장도 가능하다.

⑥ 명가 Myung Ga
한식 메뉴 중에서도 순두부와 콩국수가 일품인 곳.

⑦ 뉴 대장금 New Dae Jang Keum
매콤달콤한 고기 볶음과 냉면, 샤브샤브를 즐길 수 있는 식당.

⑧ 기대만족 괌점
Guam Korean BBQ restaurant KIDAEMANJOK
시그니처 족발 이외에도 직화 불족발, 마늘족발, 보쌈 등의 메뉴가 다양하다.

⑨ 세종식당 Sejong Restaurant
푸짐한 양, 깔끔한 맛을 자랑한다. 중국, 일본 여행자에게도 인기.

③ 토리 Toh-Lee

투몬 비치를 파노라마 전망으로 즐길 수 있는 중식 레스토랑. 저렴한 런치 뷔페도 인기 요인 중 하나다. 볶음밥, 딤섬, 양배추에 볶은 돼지고기 등 중화요리가 늘어선 가운데, 유독 눈길을 끄는 일본식 라멘도 자리 한편을 차지한다. 디너에는 단품 메뉴만 판매하는데 매일 셰프가 엄선해 선보이는 중국 스타일 사시미 Chef's Daily Selection of Chinese-Style Sashimi, 토리 스페셜 오렌지 치킨 Toh Lee Special Orange Chicken 등이 있다. 광둥식 바비큐와 7가지 메인 요리를 선보이는 금요일 디너 뷔페도 인기다.

지도 P.81-C1 **주소** 1355 Rte 1 N Marine Corp Dr., Tamuning **전화** 671-649-8815 **영업** 수 11:30~14:00, 목~금 11:30~14:00, 18:00~21:00, 토·일 브런치 11:00~14:00 **예산** 점심 성인 $42, 어린이 $23, 브런치 성인 $52.80, 어린이 $23, 저녁 $4~32 **가는 방법** 안토니오 비 원 팻 국제공항에서 차로 10분. DFS 괌 등지고 오른쪽으로 도보 15분, 길 건너편 호텔 니코 괌 16층에 위치.

④ 사가노 레스토랑 Sagano Restaurant

괌에서 20년 이상 거주한 코미네 셰프가 선보이는 오마카세와 데판야키 요리로 유명한 전통 일본 레스토랑. 특히 오마카세는 그가 개인적으로 지인들에게 선보였던 메뉴들로 일식 재료에 차모로식 소스와 향신료를 더해 괌에서만 즐길 수 있는 맛의 향연이 펼쳐진다. 오마카세는 총 6개의 코스로 이뤄져 있으며 하이볼이나 기타 음료 한 잔이 무료로 제공된다. 호시노 리조트 리조나레 괌에서 3박 이상 투숙하면 사가노 레스토랑의 오마카세 저녁 식사가

1회 포함된 프로모션이 있다(단, 한국에서 프로모션 숙박을 예약한 고객에 한함).

지도 P.80-A3 **주소** 445 Governor Carlos G. Camacho Rd., Tamuning **전화** 671-647-7777 **홈페이지** hoshinoresorts.com/en/hotels/risonareguam/dining **영업** 18:00~21:30 **예산** $7~48(셰프 추천 5가지 종류 사시미 Today's Chef Recommended 5 Kind Assorted Sashimi $40) **가는 방법** 안토니오 비 원 팻 국제공항에서 차로 8분. DFS 괌을 등지고 왼쪽으로 Pale San Vitores Rd를 타고 직진, 플로레스 대주교 동상이 있는 원형 교차로(Archibishop Felixberto Flores Memorial Circle)에서 Hwy 14(Chalan San Antonio)로 진입, Hwy 30A로 우회전 후 Hwy 30을 끼고 좌회전. 호시노 리조트 리조나레 괌 2층. 차로 12분 소요.

⑤ 반 타이 Ban Thai

괌 대표 태국 맛집. 초록 색깔의 외관이 멀리서도 한눈에 띈다. 현지인과 관광객 모두에게 인기가 많아 자칫 타이밍을 못 맞추면 기다려야 할 수 있다. 점심시간에는 새콤한 맛이 매력적인 쏨땀, 담백한 춘권, 한국인 입맛에도 잘 맞는 팟타이, 태국 대표 메뉴인 똠양꿍, 나시고렝, 쌀국수 등을 자유롭게 맛볼 수 있는 런치 뷔페로 유명하다. 디너는 단품으로 판매되며 특히 쌀가루에 코코넛을 곁들인 푸딩으로 설명되는 보 란 디저트 Bo Lan Dessert 도 놓치지 말자.

지도 P.81-C2 **주소** 971 Pale San Vitores Rd,, Tamuning **전화** 671-649-2437 **영업** 일~월, 수~금11:00~14:00, 16:30~20:30, 금~토 11:00~14:00, 16:30~21:00 **예산** 점심 뷔페 성인$19.99~22.95, 어린이(3~10세) $9.99, 저녁 $10.75~18.50 **가는 방법** 안토니오 비 원 팻 국제공항에서 차로 5분. DFS 괌 등지고 왼쪽으로 직진, 도보 9분. 아칸타 몰 건너편에 위치.

Mia's Advice

333년 동안 스페인의 지배를 받은 영향으로 현재 괌의 종교는 로마 카톨릭이 85%를 차지하고 있어요. 그만큼 괌 사람들과 종교는 밀접한 연관을 가지고 있죠. 투몬 메인 도로에서도 작고 아담한 성당을 만날 수 있어요. 바로 디에고 루이스 산 비터 성당 Blessed Diego Luise San Vitores Church 인데요. 스페인에서 태어나 집안의 반대를 무릅쓰며 괌에서 선교사 활동을 하던 디에고의 업적을 기리기 위해 지어진 성당이에요. 투몬 경찰서 인근에 위치해 있답니다.

주소 884 Pale San Vitores Rd, Tumon **전화** 671-646-5649 **운영** 09:00~18:00

⑥ 후지 이치반 라멘 Fuji Ichiban Ramen

1984년 나고야에서 첫 개점 후 현재 일본 열도에서만 30여 개 점포가 들어섰을 만큼 인기 높은 라멘 전문점이다. 최고의 밀가루만을 엄선해 매일 아침 면발을 뽑고, 화학 조미료를 거의 쓰지 않는 것이 맛의 비결. 그 덕에 남녀노소 안전하게 즐길 수 있다. 고소한 간장 라멘과 돈코츠 라멘이 인기 메뉴. 튀긴 마늘이나 차슈, 간장에 졸인 달걀 등을 토핑으로 추가해 기호에 맞게 즐겨도 좋다. 라멘 이외에도 치킨, 볶음밥, 커틀릿, 샐러드 등의 메뉴가 있다.

지도 P.81-C2 **주소** 932 Pale San Vitores Rd., Tumon **전화** 671-647-4555 **홈페이지** www.fujiichiban.jp **영업** 11:00~03:30 **예산** $5~12(간장 라멘 Soy Ramen $9.50, 톤코츠 라멘 Tonkotsu Ramen $9.75) **가는 방법** 안토니오 비 원 팻 국제공항에서 차로 8분. DFS 괌 등지고 오른쪽으로 직진, 도보 6분. 아칸타 몰 Acanta Mall 내 위치.

◀┅ 후지 이치반 라멘 2호점

후지 이치반 라멘 1호점은 새벽 03:30까지 운영하는 곳이라 인기가 많고, 2호점은 DFS 괌 면세점 근처에 위치해 있어 접근성이 좋아요. 2호점은 주중 11:00~24:00, 주말 11:00~02:00까지 운영되고 있답니다.
주소 1255 Pale San Vitores Rd., Tumon

⑦ 멘쿠이 Menkui

골목 안쪽에 숨어 있어 일부러 찾아가야 하는 맛집. 핑크 컬러의 독특한 외관이 보이면 잘 찾아온 것이다. 간장 베이스에 부드러운 돼지고기를 듬뿍 올린 차슈멘과 담백한 맛의 미소 라멘을 비롯, 총 13가지에 이르는 라멘 메뉴를 선보이는 이곳은 괌 내 일본인 이주자들에게 아낌 없는 사랑을 받고 있다. 차가운 누들 Cold Noodle, 자자멘 Ja Ja Men, 차가운 간장 라멘 Cold Soy Ramen 등 시원한 면요리는 괌의 무더위를 잊게 만든다. 아이들도 좋아하는 볶음밥, 얼큰한 국물이 일품인 탄탄멘 또한 인기 메뉴.

지도 P.81-C2 **주소** 144 Fujita Rd., Tumon **전화** 671-649-0212 **영업** 월·수·금·토 11:30~13:30, 18:00~21:00, 화 11:30~13:30, 18:30~21:00, 일 11:30~13:30, 17:30~19:30 **예산** $11~20(차슈멘 Chasu Men $15, 미소 라멘 Miso Ramen $15) **가는 방법** 안토니오 비 원 팻 국제공항에서 차로 7분. DFS 괌 등지고 왼쪽으로 직진, Mac & Marti's 끼고 우회전, 도보 9분.

⑧ 벤케이(벤카이) 재패니스 레스토랑 Benkay Japanese Restaurant

신선한 해산물로 준비하는 회와 초밥 외에도 튀김과 미소 혹은 데리야키로 간을 낸 생선 등이 있으며 저녁에는 스키야키(혹은 샤부샤부) 등의 국물 요리까지 메뉴가 다양하다. 또한 미식가들을 위한 오마카세도 준비되어 있어 일식을 좋아하는 이들이라면 꼭 들러야 하는 레스토랑. 런치 세트 메뉴가 구성이 훌륭해 인기가 높은 편이며, 호텔 니코 괌 투숙객인 경우 15% 할인도 받을 수 있다.

지도 P.81-C1 〉 **주소** 45 Gun Beach Rd., Tumon **전화** 671-649-8815 **홈페이지** nikkoguam.com/en/dining/benkay-japanese-restaurant **영업** 점심 금~화 11:30~14:00, 18:00~21:00, 스시바 금~일 18:00~21:00 **예산** $6~68 (니기리 스시 세트 Nigiri Sushi Set $38, 스키야키 또는 샤부샤부 코스 1인 $55) **가는 방법** 안토니오 비 원 팻 국제공항에서 차로 15분. 호텔 니코 괌 3층 (Lobby Level)에 위치.

⑨ 우오마루 혼텐 Uomaru Honten

일본 선술집의 흥성거리는 분위기를 느낄 수 있는 곳. 낮에는 덮밥이나 초밥을 먹으러, 저녁에는 회와 튀김을 맛보러 갈 만하다. 여행 후 가볍게 한 잔 하고 싶을 땐, 신선한 회와 바삭바삭한 치킨과 꼬치구이를 안주 삼아 즐기기 좋다. 레몬 사워 Lemon Sour, 자몽 사워 Grapefruit Sour, 구아바 사워 Guava Sour 등의 칵테일 소주는 여성들에게 인기가 많다. 메뉴가 방대하니 취향껏 골라 주문하는 재미를 느껴보자.

지도 P.79-B1 〉 **주소** 1371 Pale San Vitores Rd., Tumon **전화** 671-648-0901 **영업** 11:00~14:30, 17:00~23:00 **예산** $6~98(타코야키 Takoyaki 6pcs $13, 오늘의 다양한 사시미 Today's Assorted Sashimi $24~75) **가는 방법** 안토니오 비 원 팻 국제공항에서 차로 8분. DFS 괌 등지고 오른쪽으로 도보 6분, 웨스틴 리조트 괌 옆에 위치.

☕ **카페 & 디저트** 괌의 카페 양대 산맥은 하와이에서 물 건너온 호놀룰루 커피, 그리고 괌의 스타벅스로 불리는 포트 오브 모카다. 그런가 하면 도넛을 비롯, 달콤한 디저트를 전문으로 파는 상점들도 기세등등하다. 여행 중 피로가 몰려올 때, 잠시 들러 에너지를 충전하자.

① 호놀룰루 커피 Honolulu Coffee

하와이의 대표 커피 브랜드라 할 수 있는 호놀룰루 커피를 괌에서도 맛볼 수 있다. 세계 3대 커피 중 하나로 손꼽히는 코나 커피 메뉴가 있는 곳. 커피와 함께 꼭 맛봐야 하는 건 바로 하와이에서도 건강식으로 통하는 아사이 볼이다. 얼린 아사이 베리를 갈아 바나나와 딸기, 견과류와 꿀을 얹어 먹는데, 한 끼 식사로 손색이 없다. 커피의 최상위 품종인 엑스트라 팬시, 피베리 등의 원두를 구입할 수 있다는 것도 이곳만의 장점이다.

지도 P.79-A4 **주소** 1255 Pale San Vitores Rd., Tumon **전화** 671-649-8870 **영업** 09:00～18:30 **예산** $3.25～14.95(하와이안 코나 프로스트 Hawaiian Kona Frost $6.75, 오리지널 아사이 볼 Original Acai Bowl $11.95) **가는 방법** DFS 괌 등지고 왼쪽으로 직진, 도보 6분. 투몬 샌즈 플라자 1층. 두짓 플레이스 투몬 베이와 JP 슈퍼스토어에서도 만날 수 있다.

CHECK! **괌의 별다방과 콩다방, 포트 오브 모카 VS 커피 비너리**

괌 여행자들이 자주 마주치는 카페가 두 곳 있는데, 바로 포트 오브 모카 Port of Mocha 와 커피 비너리 Coffee Beanery 입니다. 현지인들도 즐겨 찾는 이곳들은 괌의 별다방과 콩다방으로 불릴 만큼 인기가 많고, 주로 쇼핑몰에 들어서며 입지를 다지고 있어요. 두 곳 모두 커피는 물론 다양한 메뉴를 선보이는데 포트 오브 모카에서는 샐러드나 베이커리를, 커피 비너리에서는 샌드위치를 추천합니다. 괌의 분위기가 물씬한 카페가 궁금하다면, 이 두 곳을 들러보세요.

② 프란시스 베이크하우스 Frances Bakehouse

이른 아침, 투몬 거리에 빵 굽는 냄새가 가득하다면 바로 이곳 때문이다. 오픈런을 해야 원하는 빵을 구할 수 있을 만큼 인기가 많다. 베이글, 크루아상, 카눌레, 피낭시에, 뱅오쇼콜라 등 다양한 종류의 빵을 만날 수 있는데, 근처 호텔 투숙객들에게는 조식 맛집으로 인기 있는 곳이기도 하다. 빵뿐만 아니라 바나나 라테 맛집으로도 유명하니 음료도 함께 곁들여 보자.

지도 P.81-C1 ▶ **주소** 127 Gun Beach Rd Unit 103, Tumon **전화** 671-864-688 **홈페이지** francesbakehouse.com **영업** 수~일 07:00~14:00 **예산** $2.75~10(바나나 라테 Banana Latte $6.50) **가는 방법** 안토니오 비 원 팻 국제공항에서 차로 14분. 괌 DFS 등지고 오른쪽으로 도보 3분. 웨스틴 리조트 괌과 롯데 호텔 괌 사이에 위치.

③ 러브 크레페스 Love Crepes

괌 투몬 중심가에서 파리를 마주한 느낌. 그도 그럴 것이 누텔라 디럭스 Nutella Deluxe, 크렘 브륄레 Crème Brulee 등 달콤한 크레페 이외에도 크레페 반죽 위에 연어와 시금치, 올리브와 딜 크림 등을 올려 놓아 한 끼 식사로도 손색없는 갈레트 Galettes, 아이스크림 위에 에스프레소를 얹은 뒤 홈 메이드 초콜릿 소스와 구운 아몬드를 올린 카페 초콜릿 리에주아 Café Chocolate Liegeoise등 파리 거리에서나 봤을 법한 메뉴들이 한가득이다. 오픈 키친이라 매장 안에 달콤한 향이 가득한 건 덤! 다양한 크레페 메뉴와 함께 샴페인, 와인도 곁들일 수 있다.

지도 P.79-A2 ▶ **주소** Dusit Place, 1255 14, Tumon **전화** 671-646-4499 **영업** 11:00~21:00 **예산** $8.99~19.99 (디럭스 갈레트 Deluxe Galette $19.99, 누텔라 디럭스 Nutella Deluxe $10.99) **가는 방법** 괌 안토니오 비 원 팻 국제공항에서 차로 8분. 투몬 중심가 DFS 괌 건너편에 위치.

🍸 **칵테일 바 & 펍** 노을이 지고 어둠이 내리는 시간, 칵테일 한 잔은 여행의 피로를 말끔히 풀어준다. 투몬&타무닝 지역은 대부분 리조트 내에서 칵테일 바를 운영하는데, 대체로 호젓하고 깔끔한 분위기라 자리를 잡고 한 잔 즐기기 좋다. 길거리 펍은 보다 시끌벅적하고, 흥겨운 음악이 끊이질 않는다.

① 라 칸티나 La Cantina

이탈리아어로 '와인 동굴'이라는 뜻의 상호명과는 정반대로 더 츠바키 호텔 최고층에 위치한 고급 와인 바. 선셋을 감상하며 라이브 뮤직과 함께 와인, 위스키, 칵테일을 즐기기 좋다. 럭셔리한 분위기와는 달리 가성비가 좋아 여행객들에게 인기가 높은 곳. 음식은 치즈 플레이트, 감자튀김이나 새우튀김 또는 연어&참치 샐러드, 그릴드 비프 등 술과 함께 간단하게 곁들이기 좋은 메뉴들로 구성되어 있다. 21세 이상만 입장 가능하다.

지도 P.81-C1 **주소** 241 Gun Beach Tumon **전화** 671–969–5200 **홈페이지** thetsubakitower.co.kr/portfolio/la–cantina/ **영업** 월,수,목 17:00~22:00, 금~토 17:00~23:00 **예산** $6~29(칵테일 $18, 치즈 플레이트 & 견과류와 건과일 Assortment of Cheese Plate, Dry Nuts and Dry Fruits $29) **가는 방법** 안토니오 비 원 팻 국제공항에서 차로 15분. 더 츠바키 타워 27층에 위치.

② 뱀부 바 Bambu Bar

드넓게 펼쳐진 투몬 베이의 아름다운 물빛을 바라보며 하루를 마무리하기 좋은 칵테일 바. 18:30~22:00에는 라이브 공연이 열려 여행의 흥을 돋운다. 칵테일 외에도 스테이크나 파스타, 치킨 윙, 포테이토 칩 등 식사도 주문할 수 있으니 함께 곁들여 볼 것. 호텔 로비에 오픈 바 형태로 자리하기 때문에 아이들과도 부담 없이 머무를 수 있다.

지도 P.79-A2 **주소** 1255 Pale San Vitores Rd,, Tamuning **전화** 671–649–9000 **영업** 일~목 11:00~21:00, 금~토 11:00~22:00 **예산** $5~45(그릴드 스테이크&랍스터 Grilled Steak & Lobster $35, 치킨 카르보나라 Chicken Carbonara $18) **가는 방법** 안토니오 비 원 팻 국제공항에서 차로 9분. DFS 괌 건너편 두짓 비치 리조트 괌 로비에 위치.

❸ 샴락스 스포츠 펍
Shamrocks Sports Pub

켈트족의 테마로 꾸민 펍. 맥주를 좋아하는 이들에게 특히 환영 받는 곳이다. 하와이 대표 맥주인 코나 빅 웨이브, 기네스 등의 맥주와 아이리시 뮬 Irish Mule, 테킬라 선라이즈 Tequila Sunrise, 모스코 뮬 Moscow Mule 등 칵테일 종류가 다양하다. 16:00~18:30에는 간단하게 한 끼 때울 수 있는 햄버거와 피시 앤 칩스 등을 주문할 수 있다. 다트와 당구대가 한편에 자리해 술과 함께 간단한 게임을 즐길 수 있고, 안쪽에는 클럽이 있어 주말에는 문전성시를 이룬다. 클럽 이용 시에는 따로 입장료를 지불해야 한다.

지도 P.79-A3 **주소** 1160 Pale San Vitores Rd., Tamuning **전화** 671-482-4342 **영업** 목~화 18:00~02:00, 수 20:00~02:00 **예산** $6~18(아이리시 카우보이 산도 Irish Cowboy Sando $18, 코나 빅 웨이브 Kona Big Wave $6) **가는 방법** 안토니오 비 원 팻 국제공항에서 차로 7분. DFS 괌 등지고 왼쪽으로 직진, 도보 2분.

❹ 라이브하우스 괌
Livehouse Guam

괌 현지 밴드의 진짜배기 음악을 만나고 싶다면 이곳으로 달려갈 것. 왁자지껄한 분위기에 신나는 음악과 함께라면 금세 기분이 좋아진다. 규모는 작아도 괌에서 유명한 밴드들의 공연을 라이브로 감상할 수 있는 좋은 기회. 빅 웨이브 Big Wave 맥주나 상큼한 열대 과일 향이 물씬한 칵테일 한 잔과 함께라면 감상이 더 즐거워진다.

지도 P.81-C2 **주소** 1010 Pale San Vitores Rd., Tumon 또는 110 Pale San Vitores Rd., La Isla Plaza, Tumon **전화** 671-486-5449 **영업** 18:00~24:00 **휴무** 월,일요일 **예산** 공연에 따라 조금씩 다름. **가는 방법** 안토니오 비 원 팻 국제공항에서 차로 6분. DFS 괌 등지고 왼쪽으로 직진, 도보 8분.

Mia's Advice

클럽, 펍에 입장할 때 주의점!
신분증이 반드시 있어야 해요. 여권 혹은 한국 신분증이 없다면 입장을 거절당하거나 술 주문을 할 수 없으니 꼭 지참하세요. 펍과 클럽의 영업시간은 02:00까지이며, 이후는 술 판매를 할 수 없으니 여흥을 적당히 즐기고 귀가하는 것이 좋아요. 일반 마트에서도 술을 구입할 때는 무조건 신분증이 있어야 한다는 것을 잊지 말아 주세요. 또한, 만약의 불상사를 막기 위해 낯선 사람들의 접근을 꼭 피하세요.

SHOPPING
투몬&타무닝의 쇼핑

면세 천국, 쇼퍼홀릭의 작은 낙원. 괌 여행은 쇼핑에서 시작해서 쇼핑으로 끝난다고 해도 과언이 아니다. 명품 브랜드를 만날 수 있는 글로벌 면세점 DFS 괌 DFS Guam, 다양한 브랜드와 유명 맛집이 모여 있는 두짓 플레이스 투몬 베이 Dusit Place Tumon Bay와 괌 프리미어 아웃렛 Guam Premier Outlets, 다양한 생필품을 구입할 수 있는 최적의 장소 K 마트 Kmart 까지. 24시간이 모자랄 쇼핑 스폿 리스트가 펼쳐진다.

① DFS 괌 DFS Guam

규모와 위치, 입점된 명품 브랜드를 감안하면 괌 쇼핑의 기점이자 투몬의 대표 랜드마크다. 123개의 브랜드가 모여있어 관광객이라면 꼭 한 번쯤 들르게 마련이다. 그 중에서도 조 말론, 몽클레어, 생 로랑, 버버리, 펜디, 리모와 등의 매장이 인기가 많다. 면세점에서 가장 저렴하게 쇼핑하는 방법은 전 세계적으로 운영되고 있는 DFS Circle 글로벌 멤버십에 가입하는 것. 등급별로 혜택이 다른데, DFS 매장에서 사용 금액의 최대 4%를 돌려받을 수 있다. 뿐만 아니라 개인 쇼핑 어드바이저는 물론이고 DFS 공식 웹사이트에서 온라인으로 주문한 뒤 매장 픽업도 가능하다. 괌 여행 중 시간이 부족하다면 유용하게 멤버십 혜택을 활용해보자. 또한 리조트별로 DFS 괌을 오가는 셔틀버스를 한시적으로 운영하는 곳들이 있으니 투숙하는 리조트에 무료 셔틀이 있는지 문의하는 것도 잊지 말 것.

지도 P.79-A2 **주소** 1296 Pale San Vitores Rd., Tumon **전화** 671-646-9640 **홈페이지** www.dfs.com/en/guam **운영** 12:00~19:00 **가는 방법** 레드 셔틀 버스 승하차, 안토니오 비 원 팻 국제공항에서 Hwy 10A를 타고 직진하다 S Marine Corps Dr를 끼고 우회전 후 Happy Landing Rd를 끼고 다시 좌회전 후 Pale San Vitores Rd를 끼고 우회전 후 직진. 오른쪽에 위치. 차로 10분.

Mia's Advice

셔틀 버스나 택시를 이용하려면 DFS 괌 지하 1층으로 향하는데 이곳에는 유나이티드 체크인 카운터와 각종 투어프로그램을 예약할 수 있는 여행사들이 모여 있답니다. 특히 인퓨전 커피 & 티 Infusion Coffee & Tea 카페가 있어 휴식을 취하기 좋아요. 쇼핑에 지친 일행이 있다면 이곳에서 커피 한 잔 하기를 추천합니다.

② 빌리지 오브 돈키-돈돈돈키 괌 Village of Donki-Don Don Donki Guam

괌 공항에 도착해 렌터카를 픽업하는 여행자라면 가장 먼저 들러야 하는 곳. 일본의 대형 체인 마트인 돈키호테가 드디어 괌에도 착륙했다. 도쿄 바나나나 산리오 캐릭터 아이템, 곤약 젤리나 영양제, 괌 맥주 등의 쇼핑은 물론 푸드코트에서의 식사까지 한 번에 해결할 수 있다. 전 세계적으로 유명한 마루카메 우동 Marukame Udon, 하와이에서 물 건너온 마우이 타코스 Maui Ta-co's, 맛있으면서 가격도 합리적인 코코 이치반 커리 Coco Ichiban Curry와 일본 다이소까지! 늦은 시간까지 운영하고 있어 여행자들에게 편리하다. 호텔 니코 괌, 더 츠바키 타워, 롯데 호텔 괌, 웨스틴 리조트 괌, 홀리데이 리조트 스파 & 괌, PIC, 힐튼 괌 리조트 & 스파 등을 오가는 셔틀버스가 7월 1일부터 실행되어 여행자들에게 편리함을 주고 있다. 10:00~22:30 사이에 운영되고 있다. 편도는 $5, 왕복 $10이며 5세 미만 어린이는 무료다.

지도 P.80-B3 ▶ **주소** 120 Chalan Pasaheru Ste 101, Tamuning **전화** 671-969-1430 **홈페이지** www.villageofdonki.com **영업** 07:00~01:00 **가는 방법** 안토니오 비 원 팻 국제공항에서 Hwy 10A 를 타고 직진하다 왼쪽에 위치. 차로 6분.

❸ ABC 스토어스 ABC Stores

하와이에 가면 거짓말 조금 보태 건물마다 하나씩 있을 만큼 유명한 체인 쇼핑센터로, 괌에서도 만나볼 수 있다. 화장품, 기념품, 각종 비상약, 먹거리, 수영용품 이외에도 여행에 필요한 간단한 생필품까지 그야말로 없는 게 없다. 특히 뷰티 코너는 일본의 드러그 스토어를 그대로 옮겨 놓은 것 같은 착각마저 든다. 출국 전 미처 사지 못한 기념품을 사려면 마지막으로 둘러봐도 좋을 곳. 괌에는 특히 투몬&타무닝 지역에 9개의 매장이 있는데, 각 지점에서 구입한 영수증을 모두 합산해 일정 금액 이상이 되면 기념품을 제공한다 (구매일로부터 14일 이내의 영수증에 한함). 두짓 플레이스 투몬 베이 외에도 괌 프리미어 아웃렛 Guam Premier Outlets, 퍼시픽 플레이스 Pacific Place, 마이크로네시아 몰 Micronesia Mall 등 주요 쇼핑몰에 자리한다.

지도 P.79-A3 **주소** 1255 B Pale San Vitores Rd., Tamuning **전화** 671-649-0501 **홈페이지** www.abcstores.com **운영** 09:30~21:30 **가는 방법** 안토니오 비 원 팻 국제공항에서 차로 8분. DFS 괌 건너편 두짓 플레이스 투몬 베이 1층.

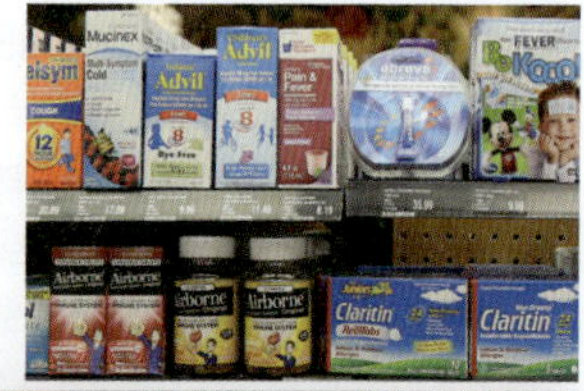

④ JP 슈퍼스토어 JP Superstore

한국인들 사이에서 인기 있는 브랜드와 우리나라에서는 만나기 힘든 브랜드 매장이 모여 있어 인기가 높은 쇼핑센터. 특히 하루 일정이 끝난 밤, 관광객들이 산책 삼아 매일 들르는 인기 쇼핑 명소이기도 하다. 특히 우리나라 엄마들 사이에서 유명한 유아 브랜드와 명품 브랜드, 그 외에도 괌에서만 구입할 수 있는 기념품과 인테리어 소품, 개성 강한 주방용품까지 백화점을 그대로 옮겨 놓았다. 특히 애착 인형으로 유명한 젤리캣 인형을 단독 입점해 차별화를 두었다. 또한 텀블러계의 샤넬이라 일컫는 하이드로 플라스크 Hydro Flask와 예티 Yeti도 이곳에서 만날 수 있다. 미국 젊은이들 사이에서 핫한 아이템인데 보온, 보냉 효과가 뛰어나 선물로도 훌륭하다. 프리미엄 액티브웨어 브랜드 뷰오리 Vuori, 하와이에서 인기를 얻고 있는 가방 브랜드 알로하 Aloha도 눈여겨보자. 단, 쇼핑 전 한국에서 판매하는 가격과 비교해 보고 더 저렴한 제품 위주로 구입하도록 하자.

지도 P.79-B2　**주소** 1328 Pale San Vitores Rd., Tamuning **전화** 671-646-7887 **홈페이지** www.jpshoppingguam.com **운영** 11:00~20:00 **가는 방법** 안토니오 비 원 팻 국제공항에서 차로 8분. DFS 괌 등지고 오른쪽에 위치, 도보 5분.

보온 보냉 기능이 훌륭한 하이드로 플라스크

⑤ 괌 프리미어 아웃렛 Guam Premier Outlets(GPO)

한국인들 사이에선 괌 여행을 오면 반드시 들러야 하는 쇼핑 명소로 손꼽히는 곳. 흔히 GPO라고 줄여서 부르며, 쇼핑과 식사, 엔터테인먼트까지 한번에 즐길 수 있는 대형 쇼핑센터다. 개장과 동시에 한국인들이 제일 먼저 달려가는 곳은 여러 가지 제품을 놀랍도록 저렴한 가격에 구입할 수 있는 대형 할인 매장 로스 ROSS. 특히 여행용 캐리어와 어린이 옷, 장난감 코너는 제일 먼저 동이 난다. 장난감 숍인 트윙클스 Twinkles 나 무료 실내 놀이터인 키즈 플레이 코너 Kids Play Corner가 있어 어린이를 동반한 가족 여행자들이 함께 즐기기 좋다. 없는 게 없는 잡화점 ABC 스토어 ABC Store까지 꼼꼼하게 구경하려면 24시간이 부족하다.

지도 P.80-B4 **주소** 199 Chalan San Antonio, Tamuning **전화** 671-647-4032 **홈페이지** www.gpoguam.com **운영** 10:00~21:00 **가는 방법** 안토니오 비 원 팻 국제공항에서 차로 5분. DFS 괌에서 Pale San Vitores Rd를 타고 남쪽으로 직진, 플로레스 대주교 동상이 있는 원형 교차로(Archibishop Felixberto Flores Memorial Circle)에서 Hwy 14(Chalan San Antonio)로 진입 후 직진. 오른쪽에 위치. 차로 10분.

어디부터 가 볼까?
GPO 쇼핑 공략 지도

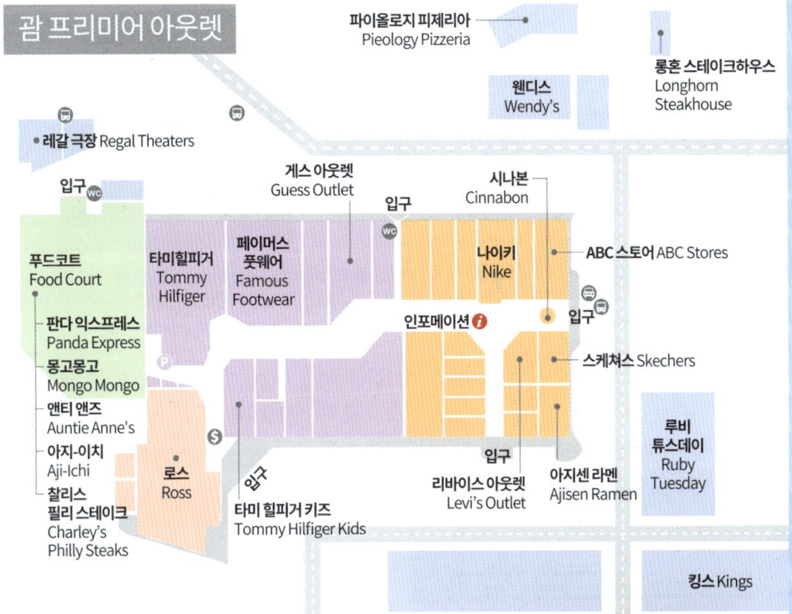

괌 프리미어 아웃렛

Tip 공략해야 할 브랜드 & 제품

타미 힐피거 Tommy Hilfiger 온 가족 의류, 나이키 Nike 운동화,
로스 Ross 매장 내 장난감 & 샘소나이트 Samsonite 캐리어

Special

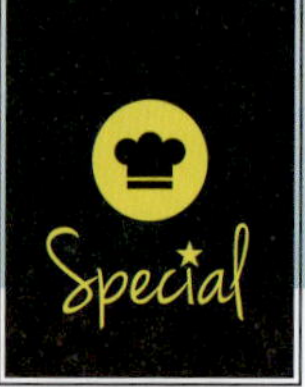

괌 프리미어 아웃렛 유명 맛집

괌 프리미어 아웃렛 내에는 미국 프랜차이즈 레스토랑은 물론, 어린이 놀이공간을 겸비한 레스토랑, 정식부터 버거, 피자, 디저트까지 다양한 종류의 음식이 있어 선택 범위도 넓다. 괌 프리미어 아웃렛의 추천 맛집을 소개한다.

① 킹스 KING'S

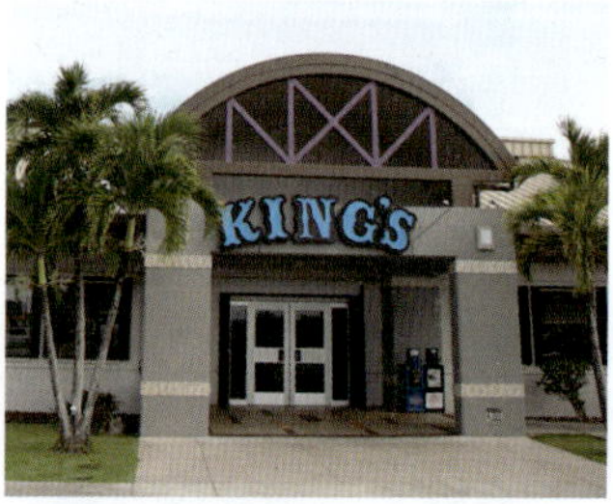

40년 동안 현지인들의 사랑을 듬뿍 받고 있는 패밀리 레스토랑. 푸짐한 양에 음료 무한 리필, 600칼로리 미만을 자랑하는 저칼로리 메뉴, 양이 적은 사람을 위한 미니 밀 Mini Meal 등을 마련하는 세심한 배려가 돋보인다. 킹스를 유명한 레스토랑으로 만든 알라 볶음밥이나 갈비탕과 비슷한 맛이라 친근하게 느껴지는 카돈 비프 생크, 닭볶음탕과 비슷한 카돈 피카 Kadon Pika 등은 한국인 입맛에도 잘 맞는다. 24시간 운영.

지도 P.80-B4 **전화** 671-647-5464 **홈페이지** www.gpoguam.com/kings **영업** 24시간 **예산** $8.85~37.95(알라 볶음밥 Fried Rice Ala $14.35, 카돈 비프 쉥크 Kadon Beef Shank $18.85)

Mia's Advice

괌 사람들은 '고춧가루가 없다면 그건 괌 BBQ가 아니다'라고 주장할 만큼 매운맛을 즐겨요. 괌에는 매운맛을 내는 여러 가지 피나데니 소스가 있거든요. 그중 하나인 피나데니 디난셰 소스는 괌 요리의 필수 소스인데, 잘게 다진 고추와 양념을 섞어 만든답니다. 카돈 피카를 요리할 때 주로 사용하지요.

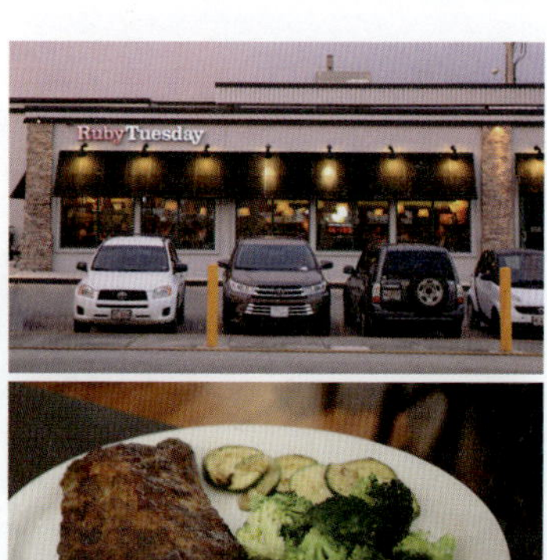

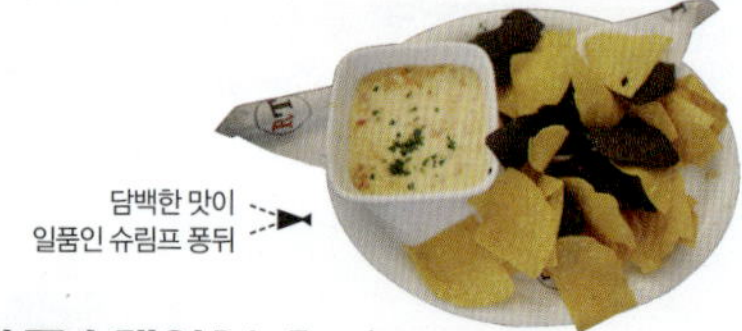

담백한 맛이 일품인 슈림프 퐁뒤

② 루비 튜스데이 Ruby Tuesday

미국 전역에서 만날 수 있는 프랜차이즈 패밀리 레스토랑. 루비 튜스데이의 매력은 바로 샐러드바에 있다. 샐러드바만 이용할 수도 있고, 메인 메뉴에 $7.99를 더 내면 샐러드바를 추가로 이용할 수 있다. 그 외 립과 스테이크, 햄버거가 대표 메뉴.

지도 P.80-B4 **전화** 671-647-7829 **홈페이지** www.rubytuesday.com **영업** 11:00~22:00 **예산** $11~30(슈림프 퐁뒤 Shrimp Fondue $16.05, 립아이 스테이크 Ribeye Steak $38.99)

❸ 롱혼 스테이크하우스
Longhorn Steakhouse

텍사스의 캐주얼한 스테이크하우스를 그대로 옮겨 놓은 분위기. 미국 전역에 약 600개의 매장이 있을 정도로 가성비 좋은 레스토랑이다. 스테이크 전문점인 만큼 그릴 마스터가 원하는 스타일로 완벽하게 구워 내는데, 20일 이상 숙성한 고기와 레스토랑 자체에서 만든 특제 시즈닝을 사용한다. 대표 메뉴는 소고기 부위 중 가장 연한 안심을 사용한 플로스 필레 Flo's Filet로 지방이 적고 부드럽게 씹힌다. 시그니처 스테이크인 더 롱혼 The Longhorn은 뼈가 붙어 있는 스트립 스테이크와 촉촉한 필레 미뇽을 동시에 맛볼 수 있다. 스테이크 주문 시 두 가지 사이드 메뉴를 고를 수 있으며 치즈케이크가 디저트로 제공된다. 한국인의 입맛에는 짜게 느껴질 수 있으니 스테이크 주문 시 "Less Salt Please"라고 요청하는 것을 잊지 말자. 스테이크 이외에도 햄버거, 치킨, 해산물, 새우와 랍스터가 곁들여진 차우더 수프 등의 메뉴가 있다.

지도 P.80-B4　전화 671-969-5448 홈페이지 longhornsteakhouse.com 영업 월~목 11:00~21:00, 금~일 11:00~22:00 예산 $7.49~65.99 (플로스 필렛 Flo's Filet $44.99, 더 롱혼 The Longhorn $59.99)

❹ 시나본 Cinnabon

커피와 함께 즐기면 찰떡궁합

2017년 가을, 한국에도 상륙한 시나본. 마카라 시나몬과 바닐라, 레몬 향이 어우러진 크림치즈 프로스팅을 듬뿍 올린 시나본 롤은 커피와 함께 즐기면 찰떡궁합. 대부분의 쇼핑센터에 자리하고 있어, 쇼핑 중 잠깐의 휴식이 필요할 때 제 몫을 톡톡히 하고 있다.

지도 P.80-B4　전화 671-689-6954 영업 10:00~21:00 예산 $3.75~6.35

❺ 파이올로지 피제리아
Pieology Pizzeria

내 입맛에 맞게 원하는 토핑 재료와 소스를 고른 뒤 스톤 오븐에서 구워 주는 시스템이다. 때문에 1인 1피자를 주문하게 되는 곳. 피자 하나당 굽는 데 소요되는 시간은단 3분. 탄산음료는 무한 리필이고, 남은 피자는 박스에 포장도 가능하다. 깔끔한 외관과 인테리어, 저렴한 가격 때문에 현지인들도 열광한다.

지도 P.80-B4　**전화** 671-969-9224 **홈페이지** locations.pieology.com/site-map/GU/GUAM **영업** 11:00~21:00 **예산** $5.99~13.49(시그니처 피자 Signature Pizza $13.49)

남은 피자는 박스에 포장도 가능 ＞＞☆

Mia's Advice

가성비 좋은 GPO 푸드코트 공략하기

괌 프리미어 아웃렛 지하 1층에는 푸드코트가 모여 있어요. 쇼핑 중 간단하게 한 끼를 해결해야 한다거나, 여행 구성원들의 입맛이 달라 한 음식점에서 해결하기 힘들다면 이곳을 추천해요. 아지-이치 Aji-Ichi 에서는 스시와 라멘을 판매하고, 찰리스 필리 스테이크스 Charley's Philly Steaks 에서는 스테이크를 넣은 샌드위치를 판매하고 있어요. 또한 중식을 선호한다면 중국 레스토랑인 홍콩 웍 Hong Kong Wok과 판다 익스프레스 Panda Express가 좋아요. 두 곳 모두 가성비가 좋은 곳으로, 특히 오렌지 치킨이 맛있어요. 얼큰한 김치찌개가 그립다면 한식당 임페리얼 가든 Imperial Garden도 있답니다. 어린이를 위한 소불고기 메뉴도 유명해요.

❻ 웬디스 Wendy's

주근깨 양갈래 머리를 딴 캐릭터가 인상적인 패스트푸드. 아주 오래전에 한국에 상륙했다 일찌감치 퇴장한 브랜드지만, 미국 내에서는 인기가 높다. 특히 아침에 간단히 조식을 해결하려는 사람들에게는 최고의 장소. 햄버거 전문점이지만 소시지와 스크램블, 밥을 곁들인 조식 메뉴 Local Breakfast Platters(포르투갈 소시지, 에그&라이스 Portuguese Sausage Eggs&Rice $5.10, 베이컨 프라이드 라이스 Bacon Fried Rice $3.05)가 인기!

지도 P.80-B4 **전화** 671-647-0282 **홈페이지** www.wendys.com **영업** 06:00~02:00(조식은 10:30까지 판매) **예산** $3.05~11.30

한 입에 넣기 힘들 정도로 큰 치킨 너겟.

❼ 아지센 라멘 Ajisen Ramen

저렴하면서도 시원한 고기 국물을 베이스로 한 일본식 라면을 먹고 나면 속까지 든든하다. 라면 한 그릇으로 부족하다면 만두를 추가($4.25)하자. 담백한 고기 국물을 원한다면 차슈 라멘을, 매운맛을 원한다면 볼케이노 라멘을, 한국 맛이 그립다면 김치 라멘($10.95)도 좋다.

지도 P.80-B4 **전화** 671-647-4032 **영업** 10:00~21:00 **예산** $3.00~15.00(차슈 라멘 Chasu Ramen $14.25, 볼케이노 라멘 Volcano Ramen $13.75)

매콤한 맛이 일품! 볼케이노 라멘

❻ 투몬 샌즈 플라자 Tumon Sands Plaza

투몬 메인 거리에서 조금 떨어져 있긴 하지만 한적하게 쇼핑하기 안성맞춤. 한국인들에게 입소문난 철판구이 전문점 조이너스 레스토랑 케야키 Joinus Restaurant Keyaki, 패밀리 레스토랑으로 유명한 칠리스 그릴 앤 바 Chili's Grill & Bar, 캐주얼한 분위기의 이탈리안 레스토랑인 올리브 가든 Olive Garden 은 물론이고 하와이의 100% 코나 커피를 맛볼 수 있는 호놀룰루 커피까지 있어 쇼핑과 식사, 디저트까지 논스톱으로 해결할 수 있다. 롤렉스, 구찌, 끌로에, 지방시 등 주로 세계적인 명품이 모여 있으며, 사전 예약 시 쇼핑몰 내 휠체어&유모차 무료 대여가 가능하다.

지도 P.79-A4 **주소** 1082 Pale San Vitores Rd., Tumon **전화** 671-646-6802 **홈페이지** www.tumonsandsguam.com **운영** 11:00~20:00 **가는 방법** 안토니오 비 원 팻 국제공항에서 차로 7분. DFS 괌 등지고 왼쪽에 위치, 도보 5분.

칠리스 바 앤 그릴 Chili's Bar & Grill **과 올리브 가든** Olive Garden

괌 프리미어 아웃렛에 위치한 두 음식점은 미국의 대표적인 패밀리 레스토랑이에요. 그러나 약간의 차이가 있어요. 칠리스 바 앤 그릴은 스포츠 바 같은 분위기에 버거, 립, 파히타, 치킨 윙이 메인이며 칵테일이나 맥주 등 다양한 술 메뉴가 있어요. 친구나 연인끼리 방문하기 좋죠. 반면 올리브 가든은 이탈리안 스타일을 표방한 곳으로 보다 차분한 분위기예요. 파스타와 치킨 알프레도, 라자냐 등과 함께 기본으로 제공되는 브레드 스틱과 저렴한 가격의 샐러드는 리필도 가능해 인기가 많아요. 이곳은 가족 모임에 보다 더 적합한 곳이랍니다.

⑦ 케이 마트 Kmart

괌 쇼핑 코스의 마지막 보루라고 해도 과언이 아닌곳. 우리나라에서 흔히 볼 수 있는 대형 마트처럼 보이지만, 국내에서 찾아보기 힘든 물건들을 저렴하게 구할 수 있다. 한국인 여행자 사이에서는 이곳에서 구매한 알짜배기 아이템을 서로 공유하기도. 비타민과 상비약, 육아용품과 장난감, 식료품과 주방용품 등 둘러보기만 해도 시간이 훌쩍 지나갈 정도다. 종합영양제 센트룸 Centrum, 진통제인 애드빌 Advil과 천연 소화제인 텀즈 Tums 등 의약품, 자외선 차단제와 아쿠아슈즈, 스노클링 장비 뿐 아니라 괌 맥주와 말린 망고, 김치 대용으로 먹으면 제격인 망고 피클, 이지치즈 등이 추천할 만한 아이템이다. 그외 추천 제품은 P.48을 참고할 것.

지도 P.81-C3 **주소** 404 North Marine Dr., Tamuning **전화** 671-649-9878 **홈페이지** www.kmart.com **운영** 24시간 **가는 방법** 안토니오 비 원 팻 국제공항에서 차로 3분. DFS 괌에서 Pale San Vitores Rd를 타고 남쪽으로 직진, 14A(GU 14A)를 끼고 좌회전 후, 다시 S Marine Corps Dr를 끼고 우회전. 왼쪽에 위치. 차로 7분.

⑧ 코스트 유 레스 Cost U Less

대형 물류 창고형 마트. 우리에게 익숙한 코스트코와 얼핏 비슷해 보이는데, 회원카드가 필요 없어 여행객들도 부담 없이 둘러볼 수 있다는 사실. 초콜릿이나 작은 사이즈의 스낵 묶음, 지인들에게 대량으로 선물할 기념품을 구입할 때 특히 요긴한 곳. 숙소에서 바비큐가 가능하다면 이곳에서 저렴하게 많은 양의 육류를 구입할 수 있으니 알아두면 좋다. 자정까지 영업하니 늦은 밤, 마트 쇼핑을 원한다면 이곳으로 향할 것.

지도 P.80-B4 **주소** 265 Chalan San Antonio Rd., Tamuning **전화** 671-649-4744 **홈페이지** www.costuless.com/tamuning/about-us **운영** 07:00~22:00 **가는 방법** 안토니오 비 원 팻 국제공항에서 차로 6분. DFS 괌에서 Pale San Vitores Rd를 타고 남쪽으로 직진, 플로레스 대주교 동상이 있는 원형 교차로(Archibishop Felixberto Flores Memorial Circle)에서 Hwy 14(Chalan San Antonio)으로 진입 후 직진. 오른쪽에 위치. 차로 10분. 괌 프리미어 아웃렛 옆에 위치.

north guam

현지인들의 삶을 엿볼 수 있는

북부

관광객들이 모여 있는 투몬과 타무닝 지역을 벗어나면, 꾸미지 않은 자연 그대로의 괌을 만날 수 있다. 이곳은 괌 국립 야생 동물 보호지역으로 지정되어 섬의 풍부한 생태계가 펼쳐지기 때문이다. 섬 북단에 위치한 사화산인 산타로사산에 오르면 그 아름다운 풍광을 한눈에 바라볼 수 있다. 북부에서 반드시 마주해야 할 명소는 다음과 같다. 투명하고 눈부신 파이파이 파우더 샌드 비치, 기상조건에 따라 출입이 통제되는 날카롭고 매혹적인 바다 리티디안 비치, 그리고 연인들이 꼭 들러 사랑을 맹세한다는 사랑의 절벽이다. 남들과 다른, 보다 특별한 경험을 원하는 이들에게도 북부는 매력적이다. 괌 유일의 동굴 투어인 패컷 케이브나 탕기슨 비치에서 펼쳐지는 밤하늘 별빛 투어 역시 강력 추천한다. 사실, 가장 인상적인 풍경은 주말 새벽, 데데도 벼룩시장

에서 펼쳐진다. 괌 사람들 틈에 섞여 이 땅에서 나고 자란 과일과 채소, 꼬치구이 등을 맛볼 수 있는 기회다.

 남태평양 기념공원 South Pacific Memorial Park

괌의 역사가 궁금하다면 지고 Yigo 지역의 남태평양 기념공원을 방문해보자. 규모는 작지만, 제2차 세계대전이 휩쓸고 간 상흔이 여행자를 압도한다. 일본이 주둔하던 괌을 미국이 재탈환하기 위해 폭격기와 함포사격의 타깃이 되었던 장소로, 1941년부터 1945 년까지 약 50만 명의 일본군과 미군, 괌 현지인들이 목숨을 잃은 자리다. 이후 1970년, 전쟁으로 인해 목숨을 잃은 수많은 병사와 일반인들을 위로하기 위해 남태평양 기념공원을 조성했다. 평화사라는 이름의 절간엔 불상과 함께 전쟁 당시 사용되었던 물건들이 자리한다(괌의 85%가 로마 가톨릭교임에도 이곳만큼은 불상이 기념공원을 지키고 있는데, 일본인들이 법인을 세우고 관리하는 까 닭이다). 기념비 오른쪽 계단으로 내려가면 당시 일본군에서 지휘본부로 사용했던 토굴 2개가 있다.

주소 Milalak Dr., Yigo **홈페이지** www.ireiguam.org **운영** 08:00~17:00

LOOK INSIDE
들여다보기

괌의 중심지인 투몬&타무닝 다음으로 인기가 많은 지역. 진정한 괌의 매력을 알고 싶다면, 북부를 놓쳐선 안 된다. 때 묻지 않은 괌의 청정한 해변가는 물론이고 데데도 벼룩시장을 통해 현지인들의 삶을 보다 가까이에서 엿볼 수 있기 때문. 적당히 느긋한 괌 사람들의 템포에 맞춰 유유자적, 북부를 여행해보자.

리티디안 비치 Ritidian Beach

투몬에서 험난한 도로를 40~50여 분가량 달려야 만날 수 있는 바다. 괌 국립 야생 동물 보호구역으로 지정된 이곳은 그야말로 자연이 인간을 위해 빚어낸 최고의 선물이다. 아름다운 백사장을 걸어도 좋고, 인적 드문 해변에서 물놀이를 즐겨도 좋다. 물론, 기념 촬영은 필수! 단 파도가 높거나 날씨가 좋지 않으면 입장을 제한할 수 있으니 미리 운영 여부를 체크할 것.

더비치바 레스토랑
The Beach Restaurant & bar

건 비치 Gun Beach를 끼고 있는 바 & 레스토랑. 이곳에서 칵테일 한 잔과 함께 뜨거운 노을을 바라보기를. 이 시간대에는 라이브 공연도 함께 즐길 수 있어 금상첨화다. 레스토랑에 딸린 비치 발리볼 코트에서 공놀이를 즐기거나, 해변에 비치된 선베드에 누워 평화로운 해변을 느끼는 것 또한 여행자로서 누릴 수 있는 호사다.

사랑의 절벽 Two Lovers Point

괌을 소개하는 책자나 기념품에 빠지지 않고 등장하는 사랑의 절벽은 북부 지역의 대표 관광 명소다. 전망대에서 바라보는 바다가 아름다운데, 특히 일몰 시간에는 곳곳에서 셔터 누르는 소리가 들릴 정도로 많은 인파가 몰려든다. 근처 기념품 숍은 냉방시설을 갖췄고, 사랑의 종 근처의 야외 매점에서는 망고 생과일 주스를 판매하니 더위를 식히기에도 제격이다.

데데도 벼룩시장 Dededo Flea Market

게을러지기 쉬운 주말 새벽, 데데도 벼룩시장은 단잠을 떨치고라도 반드시 둘러봐야 할 북부 여행의 핵심 코스다. 괌 전통 의상부터 기념품, 액세서리, 장난감, 과일은 물론이고 즉석에서 구운 꼬치 바비큐까지 향토색 짙은 볼거리와 즐길 거리를 한데 경험할 수 있기 때문. 가족 단위로 구경 나온 현지인들 사이에 섞여 주말 오전을 활기차게 시작할 수 있다.

괌 북부
0   4km
리티디안 비치
Ritidian Beach
우루나오 비치
Urunao Beach
스타 샌드 비치 클럽
Star Sand Beach Club
3A
공군기지
9
파이니스트 괌 골프 & 리조트
Finest Guam Golf & Resort
샤크 코브 비치
Shark Cove Beach
남태평양 기념공원
South Pacific Memorial Association
파이파이 파우더
샌드 비치
Faifai Power
Sand Beach
탕기슨 비치 파크
Tanguisson Beach Park
1
건 비치
Gun Beach
사랑의 절벽
Two Lovers Point
괌 인터내셔널 컨트리 클럽
Guam International Country Club
데니스 Denny's
29
스시 록 Sushi Rock
경찰서
더비치바 레스토랑
The Beach Restaurant & bar
데데도 벼룩시장
Dededo Flea Market
투몬만 Tumon Bay
마이크로네시아 몰
Micronesia Mall
타오타오타씨 비치 디너 쇼
Taotao Tasi
Beach Dinner Show
26-Macheche Road
괌 베이커리
Guam Bakery
아라시 볼
Arashi Bowl
1
16
15
패것 동굴(케이브)
Pagot Cave
S Marine Corps Dr
안토니오 B.
원 팻 국제공항
스카이 다이브 괌 LLC
Sky Dive Guam LLC
8
에어 서비스 괌
Air Service Guam
10
15
Mai Mai Road
15
파고만 Pago Bay
10
4
관광   식당   쇼핑   숙소

TRAVEL COURSE
추천 여행 코스

1DAY
괌의 천혜 자연을 만끽하는 에코 투어

오전 일찍 부지런히 출발해 패것 케이브로 향한다. 하이킹 후 땀으로 젖은 온몸을 시원한 동굴 수영으로 식힌 뒤, 사랑의 절벽으로 이동한다. 그곳 전망대에서 파노라마 오션뷰를 감상한 뒤 스타 샌드 비치 클럽에서 하루를 아름답게 마무리하자. 해양 스포츠와 스모크 바비큐, 별빛 투어까지 완벽하다. 별빛 투어에서 특별한 기념 사진 촬영을 위해 실루엣이 잘 드러나는 의상을 준비하는 것도 잊지 말 것!

1 COURSE 패것 케이브 P.148

차로 19분

2 COURSE 사랑의 절벽 P.147

차로 28분

3 COURSE 스타 샌드 비치 클럽 P.150

1DAY

쇼핑과 스릴 만점 액티비티를 동시에

스카이다이빙을 제일 이른 시간으로 예약한다면 데데도 벼룩시장까지도 둘러볼 수 있다. 근처 마이크로네시아 몰까지 쇼핑을 끝낸 후, 해 질 무렵 시작되는 타오타오타씨 비치 디너 쇼를 즐기면 하루가 알차게 끝난다. 마이크로네시아 몰에서 식사할 예정이라면, 타오타오타씨 비치 디너쇼는 식사를 제외하고 쇼만 관람하는 티켓으로 보다 저렴하게 즐겨보자.

1 COURSE
스카이 다이브 괌
P.152

차로 15분

2 COURSE
데데도 벼룩시장
P.156

차로 2분

3 COURSE
마이크로네시아 몰
P.157

차로 6분

4 COURSE
타오타오타씨 비치 디너 쇼
P.152

INFORMATION
여행에 유용한 정보

쇼핑 데데도 벼룩시장은 직접 기른 식물이나 입지 않는 옷, 그날 새벽에 잡은 생선들도 가지고 나온다. 누구나, 아무것이나 판매할 수 있는 이곳에서 가장 큰 구경 거리는 바로 개성 넘치는 판매자들이다. 무엇을 반드시 사지 않더라도, 그저 둘러보는 것만으로 쏠쏠한 곳이다. 다만 늦어도 08:00 전에는 도착하는 것이 좋다. 북적거리던 시장도 09:00 이후로는 파장 분위기로 일순 조용해지기 때문. 그런가 하면 마이크로네시아 몰 Micronesia Mall 은 다양한 캐주얼 브랜드가 모여 있는 복합 쇼핑몰이다. 옷을 구입할 예정이라면 마이크로네시아 몰 내에 있는 백화점, 메이시스 Macy's 부터 공략하는 것이 좋다. 랄프 로렌 Ralph Lauren, 타미 힐피거 Tommy Hilfiger 등은 필수로 체크해야 하는 브랜드. 타미 힐피거의 경우 괌 프리미어 아웃렛보다 제품의 질도 좋고, 쇼핑하기 쾌적하다(괌 프리미어 아웃렛의 경우 계산하는 데만 30분가량 소요될 정도로 사람이 많다. 한국인이 좋아하는 랄프 로렌의 경우 마이크로네시아 몰 인포메이션 데스크에서 비지터 세이빙 패스 Visitor Saving Pass 10% 할인 쿠폰을 사진 찍어 매장에서 보여주면 할인 받을 수 있다.

와이파이 마이크로네시아 몰을 제외하고는 무료로 와이파이를 이용할 수 있는 곳이 거의 없다. 렌터카를 이용해 북부를 둘러볼 계획이라면 포켓 와이파이는 필수다. 특히 가는 길이 험한 비포장 도로인 리티디안 해변쪽도 포켓 와이파이만 있으면 유용하게 해변을 찾을 수 있다. 포켓 와이파이는 괌 국제공항에서 빌릴 수 있다.

택시 투어 택시회사에 따라 조금씩 다르나 괌한인친구택시(카카오톡 아이디 @괌한인친구택시)의 경우 사랑의 절벽과 리티디안 비치를 둘러보는 데 총 3시간 소요되며, 4인 기준 $150다. 돗자리와 아이스박스를 무료로 대여해주는 서비스도 포함되어 있으며 리티디안 비치에서 물놀이도 가능하다. 괌의 대표 택시인 미키 택시를 이용, 투몬에서 출발해 사랑의 절벽만 방문할 경우 5인 기준으로 왕복 $40~50다.

ACCESS
가는 방법

공항에서 북부의 대표 관광지인 사랑의 절벽까지는 11분, 북부 끝에 위치한 리티디안 비치까지는 35분이 소요된다. 북부의 경우 리티디안 비치로 향하는 길이 비포장 도로인 점을 감안해서 여행 계획을 짜는 것이 좋다.

택시 공항에 상주할 수 있는 택시회사는 미키 택시뿐이다. 따라서 공항에서 바로 나와 북부를 둘러보고 싶다면 공항 내 대기하고 있는 미키 택시를 이용하면 된다. 공항에서 바로 북부의 사랑의 절벽으로 향할 경우 대략 $40~60 예산을 잡으면 된다(5인 기준).

북부 택시투어를 이용할 예정이라면 미리 예약을 하는 것이 좋다. 한인 택시회사의 경우 카카오톡(@괌한인친구택시, @헬로미키, @guam7788, @guam5004) 등으로 예약이 가능하며, 미리 금액과 일정 등을 문의할 수 있다. 호텔에서 출발, 편도로 목적지를 가고 싶다면 호텔 컨시어지에서 택시를 부탁하면 된다. 괌에서는 택시가 무조건 콜택시로 운영된다는 것도 알아 두자.

렌터카 공항에 내려서 북부로 바로 이동하려면 우선 공항에서 렌터카를 픽업하자. 렌터카 업체에 따라 공항에서 바로 차량 픽업이 불가능한 곳(셔틀 버스를 타고 시내로 이동해 시내에서 차량을 인도받는 경우)도 있으니 예약 전 미리 체크하는 것이 중요하다. 중심지인 투몬&타무닝에서 북부로 이동한

다면, 메인 도로인 페일 샌 비토레스 로드 Pale San Vitores Rd에서 투몬 경찰서가 있는 남쪽 방향으로 직진 후 투몬 샌즈 플라자 Tumon Sands Plaza를 지나 왼쪽의 해피 랜딩 로드 Happy Landing Rd를 끼고 좌회전 후 다시 왼쪽의 마린 코프스 드라이브 Marine Corps Dr를 끼고 좌회전 후 직진하면 북쪽으로 향하게 된다. 가장 먼저 만나는 곳은 북쪽의 대표적인 쇼핑센터 마이크로네시아 몰이며, 투몬 중심에서 약 7분 소요된다.

렌터카를 이용해 리티디안 비치를 방문할 계획이라면 비포장 도로를 조심하자. 북쪽으로 접근할수록 도로가 거친데, 이 때문에 리티디안 비치로 가는 길에 타이어가 파손되거나 손상됐을 경우 보험 처리가 불가능하다. 따라서 운전이 버거운 여행객이라면 한인 택시회사를 이용하거나 리티디안만 오가는 투어를 이용하는 방법도 있다(대략 성인 $65, 아동(3~11세) $45).

셔틀 버스 공항에서 바로 북부로 향하는 셔틀 버스는 없다. 단 투몬&타무닝 시내에서 북부의 마이크로네시아 몰을 오가는 레드 셔틀버스는 있다(P.86 참고).

각 택시회사마다 다양한 서비스를 제공하며 고객들의 마음을 사로잡고 있어요. 특히 북부나 남부 투어 이용 시 음료와 생수를 비치해 두거나, 차 안에서 와이파이 사용이 가능하기도 하고요. 또 사진 촬영까지도 담당해 프라이빗한 여행을 보다 효율적으로 즐길 수 있어요. 또한 미키 택시(mikitaxiguam.com)는 이용자들에게 타가다 놀이공원 20% 할인 혜택을 주기도 하고, 미키 무료 콜센터를 운영해 괌 여행 시 궁금한 점이나 쿠폰 정보 등을 알려주기도 해요.

ATTRACTION
북부의 볼거리

북부에는 호기심 어린 여행자들을 사로잡는 명소가 곳곳에 자리한다. 연인의 애절한 이야기를 전설로 간직한 사랑의 절벽, 오프로드와 사격체험, 해양 스포츠는 물론이고 별빛 투어까지 논스톱으로 즐길 수 있는 스타 샌드 비치 클럽, 북부의 최고 볼거리라 할 만한 리티디안 비치에 이르는 수많은 명소가 펼쳐지니 한 나절 동안 바지런히 둘러보자.

❶ 건 비치 Gun Beach

투몬 비치의 북쪽 끄트머리에 자리한 해변. 탁 트인 전망과 특히 일몰에 아름다운 전망이 펼쳐져 관광객들이 알음알음 찾아오는 명소다. '총 Gun'이라는 독특한 이름을 갖게 된 것은 제2차 세계대전에서 패한 일본군의 대포가 이곳에 남아 있기 때문. 산호초가 많아 물속에 들어갈 땐 반드시 아쿠아 슈즈를 신어야 한다. 관광객들이 많은 투몬 비치에 비해 한적하고 열대어가 많아 스노클링을 즐기기에 제격. 해변가에 자리한 더비치바 레스토랑 The Beach Restaurant & Bar에서 설치한 선베드에 누우면 해변 전망을 벗삼아 칵테일과 맥주를 마시기 좋다.

지도 P.139-A3 주소 96913, Gun Beach Rd., Tamuning (근처 더비치바 레스토랑 주소) 운영 24시간(운영 시간이 정해져 있지 않으나, 이른 새벽이나 늦은 밤에는 출입을 삼가) 가는 방법 안토니오 비 원팻 국제공항에서 차로 10분. DFS 괌 등지고 오른쪽으로 Pale San Vitores Rd를 지나 Gun Beach Rd로 진입. 도보 19분. 더비치바 레스토랑 앞 해변.

❷ 리티디안 비치 Ritidian Beach

괌 국립 야생동물 보호구역으로 지정되어 있어, 천혜의 자연을 바라보면서 힐링하기 좋은 곳. 하지만 가는 길이 비포장 도로라 매우 험난하고, 투몬에서 차로 30~35분이 소요되는 거리라는 단점이 있다. 괌 여행자들은 '이 모든 것을 감내하고도 리티디안 비치를 갈 것인가?'를 고민하지만 '고생 끝에 낙이 온다'는 말처럼, 모든 수고로움을 잊고 그저 아름다움에 넋놓게 되는 곳이기도 하다. 보호구역으로 지정된 탓에 매점, 샤워시설, 화장실 등의 시설이 없고, 구조요원도 없으니 물놀이에 각별히 조심하고 간단한 먹거리는 꼭 챙겨가야 한다. 파도가 높으면 바로 입장을 금지시키기 때문에 출발 전 미리 전화해서 입장을 체크하는 것이 좋다.

지도 P.139-A1 **주소** Ritidian Beach, Yigo **운영** 07:30~16:00 (국가 지정 공휴일과 날씨가 안 좋은 경우 폐쇄) **전화** 671-355-5096 **가는 방법** DFS 괌을 등지고 오른쪽으로 Pale San Vitores Rd를 타고 직진, N Marine Corps Dr를 끼고 좌회전 후 직진. 삼거리에서 3A (Hwy 3A) 끼고 좌회전. 차로 35분.

③ 탕기슨 비치 파크 Tanguisson Beach Park

북부의 대표 관광 명소인 사랑의 절벽에서 북쪽으로 좀 더 올라가면 나타난다. 널리 알려진 곳이 아니라 비교적 사람의 손을 덜 탄, 자연스러운 풍경을 만끽할 수 있는 해변이다. 보석처럼 반짝이는 백사장이 유독 아름답지만, 자갈이 많아 맨발로 다니는 것은 피해야 하고 아쿠아 슈즈를 착용하는 편이 좋다. 바다를 마주 보고 오른쪽으로 15분 정도 해변가를 걷다 보면 버섯 모양의 바위가 자리하는데, 현지인들은 버섯 바위 Mushroom Rock 라는 애칭으로 부르며 즐겨 찾는다. 이 바위는 바닷물의 간조와 만조 때 신비로운 형상을 사진으로 담을 수 있어 특히 유명하다.

지도 P.139-A2 **주소** Tanguisson Beach, Dededo **운영** 24시간(**운영** 시간이 정해져 있지 않으나, 이른 새벽이나 늦은 밤에는 출입을 삼가) **가는 방법** 안토니오 비 원 팻 국제공항에서 차로 13분. DFS 괌을 등지고 오른쪽으로 Pale San Vitores Rd를 타고 직진. N Marine Corps Dr를 끼고 좌회전 후 Two Lovers Point Rd를 끼고 좌회전(중간에 도로명이 Tanguisson Route로 바뀜). 사랑의 절벽 지나서 해안가에 위치. 차로 14분.

④ 파이파이 파우더 샌드 비치 Faifai Powder Sand Beach

입자가 곱고 아름다운 모래사장으로 이름 높은 프라이빗 비치. 그 눈부신 풍광은 세계적으로도 손꼽힌다. 과거 부유한 차모로족의 거주지이기도 했던 이곳은 건 비치와 절벽을 사이에 두고 맞닿아 있는데, 산호 부스러기가 곱게 부서져 모래로 바뀌는 바람에 '파우더 샌드'라는 이름을 갖게 됐다. 특히 육안으로 보기에도 물이 깨끗한 곳으로 청정한 자연 환경을 자랑한다.

지도 P.139-A3 **주소** Gun Beach Rd., Tamuning **운영** 24시간 (**운영** 시간이 정해져 있지 않으나, 이른 새벽이나 늦은 밤에는 출입을 삼가) **가는 방법** 안토니오 비 원 팻 국제공항에서 차로 10분. 건 비치에서 바다를 마주 보고 오른쪽으로 도보, 절벽을 지나면 바로 파이파이 파우더 샌드 비치.

⑤ 사랑의 절벽 Two Lovers Point

곰 여행자들 사이에서 꼭 들러야 하는 관광 코스로 꼽히는 북부 지역의 대표 랜드마크. 사랑의 절벽 곳곳의 볼거리는 모두 무료지만, 2층으로 연결되어 있는 절벽 위의 전망대는 입장료를 내야 들어갈 수 있다. 전망대에서는 투몬 베이와 탁 트인 바다를 볼 수 있는데, 이곳의 진정한 매력은 일몰 시간에 드러난다. 계절에 따라 약간의 차이는 있지만 대략 18:00~19:00 사이, 전망대에서 바라본 환상적인 일몰은 절로 감탄을 불러 일으킨다. 공원 내 설치된 사랑의 종은 연인이 함께 치면 영원한 사랑이 이뤄지고, 혼자 치면 애인이 생긴다는 속설이 있다. 곳곳에 자물쇠로 영원한 사랑을 맹세하는 커플들의 모습도 이곳만의 볼거리. 전망대에 올라갔다면 입장권과 함께 제공 받는 쿠폰을 잘 챙겨 둘 것. 레스토랑, 상점 등 할인 & 서비스 혜택을 누릴 수 있다. 참고로 T멤버십 회원이 곰 DFS 내에 위치한 곰 웰컴 데스크를 방문해 미리 티켓을 구매하면 할인가로 구매할 수 있다(2인 $2, 3인 $4, 4인 $6).

지도 P.139-A3 **주소** Tumon **전화** 671-647-4107 **홈페이지** www.puntandosamantes.com **운영** 07:00~19:00 **요금** $3(6세 미만 무료) **가는 방법** 안토니오 비원 팻 국제공항에서 차로 10분. DFS 곰을 등지고 오른쪽으로 Pale San Vitores Rd를 타고 직진. N Marine Corps Dr를 끼고 좌회전 후 직진. 왼쪽에 Two Lovers Point Rd를 끼고 좌회전 후 직진.

사랑의 절벽에 얽힌 슬프고 아름다운 전설

오래전 스페인이 곰을 통치할 당시, 부유한 스페인 귀족 남자와 차모로 족장의 딸이었던 여자가 만나 아름다운 딸을 낳았어요. 어느 날, 남자는 강력한 힘을 가진 스페인 선장과 자신의 딸이 결혼할 수 있도록 주선했죠. 하지만 그 사실을 알고 화가 잔뜩 난 딸은 섬의 북쪽 끄트머리까지, 힘 닿는 대로 도망쳤답니다. 문득 달빛이 비치는 해안가에 닿았을 때, 그녀는 차모로 가문의 젊은 전사와 사랑에 빠지고 말았습니다. 둘의 사랑은 완강한 반대에 부딪혔고, 연인들은 결국 그들의 머리를 한 매듭으로 묶어 마지막 키스를 나눈 뒤 깊은 낭떠러지를 넘어 포효하는 파도 속으로 뛰어들었어요. 두 연인은 삶과 죽음 사이에서 영원히 얽혀 진정한 사랑의 상징으로 남았답니다. 그 후로 이 절벽을 일컬어 '투 러버스 포인트 Two Lovers Point'라고 부르게 되었습니다.

❻ 패것 동굴(케이브)
Pagat Cave

패것은 괌 북부의 이고 Yigo 지역에 위치한 석회암 해식 동굴이다. 특히 이곳은 수천 년 전부터 차모로 문화의 중요한 정착지였으며 라테 스톤(차모로 전통 가옥의 기초 기둥), 유골 무덤 등 유물이 발견된 곳으로도 유명하다. 오늘날 패것 케이브를 찾는 여행객들에게는 1~1.7마일의 하이킹을 해야 도착할 수 있다는 점 때문에 더욱 특별하게 다가온다. 여행사 프로그램을 신청할 경우 40분가량 하이킹 후 패것 케이브에 도착, 절벽 해안 전망까지 이어지는 곳에서 사진 촬영 및 동굴 수영을 하며 자유 시간을 보낸다. 하이킹의 난이도가 낮아 어린이들도 참여할 수 있으며(최소 만 5세 이상 가능), 하이킹 도중 과거 차모로 원주민들의 집터와 주방 기구 등을 볼 수 있는 것도 특별하다. 무엇보다 이 투어의 하이라이트는 하이킹 후 시원한 동굴 내부에서 수영을 즐길 수 있다는 점이다. 물이 맑고 시원해 하이킹 후 피로를 풀기에 적당하다. 다만 깊은 곳은 2m 이상 되기 때문에 수영에 자신이 없다면 라이프 재킷(여행사 제공)을 챙기는 것이 좋다. 긴팔 티셔츠와 긴바지를 입으면 좋고, 모기 기피제와 운동화, 수영복, 타월과 선크림, 햇빛 가리는 모자, 슬리퍼 등을 챙기는 것이 좋다(여행사 투어 시 대략 08:00 출발, 12:15~12:45 도착 & 13:30~14:00 출발, 17:30~18:00 도착).

지도 P.139-B3 ▶ **주소** Pagat Cave, Yigo **요금** 마이리얼트립 기준 1인 10만 원대, 최소 4명 이상 출발 **가는 방법** 안토니오 비원 팻 국제공항에서 차로 16분. DFS 괌을 등지고 왼쪽으로 Pale San Vitores Rd를 끼고 직진 후 N Marine Drive를 끼고 좌회전, Army Dr를 끼고 우회전 후 직진하다 Macheche Avenue로 진입, Chalan Padiron Haya를 끼고 좌회전(트레일 코스는 전문가가 아니면 찾기 힘든 관계로 가능하다면 렌터카 대신 투어 상품을 추천).

Mia's Advice

패것 동굴 투어는 자연을 사랑하는 사람들이라면 매력적으로 느낄 만한 액티비티에요. 간혹 트레킹에 자신있는 관광객들이 구글맵을 참고해 직접 찾아가려는 경우가 있지만, 현지인의 안내 없이 방문하면 길을 잃거나 위험에 처할 수 있습니다. 따라서 패것 동굴을 탐험하고 싶다면 반드시 여행사의 프로그램을 이용할 것을 추천드려요.

북부에서 경험하는 별빛 투어

북부의 밤바다는 도시의 불빛에 방해 받지 않고 깜깜한 어둠 속에서 온전한 별빛을 관측할 수 있는 최적의 장소다. 최근 들어 여러 여행사가 바닷가에서 별 관측을 즐기며 특별한 인생샷을 남기는 투어를 진행하고 있다. 청정한 환경에서 밤하늘과 별자리를 배경으로 촬영하는 사진은 그야말로 영화의 한 장면 같은 분위기를 자아낸다. 연인이나 신혼부부에게는 로맨틱한 순간을, 가족 여행자들에게는 다른 곳에서 느낄 수 없는 특별한 경험을 선사한다. 업체에 따라 다르나 대략 1인 5만 원 선.

투어 장소

워낙 진행하는 업체가 많아 탕기슨 비치 이외에도 아 산베이의 니미츠 힐 Nimitz Hill 이나, 리가 로얄 라구나 괌 리조트 내 오아시스 클리프 바 Oasis Cliff Bar, 아구코브 Agu Cove 사유지 등에서 진행되기도 한다.

투어 내용

투몬&타무닝 지역의 경우 16:50~19:30 사이 총 3번으로 나누어 픽업하며 커플당 2~3컷, 친구끼리는 각각 2~3컷, 4인 가족의 경우 6컷 등이 제공된다. 우천 시에도 촬영과 행사가 가능하며, 여행사에 따라 라면과 맥주, 물, 마시멜로 등이 제공된다. 촬영은 대부분 초고화소 카메라로 진행 후 사진은 카카오톡으로 전송된다. 촬영 시 밝은 원색의 의상이나 몸매가 드러나는 의상이 좋으며, 시폰 소재의 원피스나 어두운 의상은 피하는 것이 좋다. 또한 촬영 시 5~10초 정도 정지 상태를 유지하는 것이 중요해 업체에 따라 24개월 미만의 어린이는 촬영 불가인 곳도 있다.

유의할 점

포털사이트에서 별빛 투어 검색 시, 별빛 투어만 진행하는 곳도 있지만 선셋 바비큐나 호텔 디너 뷔페 또는 돌핀 크루즈와 함께 진행하는 경우도 있어 이미 예약한 액티비티와 중복되지 않는지 살펴볼 필요가 있다. 별빛 투어만 진행하는 경우 교통 포함 대략 3시간 정도 소요된다.

❼ 스타 샌드 비치 클럽 Star Sand Beach Club

리티디안 비치의 출입이 통제되거나 혹은 리티디안 비치로 렌터카를 직접 운전해 가는 길이 걱정된다면, 스타 샌드 비치 클럽이 대안이 될 수 있다. 리티디안 비치 내에서도 프라이빗한 구역인 우루나오 프라이빗 비치는 한국인이 운영하고 괌 현지인들이 스태프로 상주하고 있다. 시간대에 따라 스노클링과 스탠딩 보드, 낚시, 셀프 바비큐, 오프로드, 사격 체험은 물론이고 별빛 투어까지 진행하고 있어, 오전부터 늦은 밤까지 하루 종일 다양한 프로그램을 즐길 수 있다. 프로그램에는 픽업 서비스가 포함되어 있으나, 개별 이동 시 무료 음료 서비스를 제공하고 있다. 투어 프로그램은 홈페이지를 통해 예약하면 더 저렴하게 즐길 수 있다.

지도 P.139-A1　**주소** LOT 8-8 TRACK 34000, Chalan Urunao, Dededo **전화** 671-689-6829(카카오톡 아이디 guamstarsand) **홈페이지** www.guamstarsand.com **운영** 09:00~22:00 **요금** 비치팩 성인 $40, 어린이 $35, 비치&바비큐 성인 $95, 어린이 $65, 별빛 투어 성인 $75, 어린이 $65, 비차+선셋+별빛 투어 성인 $125, 어린이 $95, 골드팩(프로그램 모두 포함, 런치&디너 포함) 성인 $165, 어린이 $105 **가는 방법** 안토니오 비 원 팻 국제공항에서 차로 55분. DFS 괌에서 Pale San Vitores Rd를 타고 N Marine Corps Dr를 끼고 좌회전 후 직진. 왼쪽에 N Marine Dr를 끼고 좌회전, 직진 후 삼거리에서 3A(Hwy 3A) 끼고 좌회전. 길 끝에서 왼쪽으로 좌회전(직진하면 리티디안 비치). 차로 57분.

Mia's Advice

스타 샌드 비치 클럽에서 제공되는 점심, 저녁은 스모크 바비큐다. 그러나 골드팩 상품을 선택한 여행자에 한해 저녁식사로 한국식 삼겹살 셀프 바비큐가 제공된다. 캠핑을 좋아하는 이들이라면 골드팩을 선택, 괌에서의 셀프 바비큐에 도전해보자.

ENTERTAINMENT
북부의 엔터테인먼트

마음만 먹으면 카레이서부터 경비행기 조종사까지, 원하는 모든 것에 도전할 수 있는 곳. 바로 괌 북부다. 천혜의 자연을 무대로 하늘을 날고, 땅을 구르고, 바다를 누빈다.

① 에어 서비스 괌 Air Service Guam

괌에서 경비행기 조종사가 되어보는 건 어떨까? 하늘 높은 곳에서 섬을 한눈에 바라보는 짜릿한 경험을 할 수 있다. 경비행기 한 대당 최대 3명까지 탑승할 수 있다. 단, 3명의 체중이 220kg을 넘으면 불가능하다(1인 체중이 100kg 이상일 때도 별도 문의). 단화 및 운동화를 신어야 하며 비행 30분을 포함해 이동 및 교육시간까지 총 2시간 정도 소요된다. 최소 2일 전에 예약하는 것이 좋다. 경비행기 조정 체험도 가능한데, 파일럿을 직접 체험해 볼 수 있어 어린이를 포함한 가족들에게 특히 인기가 많다. 체험 후 수료증도 받을 수 있다. 여권 사본을 필히 지참해야 하고 항공 의학상의 이유로 탑승 전 18시간 이내에 스쿠버 다이빙은 금지하고 있다. 해당 홈페이지보다 마이리얼트립이나 와그, 괌가자고 등의 여행 플랫폼에서 예약하는 게 오히려 편리하다.

지도 P.139-A3 **주소** 1780 Admiral Sherman Blvd., Tiyan **전화** 671-477-4243 **홈페이지** www.aireservicesguam.com **운영** 08:00~17:00 **요금** 여행사마다 조금씩 다르나 3인 33만~37만 원 정도 **가는 방법** 안토니오 비 원 팻 국제공항 내 위치. 프로그램 예약 시 픽업&드롭 서비스 포함.

② 타오타오타씨 비치 디너 쇼 Taotao Tasi Beach Dinner Show

건 비치를 배경으로 한 야외 디너 쇼. 공연 전 셰프가 직접 구운 바비큐와 뷔페로 식사를 즐긴 뒤, 화려한 괌 원주민 쇼를 관람할 수 있다. 30명이 훌쩍 넘는 배우 군단이 '바다의 사람들'이라는 주제로 공연을 펼치는데, 각양각색의 섬 사람들이 펼치는 춤사위와 불 쇼가 매우 이채롭다. 후반부로 갈수록 이야기와 볼거리가 더 흥미진진해져서 집중도가 올라간다. 웅장한 무대와 규모, 화려한 연기는 더할 나위 없이 훌륭하고, 공연 전 감상할 수 있는 일몰의 아름다움 또한 감동적이다.

지도 P.139-A3 **주소** Gun beach, Tumon **전화** 671-646-8000(카카오톡 @bgtours) **홈페이지** www.bestguamtours.kr **운영** 월~화·목~토 18:15~20:15 **요금** 성인 $72~252(식사 유무, 호텔 픽업 유무, 좌석에 따라 가격 차등), 어린이(만 6~11세) $25~70 **가는 방법** 안토니오 비 원 팻 국제공항에서 차로 10분. DFS 괌 등지고 오른쪽으로 Pale San Vitores Rd를 지나 Gun Beach Rd로 진입. 도보 19분. 비치 바 & 그릴 옆.

③ 스카이 다이브 괌 LLC Sky Dive Guam LLC

익스트림 스포츠 마니아들을 위한 체험. 2,400m ~4,200m 높이에서 시속 200km 속도로 자유낙하하는 프로그램이다. 걱정할 필요는 없다. 전문가와 한 몸이 되어 비행기에서 뛰어내리는 탠덤 스카이 다이빙 방식으로 진행한다. 15초~1분간 낙하 후, 6~7분간은 낙하산을 타고 괌의 하늘을 누빈다. 일출 무렵에는 압도적으로 아름다운 하늘을 품에 안고 비행할 수 있다. 단, 24시간 이내 스쿠버 다이빙 이용자는 불가능하다. 이용자의 체중은 100kg으로 제한하며, 여권 사본을 지참해야 한다.

지도 P.139-A3 **주소** ACI Pacific Hanger, 17-3404 Neptune Blvd., Barrigada **전화** 671-475-5555 **홈페이지** www.skydiveguam.com **운영** 06:00~18:00 **요금** $299~538(견학 요금 $10~20) **가는 방법** 안토니오 비 원 팻 국제공항에서 차로 11분. DFS 괌을 등지고 왼쪽으로 Pale San Vitores Rd를 타고 직진하다 N Marine Corps Dr를 끼고 좌회전. 첫 번째 골목에서 Army Dr(Hwy 16)를 끼고 우회전 후 직진. 오른쪽에 Admiral Sherman Blvd를 끼고 우회전, Mariner Ave 끼고 우회전 후, Corsair Ave 끼고 좌회전. Neptune Ave 끼고 우회전. 차로 19분.

RESTAURANT
북부의 식당

괌 북부의 레스토랑은 바다를 끼고 있거나, 현지인들이 즐겨 찾는 대형 쇼핑센터인 마이크로네시아 몰에 몰려 있다. 특히 마이크로네시아 몰에는 한국인 여행자에게 인기 많은 시나본 Cinnabon, 한국 식당인 코리아 플레이스 Korea Place, 비치인 슈림프 Beachin' Shrimp, 중식 프랜차이즈인 판다 익스프레스 Panda Express가 한데 자리한다.

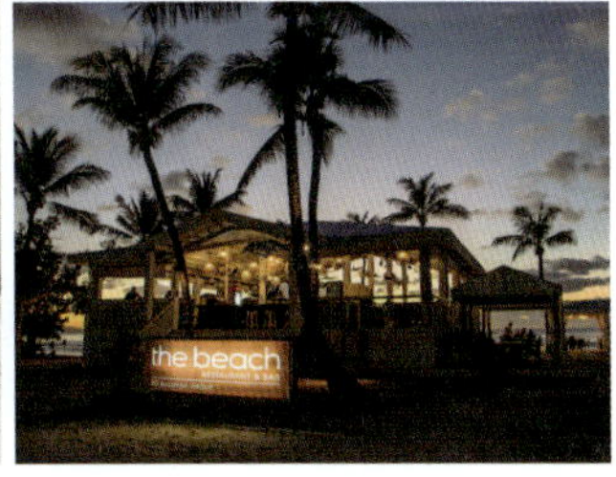

❶ 더비치바 레스토랑 The Beach Restaurant & Bar

괌 최고의 일몰 포인트를 거느린 건 비치 Gun Beach의 유일한 바. 현지인과 관광객 모두에게 인기 있는 곳으로 선 베드, 비치 발리볼 코트를 자유롭게 즐길 수 있다. 메뉴로는 간단한 식사와 바비큐 등이 있다. 그중에서도 서프 앤 터프 버거, 구운 블랙 앵거스 립아이 스테이크, 바비큐 치킨과 레드 라이스, 오이 샐러드와 치킨 켈라구엔(치킨과 양파, 고추, 소금, 레몬즙, 간 코코넛을 섞어 만든 샐러드 요리)이 함께 서빙되는 바비큐 피에스타 플레이트 등이 시그니처 메뉴다. 랍스터와 립아이 스테이크 등이 함께 나오는 서프 앤 터프 메뉴는 최소 24시간 전에 미리 주문해야 하는 것도 기억해두자.

지도 P.139-A3 주소 96913 Gun Beach Road, Tumon 전화 671-788-3668 홈페이지 www.guambeachbar.com 운영 월~금 16:00~22:00, 토~일 12:00~22:00 예산 $10~45(그릴드 블랙 앵거스 12oz 립아이 스테이크 Grilled Black Angus 12oz Ribeye Steak $45, 바비큐 피에스타 플레이트 BBQ Fiesta Plate $30) 가는 방법 안토니오 비원 팻 국제공항에서 차로 9분. DFS 괌을 등지고 오른쪽으로 Pale San Vitores Rd를 지나 Gun Beach Rd로 진입. 도보 19분. 레드 셔틀 버스 승하차.

② 데니스 Denny's

괌에 몇 안 되는 24시간 브런치 카페. 미국 전역에서 만날 수 있는 흔한 체인점이지만 이곳이 특별한 건 바로 괌에서만 만날 수 있는 익스클루시브 메뉴가 있기 때문. 조식에는 다양한 볶음밥이 있는데 그중에서도 스페인 또는 멕시코 스타일의 매콤한 소시지인 초리조를 넣은 초리조 스킬렛&에그가 눈에 띈다. 그 밖에도 방우스(갯농어)나 틸라피아(역돔) 등의 생선 요리도 만날 수 있다. 디저트로는 아이스크림에 바나나 튀김이 곁들여진 바나나 룸피아, 차가운 옥수수가 가미된 마이스 콘 옐로 등이 있는데, 모두 괌 데니스에서만 맛볼 수 있는 메뉴들이다.

지도 P.139-A3 **주소** 1088 W Marine Corps Dr., Dededo **전화** 671-637-1802 **홈페이지** dennysofguam.com **운영** 24시간 **예산** 조식 $13.49~15.59, 점심&저녁 $13.89~$23.99 **가는 방법** 안토니오 비 원 팻 국제공항에서 차로 8분. DFS 괌을 등지고 오른쪽으로 Pale San Vitores Rd를 타고 N Marine Corps Dr를 끼고 좌회전 후 직진. 오른쪽 마이크로네시아 몰 1층. 차로 9분.

③ 스시 록 Sushi Rock

회와 초밥, 우동과 라멘, 메밀국수 등 메뉴가 다양해 골라 먹는 재미가 있다. 대표 메뉴인 캘리포니아 롤만 해도 무려 46가지 종류다. 그중 특히 현지인들이 좋아하는 롤은 바로 크리스피 알래스카 롤 Crispy Alaska Roll. 연어와 크림치즈로 속을 채운 뒤에 튀겨내니, 속은 부드럽고 겉은 바삭하다. 그 외에도 김치볶음밥이나 갈비덮밥, 돈가스와 9세까지 주문 가능한 어린이 도시락 세트 등이 있어 선택의 폭이 넓다. 런치(11:00~15:00), 디너

(15:00~22:00)에는 2~3가지 메뉴를 선택해 내 입맛에 맞게 도시락으로 주문할 수 있으니 참고하자.

지도 P.139-A3 **주소** 1088 W Marine Corps Dr., Dededo **전화** 671-637-1110 **홈페이지** www.sushirockguam.com **운영** 월~토 11:00~22:00, 일 11:00~21:00 **예산** $6~50(크리스피 알래스카 롤 Crispy Alaska Roll $14) **가는 방법** 안토니오 비 원 팻 국제공항에서 차로 8분. DFS 괌을 등지고 오른쪽으로 Pale San Vitores Rd를 타고 N Marine Corps Dr를 끼고 좌회전 후 직진. 오른쪽 마이크로네시아 몰 1층. 차로 9분.

④ 아라시 볼 *Arashi Bowl*

참치 회덮밥과 미소라멘, 혹은 데리야키 치킨덮밥과 뜨거운 우동. 한 번에 두가지 메뉴를 맛볼 수 있는 2 in 1 데일리 스페셜 메뉴가 매력적이다. 매운 참치 회무침, 해산물 오코노미야키, 소프트 셸 크랩 덴뿌라, 포테이토 고로케에 이르는 애피타이저(푸푸 Pupu라고 칭하기도 한다) 메뉴 또한 알차고 다양하니 주머니가 가벼운 여행자들도 배부르게 한 끼를 해결할 수 있다. 한국인 오너 셰프가 선보이는 갈비 세트 역시 일품!

지도 P.139-A3 **주소** 562–27 #105, Dededo **전화** 671–632–3444 **홈페이지** arashiguam.com **운영** 11:00~20:30 **예산** $3~15 매운 참치 회무침 Spicy Tuna Poke $7, 2 in 1 데일리 스페셜 2 in 1 Daily Special $12 **가는 방법** 안토니오 비 원 팻 국제공항에서 차로 5분. DFS 괌을 등지고 오른쪽으로 Pale San Vitores Rd를 타고 N Marine Corps Dr를 끼고 좌회전 후 직진. Army Dr를 끼고 우회전 후 Hwy 27을 끼고 좌회전. 콤파드레스 몰 Compadres Mall 내 위치. 차로 9분.

필리핀 식 카스텔라, 마몬

⑤ 괌 베이커리 *Guam Bakery*

괌을 대표하는 필리핀 스타일 빵집이다. 이곳에선 새벽부터 빵 굽는 고소한 냄새가 진동한다. 달콤한 케이크, 필리핀식 카스텔라인 마몬 Mammon, 빵 속에 돼지고기를 넣어 만두처럼 빚은 호피아 포크 Hopia Pork, 애플, 블루베리, 초콜릿 크림, 피칸 등 다양한 종류의 파이와 신비로운 보랏빛의 우베 로프 브레드 Ube Loaf Bread까지 디저트를 좋아하는 이들이라면 흥분을 감출 수 없을 만큼 다양한 종류의 베이커리로 가득하다.

지도 P.139-A3 **주소** 140 Kayen Chando St., Dededo **전화** 671–632–1161 **홈페이지** www.guambakery.com **운영** 05:00~19:30 **예산** 대략 $10 미만(케이크는 주문에 따라 천차만별) **가는 방법** 안토니오 비 원 팻 국제공항에서 차로 7분. DFS 괌을 등지고 오른쪽으로 Pale San Vitores Rd를 타고 직진. N Marine Corps Dr를 끼고 좌회전 후 직진. 오른쪽 West Liguan Ave 를 끼고 우회전 후 첫 번째 골목인 Kayen Chando St를 끼고 다시 우회전. 차로 11분.

SHOPPING
북부의 쇼핑

괌 현지 사람들이 즐겨 드나드는 쇼핑 스폿은 북부 지역에 밀집해 있다. 데데도 벼룩시장에 가면 언제나 여유로운 괌 사람들의 모습을, 마이크로네시아 몰에 가면 실용적인 브랜드 제품들을 어렵지 않게 만날 수 있다.

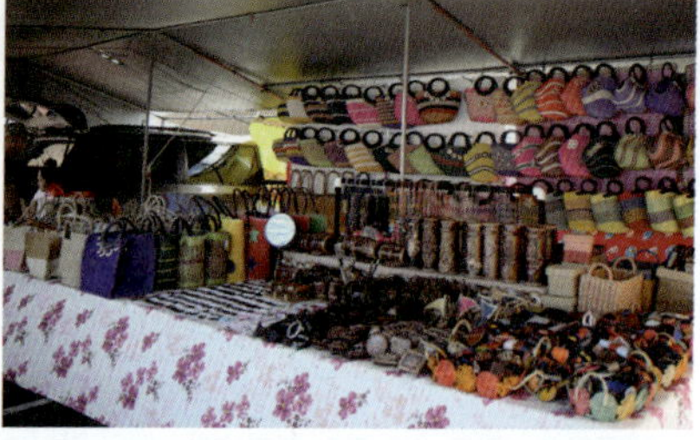

① 데데도 벼룩시장 Dededo Flea Market

여행에서 가장 큰 즐거움은 현지인들의 삶을 체험해보는 것. 이른 새벽부터 부지런히 움직이는 활기찬 괌 사람들을 만나고 싶다면, 주말에만 운영되는 벼룩시장으로 발걸음을 옮겨보자. 참가비 $6만 내면 누구나 와서 어떤 물건이든 판매할 수 있다. 괌 전통 의상부터 기념품, 액세서리, 장난감, 현지 과일, 신선한 생선과 직접 만든 망고 피클 등 온갖 잡동사니가 한자리에 모인다. 그 모습이 흡사 우리나라 시골 장터를 연상시킨다. 무엇보다 데데도 벼룩시장의 하이라이트는 불에 직접 구워 낸 닭고기와 돼지고기 꼬치. 적당히 달콤한 양념이 혀를 즐겁게 하니, 하나만 먹고 관두긴 아쉽다. 필리핀, 스페인, 멕시코 등 전 세계의 먹거리도 한자리에 모인다. 바비큐를 즐긴 뒤 현지 과일로 만든 주스로 디저트까지 즐기면 완벽한 주말 브런치 코스가 완성된다.

지도 P.139-A3 **주소** (GTA Teleguam) 344 Marine Corps Dr., Dededo(근처 GTA Teleguam 주소) **운영** 토~일 05:00~10:00 **가는 방법** 안토니오 비 원 팻 국제공항에서 차로 9분. DFS 괌을 등지고 오른쪽으로 Pale San Vitores Rd를 타고 직진. N Marine Corps Dr를 끼고 좌회전 후 직진. West Liguan Ave 끼고 우회전 후 다시 우회전. 오른쪽에 위치. 차로 13분.

CHECK! 데데도 벼룩시장에서 맛볼 수 있는 먹거리

이곳에서 누리는 가장 큰 즐거움은 필리핀, 스페인, 멕시코, 괌의 풍미를 느낄 수 있는 다양한 먹거리다. 차모로 야시장에 비해 덜 붐비는 곳이라 여유롭게 맛볼 수 있다.

룸피아 Lumpia
돼지고기가 들어 있는 춘권 스타일로 바나나가 들어간 바나나 룸피아도 있다.

엠파나다 Empanada
빵 반죽 안에 고기나 해산물, 채소와 과일 등의 속재료를 다져서 넣고 반죽을 반으로 접어 튀긴 스페인 전통 요리.

수만 Suman
필리핀의 찹쌀떡. 설탕을 살짝 넣어 지은 찹쌀밥을 야자 잎에 싸서 판매한다.

치킨 꼬치
숯불에 직접 구워 불맛이 좋다. 한 번 맛보면 중독된다.

② 마이크로네시아 몰 Micronesia Mall

미국의 중저가 브랜드가 많이 입점해 있어 가격 부담 없이 쇼핑할 수 있을 뿐 아니라 메이시스 백화점과 로스, 게임센터, 영화관, 푸드 코트 등이 한데 모여 있어 한국인 여행자에게 인기가 많은 대규모 쇼핑센터다. 우리에게 친숙한 미국 대표 백화점 메이시스 Macy's에서는 아이들 옷을 사기 좋다. 로스 Ross에서는 온 가족 패션 아이템과 캐리어, 물놀이용품을, 페이 레스 슈퍼마켓 Pay-Less Supermarkets에서는 식료품을 구매하자. 비타민 월드의 레티놀 크림 Retinol Cream은 대표 인기 아이템. 2층에는 아이들의 놀이터인 롤리팝 Lollipop과 플레이 웍스 PlayworX, 마이크로네시아 몰 영화관 Maicronesia Mall Theater, 푸드 코트 등이 모여 있다. 이처럼 이곳의 가장 큰 장점이라면 쇼핑과 다양한 맛집이 한데 어우러져 있다는 것이다. 철판 위에 불고기가 올려진 페퍼런치의 비프라이스나 한식당 K-bbq와 코리아 플레이스, 가성비 좋은 대표 중식당인 판다 익스프레스 등 한국인 입맛에 잘 맞는 식당도 여러 곳 있다.

지도 P.139-A3 ▶ **주소** 1088 West Marine Corps Dr., Dededo **전화** 671-632-8881 **운영** 월~토 10:00~21:00, 일 10:00~20:00 **홈페이지** www.micronesiamall.co.kr **가는 방법** 안토니오 비 원 팻 국제공항에서 차로 6분. DFS 괌을 등지고 오른쪽으로 Pale San Vitores Rd를 타고 직진. N Marine Corps Dr를 끼고 좌회전 후 직진. 오른쪽 마이크로네시아 몰 1층. 차로 9분. 레드 트롤리 셔틀 버스 승하차.

Tip 공략해야 할 브랜드 & 제품

메이시스 Macy's 백화점 매장 내 랄프 로렌 Ralph Lauren, 카터스 Carter's, 타미 힐피거 Tommy Hilfiger 의류, 로스 Ross 매장 내 장난감&샘소나이트 Samsonite 캐리어

central
guam
& hagatna

곽의 행정, 경제, 종교, 교육의 중심지

중부 & 하갓냐

차모로어로 하갓냐, 스페인어로는 아가냐로 불리는 이곳은 괌의 주도다. 18세기에서 20세기 중반까지 명실상부한 괌의 중심지였으나, 현재는 정부 청사가 소재한 작은 마을(괌의 19개 마을 중 두 번째로 규모가 작다)로 그 위상이 축소됐다. 그럼에도 괌을 상징하는 문장紋章에는 여전히 하갓냐 앞 바다가 그려져 있고, 섬의 주요 상업지구도 이곳에 남아 있다. 유구한 역사의 자취도 올올하다. 스페인 강점기 총독 관저가 세워졌던 스페인 광장, 태평양 전쟁 때 일본군 기지로 사용되었던 산타 아구에다 요새, 차모로족의 통일을 이룬 수장을 기리는 대추장 키푸하 상, 괌을 대표하는 돌기둥인 라테 스톤 등 과거와 마주할 수 있는 명소들이 즐비하다. 그런가 하면 아델럽곶에서 하갓냐만의 너른 품을 바라보거나, 다양한 해양 액티비티의 집합소 피시 아이 마린 파크에서 자연을 온몸으로 부딪고, 수요일 저녁에 열리는 괌 최대 규모의 야시장 차모로 빌리지에서 섬 고유의 문화와 전통을 느껴볼 수도 있다. 차모로풍의 바비큐와 신선한 참치 회 한 접시도 놓쳐선 안 될 묘미다.

Mini Box

하갓냐일까, 아가냐일까? 표기법 정리!
이 책에서는 지역을 가리킬 때 차모로어를 근간으로 하는 '하갓냐 Hagatna'로 통일해 표기했다(대한민국 재외공관도 '주 하갓냐 대한민국 출장소'로 표기하고 있다). 다만, '아가냐 쇼핑센터 Agana Shopping Center'와 같이 상업적으로 명명한 고유명사의 경우 원어를 살려 '아가냐 Agana'라고 썼다.

LOOK INSIDE
들여다보기

괌의 과거와 현재를 조화롭게 아우르는 중부. 스페인 광장과 정부 청사부터 이어지는 역사 여행 코스를 비롯해 하갓냐만을 조망할 수 있는 아델럽곶, 그리고 차모로 빌리지 야시장까지 한데 엮어 둘러본다. 관광을 마치고 나면 현지인들이 사랑하는 레스토랑과 펍에서 여흥을 즐겨도 좋다.

스페인 광장 Spain Plaza

333년 동안 스페인 치하에 있었던 괌의 아픈 역사를 돌아보는 곳. 1734년부터 1898년까지 스페인 총독의 관저로 사용된 이곳은 오늘날 터만 남아 자리를 지킨다. 집무실과 무기저장실, 사무실 등이 있었던 관저 이외에도 총독의 부인이 응접실로 사용한 초콜릿 하우스 등 스페인 양식의 건물들을 볼 수 있다. 주변에 하갓냐 대성당, 스키너 광장 등 볼거리가 모두 모여 있다.

차모로 빌리지 & 야시장
Chamorro Village & Night Market

매주 수요일 저녁, 현지인과 관광객이 모여 북새통을 이루는 곳이다. 곳곳의 바비큐 코너에서 길게 늘어선 줄이 그 인기를 실감하게 한다. 괌의 공예품이나 기념품 등도 눈길을 끌지만, 뭐니 뭐니해도 다양한 먹거리로 가득하다. 중앙 홀에서는 라이브 공연과 괌 전통 춤 공연이 줄을 이어 흥겨운 분위기를 더한다.

모사스 조인트 Mosa's Joint

괌 로컬들에게 사랑받는 대표 레스토랑. 햄버거와 파스타, 케사디야 등의 메뉴가 있는 곳으로 그 중에서도 버거페스트 챔피언에서 챔피언으로 우승한 기록이 있는 스피니치 머쉬룸 앤 블루 치즈 버거 Spinach, Mushroom, and Bleu Cheese Burger 와 램 버거 Lamb Burger 가 대표 메뉴. 늘 대기 인원이 많고, 주문 후에도 메뉴를 맛보기까지 시간이 꽤 걸리지만 후회하지 않는 맛집.

리카르도J. 보르달로 주정부 종합청사
Ricardo J.Bordallo Governor's Complex (아델럽곶)

여행자들이 괌 행정의 중심인 이곳을 찾는 까닭은 자유의 라테 전망대에 있다. 라테는 차모로족의 독특한 주거 양식을 대표하는 돌기둥이자, 괌의 문화적인 상징물이다. 주지사 관저에 괌의 정신적 지주인 라테를 커다랗게 세우고 관광 명소로 만든 까닭이다. 탁 트인 바다를 감상한 뒤엔 바로 옆 괌 박물관에서 이곳의 역사를 더듬어 볼 것.

괌 중부
0 800m
N
하갓냐만
Hagatna Bay
리카르도 J. 보르달로 주정부 종합청사
Ricardo J.Bordallo Governor's Complex
차모로 빌리지 & 야시장
Chamorro Village &
Night Market
파세오 드 수산나 공원
Paseo De Susanna Park
하갓냐 필박스
Hagatna Pillbox
← 피시 아이 마린 파크
Fish Eye Marine Park
대추장 키푸하 동상
Statue of Chief Quipuha
마린 코프스 드라이브
Marine Corps Dr
슬로워크 커피 로스터스
Slowalk Coffee Roasters
셜리스 커피 숍
Shirley's Coffee Shop
시레나 파크
Sirena Park
스키너 광장
Skinner Plaza
W O'Brien Dr
태평양 전쟁 박물관
Pacific War Museum
미 해군 병원
U.S. Naval Hospital
하갓냐 대성당
Dulce Nombre de
Maria Cathedral Basilica
괌 박물관
Guam Museum
하갓냐
Hagåtña
산타 아구에다 요새
Fort Santa Agueda
스페인 광장
Spain Plaza
6
종합병원
VA Guam Community
Based Outpatient Clinic
폰테강 Fonte River
라테 스톤 공원
Latte Stone Park
33
4
아가냐 쇼핑 센터
Agana Shopping Center
7B
로스 드레스 포 레스
Ross Dress for Less
투투한
Tutuhan
관광   식당   쇼핑   숙소

C
D
타무닝
Tamuning
1
알루팟 아일랜드
Alupat Island
괌 프리미어 아웃렛
Guam Premier Outlets
둥카스 비치
Dungca's Beach
지미 디스 파라다이스 비치 리조트&바
Jimmy Dee's Paradise Beach Resort&Bar
2
마낭 피카 Manag Pika
마린 코프스 드라이브
알루팡 비치
Alupang Beach
안토니오 B.
원 팻 국제공항
동 하갓냐 벽
East Hagatna Wall
3
S Marine Corps Dr
파드레 팔모 공원
Padre Palmo Park
8
8
페이리스 슈퍼마켓
Payless Super Market
몽몽-토토-메이트
Mongmong-Toto-Maite
Sgt. Roy T. Damian Jr. St
Kanada-Toto Loop Road
4
하갓냐 Hagatna River

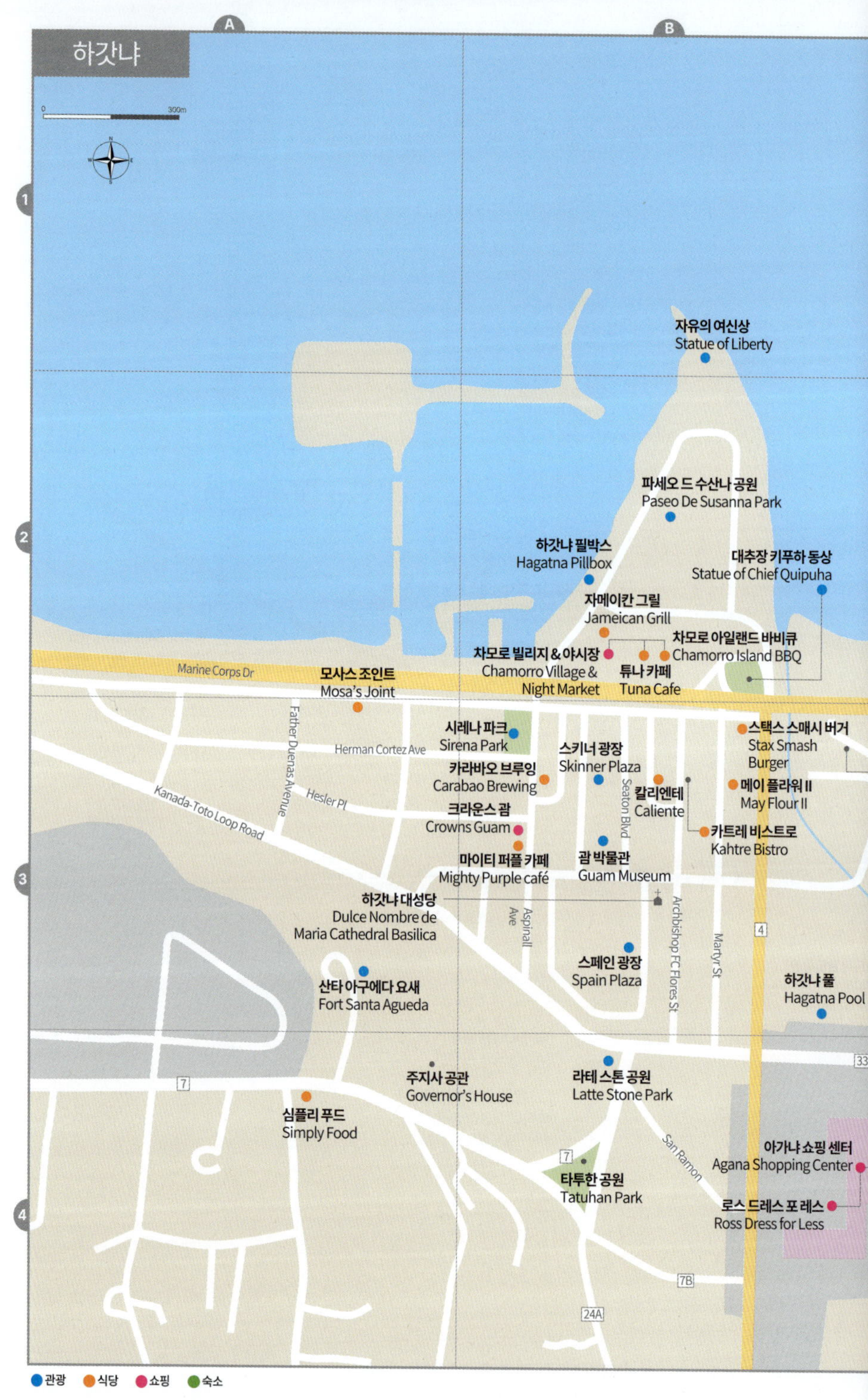
하갓냐

0 300m
N
W E
S

A   B

자유의 여신상
Statue of Liberty

파세오 드 수산나 공원
Paseo De Susanna Park

하갓냐 필박스
Hagatna Pillbox

대추장 키푸하 동상
Statue of Chief Quipuha

자메이칸 그릴
Jameican Grill

차모로 아일랜드 바비큐
Chamorro Island BBQ

차모로 빌리지 & 야시장
Chamorro Village &
Night Market

튜나 카페
Tuna Cafe

Marine Corps Dr

모사스 조인트
Mosa's Joint

1

2

스택스 스매시 버거
Stax Smash
Burger

시레나 파크
Sirena Park

Herman Cortez Ave

Father Duenas Avenue

스키너 광장
Skinner Plaza

카라바오 브루잉
Carabao Brewing

Hesler Pl

칼리엔테
Caliente

메이 플라워 II
May Flour II

Kanada-Toto Loop Road

크라운스 괌
Crowns Guam

Seaton Blvd

카트레 비스트로
Kahtre Bistro

마이티 퍼플 카페
Mighty Purple café

괌 박물관
Guam Museum

3

하갓냐 대성당
Dulce Nombre de
Maria Cathedral Basilica

Aspinall
Ave

Archbishop FC Flores St

Martyr St

4

산타 아구에다 요새
Fort Santa Agueda

스페인 광장
Spain Plaza

하갓냐 풀
Hagatna Pool

7

주지사 공관
Governor's House

라테 스톤 공원
Latte Stone Park

33

심플리 푸드
Simply Food

San Ramon

아가냐 쇼핑 센터
Agana Shopping Center

7

타투한 공원
Tatuhan Park

로스 드레스 포 레스
Ross Dress for Less

7B

24A

관광   식당   쇼핑   숙소

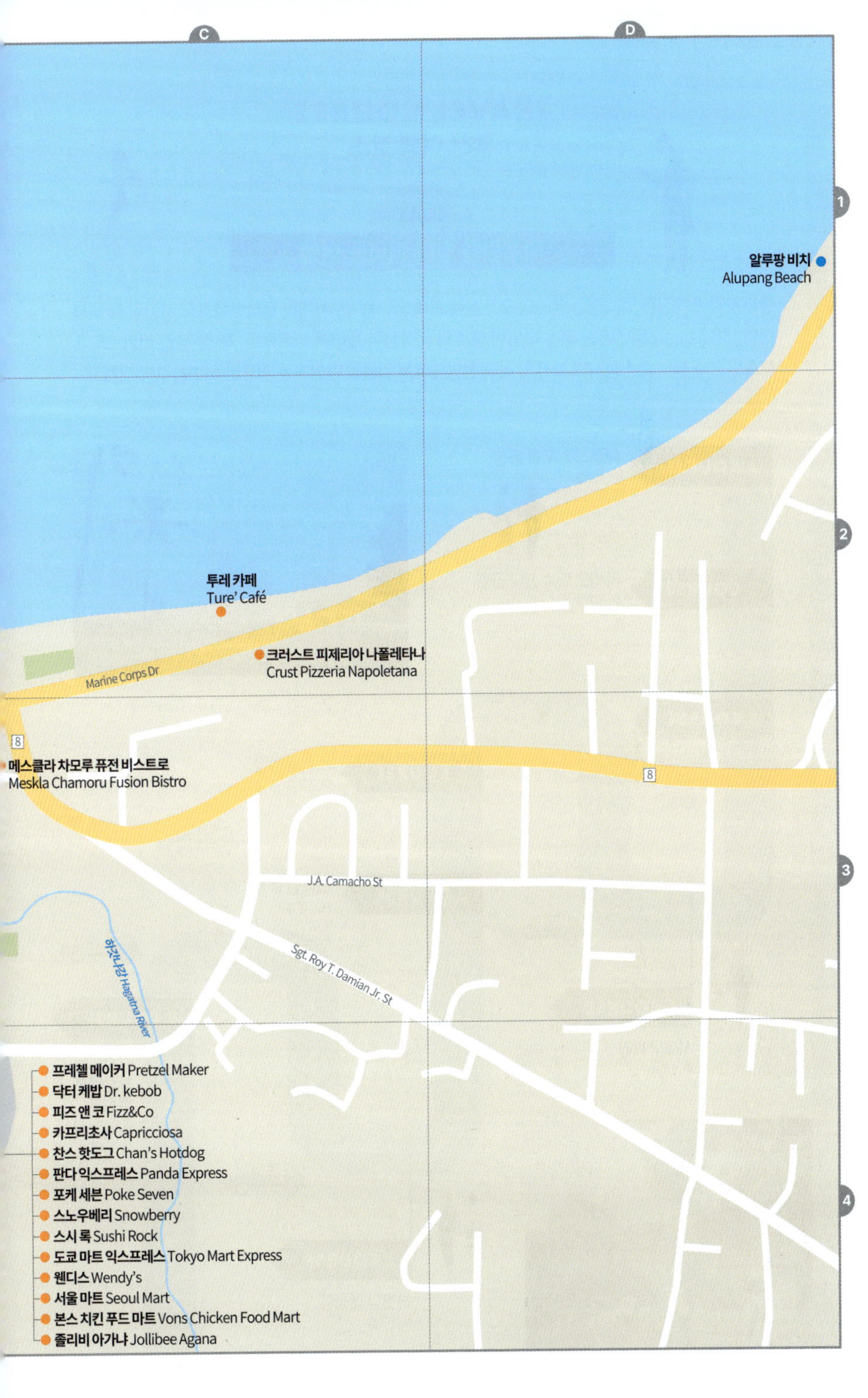

C
D
1
알루팡 비치
Alupang Beach
투레 카페
Ture' Café
크러스트 피제리아 나폴레타나
Crust Pizzeria Napoletana
2
Marine Corps Dr
8
메스클라 차모루 퓨전 비스트로
Meskla Chamoru Fusion Bistro
8
J.A. Camacho St
3
Sgt. Roy T. Damian Jr. St
하갓냐 강 Hagatna River
프레첼 메이커 Pretzel Maker
닥터 케밥 Dr. kebob
피즈 앤 코 Fizz&Co
카프리초사 Capricciosa
찬스 핫도그 Chan's Hotdog
판다 익스프레스 Panda Express
포케 세븐 Poke Seven
스노우베리 Snowberry
스시 록 Sushi Rock
도쿄 마트 익스프레스 Tokyo Mart Express
웬디스 Wendy's
서울 마트 Seoul Mart
본스 치킨 푸드 마트 Vons Chicken Food Mart
졸리비 아가냐 Jollibee Agana
4

TRAVEL COURSE
추천 여행 코스

1DAY
마젤란을 찾아 떠나는 여행

중부지역의 특징은 역사적인 랜드마크가 한데 모여 있다는 것. 자세히 둘러보더라도 시간이 꽤 넉넉하다. 하나 더, 이 동네에는 유독 다양한 종류의 음식점이 늘어서 있으므로, 해 질 무렵 리카르도 J. 보르달로 주정부 종합청사의 자유의 라테 전망대에서 일몰을 감상하는 것으로 하루를 마무리하자.

1 COURSE 대추장 키푸하 동상 P.172

도보 3분

2 COURSE 파세오 드 수산나 공원 P.172

도보 13분 OR 차로 4분

3 COURSE 라테 스톤 공원 P.173

도보 3분 OR 차로 1분

5 COURSE 스키너 광장 P.174

도보 4분 OR 차로 2분

6 COURSE 스페인 광장 P.175

도보 7분 OR 차로 2분

4 COURSE 시레나 파크 P.174

차로 5분

8 COURSE 리카르도 J. 보르달로 주정부 종합청사 P.176

도보 3분 OR 차로 2분

7 COURSE 하갓냐 대성당 P.176

1DAY
어린이와 함께 액티비티 투어

가족이 함께 움직이는 괌 여행이라면 중부지역이 정답이다. 피시 아이 마린 파크에서 수심 10m까지 내려가 경험하는 수중 액티비티나, 200여 종의 물고기를 찾아 나서는 스노클링은 아이들에게 특별한 추억을 선사할 것이다. 스냅 작가들의 단골 스폿인 스페인 광장에서의 사진 촬영도 놓치지 말자. 수요일이라면 차모로 빌리지 야시장에서 저녁을 해결할 것!

1 COURSE 피시 아이 마린 파크
P.181

차로 5분

2 COURSE 아가냐 쇼핑 센터
P.194

차로 2분

스페인 광장
P.175 **3 COURSE**

4 COURSE

도보 16분 OR

차로 4분

차모로 빌리지 야시장
P.197

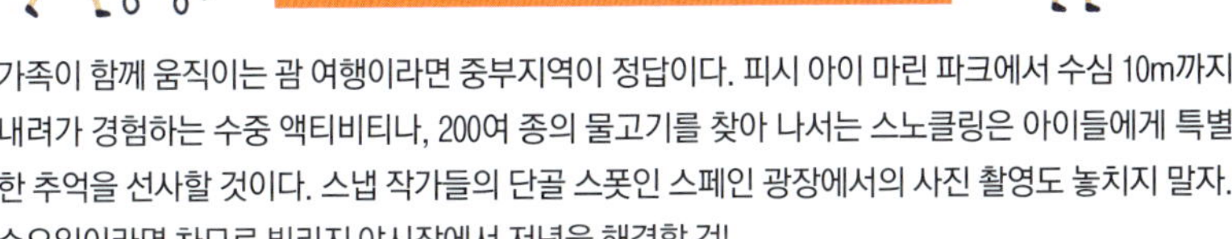

INFORMATION
여행에 유용한 정보

쇼핑 아가냐 쇼핑 센터는 괌 현지인들이 즐겨 찾는 곳으로 다른 쇼핑몰에 비해 상대적으로 덜 붐빈다. 괌에서 가장 저렴한 할인 매장은 로스 드레스 포 레스 Ross Dress for Less인데, 괌 프리미어 아웃렛과 아가냐 쇼핑 센터에 위치해 있다. 아가냐 쇼핑 센터가 괌 프리미어 아웃렛보다 물건이 더 많아 선택의 폭이 넓다.

식재료 하갓냐 지역은 식재료 쇼핑에 적합하다. 투몬&타무닝 지역에 위치한 K마트가 관광객들의 필수코스라면 괌 현지인들은 페이리스 슈퍼마켓을 더 선호한다. 이유는 덜 붐비면서 채소, 과일뿐 아니라 고기 등 질 좋은 식재료를 구입할 수 있기 때문. 그러니 직접 바비큐를 하거나, 요리를 할 예정이라면 여기서 장을 보는 게 좋다. 게다가 24시간 운영이라 더 편리하다. 다만 간단히 도시락으로 끼니를 해결할 예정이라면 아가나 쇼핑 센터 내 서울 마트나 도쿄 마트로 향하자. 이곳에선 도시락과 밑반찬, 참치를 주로 판다. 또한 차모로 빌리지에는 한국인 여행자들에게는 호텔까지 참치회를 배달해주는 곳으로 유명한 튜나 카페 매장이 있다.

와이파이 중부에서는 아가냐 쇼핑 센터 내에서 무료 와이파이가 가능하다. 단, 속도가 느리고 접속이 잘 안 되는 게 흠.

택시 투어 택시 투어를 이용해 중부를 둘러볼 경우 북부의 사랑의 절벽에서 시작, 리카르도 J. 보르달로 주정부 종합청사(아델럽곶), 하갓냐 대성당, 스페인 광장, 산타 아구에다 요새, 파세오 공원 등을 둘러보는 순서로 진행된다. 택시회사에 따라 조금씩 다르나 괌한인친구택시(카카오톡 아이디 @괌한인친구택시)의 경우 총 2시간 30분가량 소요되며 4인 기준 $150다. 택시회사에 따라 금액 차이가 있으며, 음료 및 생수를 제공하거나 쇼핑 쿠폰 등을 증정하기도 한다. 또한 마지막 날 중부 투어를 할 경우 관광 후 공항에 내려주는 '귀국 투어'도 유용하다.

CHECK! **피고 가톨릭 묘지** Pigo Catholic Cemetery

리카르도 J. 보르달로 주정부 종합청사(아델럽곶)로 향하는 길, 도로 왼편에 커다란 예수의 12제자 동상과 대규모 묘지가 늘어서 있다. 우리나라와 달리 미국은 동네 한복판에 공동 묘지를 세우고, 마치 공원처럼 그곳에서 가볍게 산책이나 조깅을 즐기는 문화를 가지고 있다. 그러니 방문객을 방해하지 않는 선에서 편한 맘으로 둘러봐도 좋다.

ACCESS
가는 방법

항공 공항에서 중부 지역의 중심이자 볼거리가 모여 있는 스페인 광장까지는 약 12분이 소요된다. 도로가 복잡하지 않고, 소요시간도 짧아 공항에서 바로 향하는 데 문제가 없다.

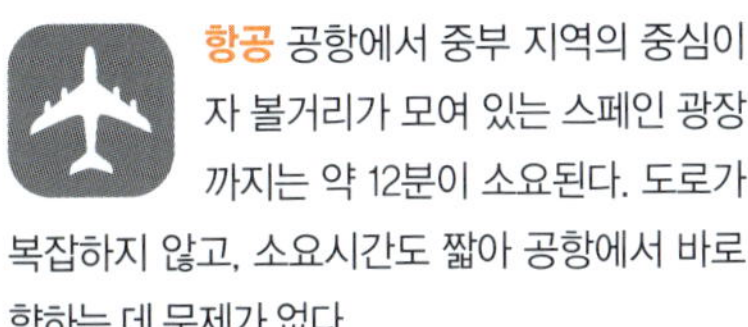

렌터카 업체에 따라 공항에서 바로 차량 픽업이 불가능한 곳(셔틀 버스를 타고 시내로 이동해 시내에서 차량을 인도받는 경우)도 있으니 예약 전 미리 체크하는 것이 중요하다. 중심지인 투몬&타무닝에서 중부의 스페인 광장까지 이동하는 길은 어렵지 않다. 공항에서 나와 메인 도로인 사우스 마린 코프스 드라이브 S Marine Corps Dr를 타고 직진하다 왼쪽의 Hwy 4를 끼고 좌회전, 다시 차란 산토 파파 후안 파블로 도스 Chalan Santo Papa Juan Pablo Dos 를 끼고 우회전하면 왼쪽에 하갓냐 대성당을 지나 스페인 광장이 나온다.

택시 공항에 상주할 수 있는 택시회사는 미키택시뿐이다. 따라서 공항에서 바로 나와 중부를 둘러보고 싶다면 공항 내 대기하고 있는 미키택시를 이용하면 된다. 공항에서 바로 중부의 스페인 광장으로 향할 경우 대략 $40~60 예산을 잡으면 된다(4인 기준).

셔틀 버스 공항에서 바로 중부로 향하는 셔틀 버스는 없다. 단 투몬&타무닝 시내에서 중부를 오가는 셔틀 버스는 있다. 수요일 저녁에만 여는 차모로 빌리지 야시장은 레드 트롤리 셔틀 버스를 이용하면 된다.

TRANSPORTAION
지역 교통 정보

중부를 둘러보는 방법은 크게 택시와 렌터카, 두 가지다. 여행 인원수와 여행의 목적에 맞게 알맞은 교통 수단을 선택하자. 차모로 야시장 투어를 원한다면 레드 트롤리 셔틀 버스를 이용하는 것도 방법이다. 중부의 유명 관광지는 길이 한적하고, 어렵지 않으니 렌터카로 움직이는 것도 좋다. 초보자도 손쉽게 렌터카를 이용, 드라이브에 도전해볼 수 있는 코스다.

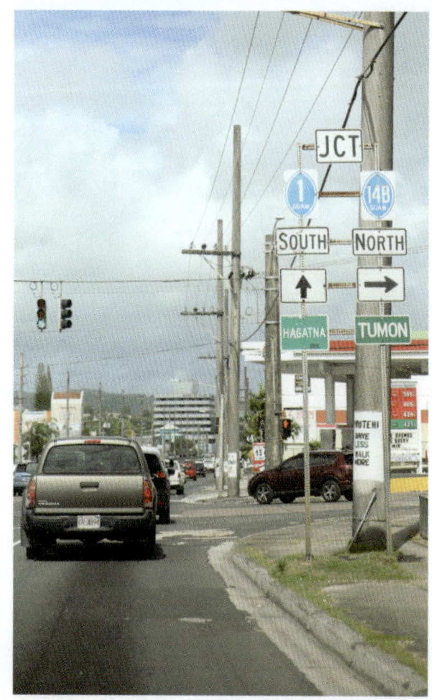

1 괌 프리미어 아울렛(GPO) → 차모로 야시장
2 차모로 야시장 → 투몬 & 타무닝 호텔

셔틀 버스만 이용할 경우, 먼저 숙소에서 괌 프리미어 아웃렛까지 개별 이동해야 한다. 이때는 레드 셔틀 버스의 투몬 셔틀이나 쇼핑몰 셔틀을 이용할 수 있으며, 비용은 별도다. 이후 괌 프리미어 아웃렛에서 차모로 야시장 행 셔틀을 탑승하고, 야시장을 즐긴 뒤에는 다시 셔틀을 이용해 투몬·타무닝 지역 숙소로 돌아오면 된다.

CHECK! **중부의 또 다른 볼거리**

이동 중 잠시 둘러볼 만한 명소들을 추천합니다. 첫 번째는 미 해군 묘지 옆에 위치한 파드레 팔로모 기념 공원 Padre Palomo Park입니다. 차모로족 최초로 성직자가 된 돈 호세 베르나르도 팔로 모 토레스를 기리기 위해 조성한 공간인데요, 말년에 투병을 하면서도 부족 사람들에게 아낌 없이 자비를 베풀어 큰 존경을 받았다고 전해집니다. 두 번째로 소개할 곳은 1952년 설립된 태평양 지역 유일의 4년제 괌 대학교(University of Guam)인데요, 하갓냐에서 4번 도로를 따라 가면 펼쳐지는 파고만 옆에 자리합니다. 호젓하게 바다를 굽어볼 수 있는 숨은 명소지요. 괌에서 영어 연수를 받을 수 있도록 마련한 학 내 특별 어학 연수 프로그램도 이름이 높답니다. 3월 초에 열리는 축제 차터 데이 Chater Day도 볼만 합니다. 괌 대학교에서 가장 큰 행사로, 다채로운 볼거리와 함께 먹음직스러운 요리도 즐길 수 있어요. 또한 학교를 가볍게 둘러볼 예정이라면 교정에서 시원한 그늘을 만들어 주는 커다란 나무를 찾아보세요. 이곳은 학생들의 시그니처 포토존이기도 하고, 학기 중에는 학생들의 쉼터가 되어주고 있어요.
위치 169 157 Padre Palomo St, Hagatna (파드레 팔로모 기념 공원) 32 University Dr, Mangilao(괌 대학교)

셔틀 버스 중부 볼거리의 핵심은 매주 수요일에 열리는 차모로 빌리지 야시장이다. 근처에 주차할 곳이 마땅하지 않고, 워낙 사람이 많아 붐비기 때문에 렌터카보다는 셔틀 버스를 추천한다.

레드 트롤리 셔틀 버스 Red Trolley Shuttle Bus

차모로 야시장 셔틀버스 티켓은 guamredshuttle.com에서 온라인으로 구매할 수 있으며, 요금은 $15(편도 2회 포함)이다. 셔틀버스는 다음 두 노선으로 운행된다.

Mia's Advice

차모로 빌리지 내에는 무료 주차장이 있어요. 다만 수요일에는 빨리 만차가 되기 때문에 서두르는 것이 좋아요. 16:30~17:00 사이에 도착하면 자리가 넉넉하고 17:30~18:00 이후에는 급격히 붐비기 시작해 주차가 불가능할 수 있어요. 주차장이 가득 찼을 경우에는 마린 코프스 드라이브 건너편 거리 주차나, 인근의 파세오 스타디움 앞 주차장(구글 검색시 Paseo Parking)을 이용하는 것도 좋은 방법이에요. 이 두 곳에 주차하더라도 차모로 빌리지 까지는 도보로 쉽게 이동할 수 있어요.

차모로 빌리지 야시장 셔틀
Chamorro Village Night Market Shuttle

수요일에만 2회 운영

차모로 빌리지 도착 행
곰 프리미어 아웃렛 Guam Premier Outlet (GPO)
(17:45, 18:40)– 차모로 빌리지 (18:40/19:00)

차모로 빌리지 출발 행 차모로 빌리지 Chamorro Village (19:15, 20:15) – 호시노 리조트

리조나레 곰 Hoshino Resorts Risonare Guam ↔ 리가 로얄 라구나 곰 리조트 Rihga Royal Laguna Guam Resort ↔ 힐튼 곰 & 리조트 스파 Hilton Guam & Resort Spa ↔ 퍼시픽 아일랜드 클럽(PIC) 건너편 Across Pacific Island Club(PIC) ↔ 홀리데이 리조트 곰/크라운 플라자 리조트 곰 Holiday Resort Guam/Crowne Plaza Resort Guam by IHG ↔ 아칸타 몰/그랜드 플라자 Acanta Mall/Grand Plaza ↔ 하얏트 리젠시 곰 건너편 Across Hayatt Regency Guam ↔ JP 슈퍼스토어 JP Superstore ↔ 더 웨스틴 리조트 곰/퍼시픽 플레이스 건너편 The Westin Resort Guam/ Across Pacific Place ↔ 호텔 니코 곰 Hotel Nikko Guam ↔ 더 츠바키 타워 The Tsubaki Tower ↔ 롯데 호텔 곰 Lotte Hotel Guam (20:21, 21:01)

택시 택시는 두 가지 방법으로 관광이 가능하다. 첫째는 택시 투어를 통해 일정 시간 동안 정해진 관광지를 둘러보는 것으로 여행 기간이 짧아 시간을 효율적으로 이용하고 싶은 관광객들에게 추천한다. 둘째는 편도를 이용해 원하는 목적지에서 하차하는 것. 전자는 짧은 시간 여러 곳을 둘러볼 수 있다는 장점이 있다. 다만, 관광과 쇼핑을 곁들이고 싶다면 후자가 대안이 될 수 있다. 이 경우에는 교통비가 더 추가될 수 있다. 만약 수요일에 중부를 투어할 예정이라면 마지막 일정으로 야시장 투어를 곁들이면 좋다. 꼭 택시가 아니어도 야시장을 둘러본 뒤 셔틀 버스를 이용하면 편리하다. 중부의 경우 옵션이 다양하니 시간, 가격을 비교해 여행자에 맞는 방법을 선택하자.

렌터카 중부 지역은 교통이 복잡하지 않은데다 명소들이 곳곳에 모여 있어 곰에서 처음 운전에 도전하는 이들에게도 어렵지 않다. 한 가지 주의할 점은 지리에 익숙하지 않은 여행자의 경우 구글맵을 이용해 운전해야 하므로 이동시 와이파이가 가능해야 한다는 것이다. 또한 유명한 장소나 카페 등의 주소가 불분명한 경우가 많다. 따라서 구글맵 이용 시 명칭이나 카페명을 기입하는 편이 더 편리하다는 것도 중부 지방을 둘러볼 때 알아둬야 할 팁. 그러나 대부분 차모로 빌리지 시장을 중심으로 음식점과 역사적으로 유명한 장소들이 모두 모여 있기 때문에 곰에서 처음 운전을 하는 이들이라면 중부 지역을 가장 먼저 둘러보며 곰 운전에 익숙해지는 것이 좋다.

ATTRACTION
중부의 볼거리

중부는 살아있는 괌의 역사 교과서다. 고대 차모로족의 삶의 현장을 마주할 수 있는 곳으로 대추장 키푸하 동상부터 라테 스톤 공원, 괌 박물관과 하갓냐 대성당 등 고대부터 제2차 세계 대전의 흔적까지 모두 모여 있다. 게다가 중부의 볼거리들은 모두 모여 있어 한 번에 둘러보기에도 편리하다.

① 대추장 키푸하 동상 Statue of Chief Quipuha

7세기 차모로족의 통일을 이룬 대추장 키푸하를 기리는 동상이다. 그는 차모로인 최초로 스페인 성직자인 피드레 산 비토레스 신부에게 세례를 받은 것으로 알려져 있는데, 스페인 광장의 하갓냐 대성당 부지를 기증해 1669년 괌 최초의 성당을 지을 만큼 신앙심이 깊었다. 이후 그의 유해는 하갓냐 대성당에 안치됐고, 지금까지도 차모로인들의 존경을 받고 있다. 파세오 공원 초입에 위치한 키푸하 동상은 3.7m의 높이로 제작됐는데, 마주 서서 바라보기만 해도 움찔할 만큼 카리스마를 뿜어낸다.

지도 P.164-B2 **주소** 110 W Soledad Ave., Hagåtña **운영** 24시간 **가는 방법** DFS 괌을 등지고 왼쪽으로 Pale San Vitores Rd를 타고 직진 후 GU–14A를 끼고 좌회전 후, 다시 S Marine Corps Dr를 끼고 우회전 후 직진. 오른쪽에 위치. 차모로 빌리지와 1분 거리. 차로 15분.

② 파세오 드 수산나 공원 Paseo De Susanna Park

스페인어로 '수산나의 산책로'라는 뜻을 가지고 있는 이 공원은 2차대전 후 미국이 일본으로부터 괌을 탈환, 전쟁의 잔해를 바다에 매립한 뒤 인공적으로 조성한 공간이다. 바다 가까이에 위치한 자유의 여신상은 뉴욕 리버티 섬의 진품(횃불까지 93.5m)을 약 1/20로 축소해서 만든 것으로, 높이는 약 5m 정도다. 1950년 미국 보이스카우트가 창립 40주년을 기념, 괌에 기증한 우정의 선물로 이 공원의 하이라이트다. 매년 7월에는 괌 독립 기념일을 맞아 이곳에서 다채로운 축제와 퍼레이드가 열린다.

지도 P.164-B2 **주소** Paseo Looop, Hagåtña **전화** 671–475–6354 **운영** 24시간(이른 새벽, 늦은 밤에는 출입 자제) **가는 방법** DFS 괌을 등지고 왼쪽으로 Pale San Vitores Rd를 타고 직진, Happy Landing Rd를 끼고 좌회전 후, 다시 S Marine Corps Dr를 끼고 우회전 후 직진. 오른쪽 Paseo Loop으로 우회전 후 첫 번째 골목에서 우회전. 대추장 키푸하 동상 뒤편. 차로 15분.

❸ 라테 스톤 공원 Latte Stone Park

라테 스톤은 차모로어로 할리기 [Haligi]라고 하는 지주 위에 반구형 돌인 타사 [Tasa]를 올린 구조물로, 고대 차모로 사람들이 건축물을 지을 때 사용되던 돌기둥을 일컫는 표현이다. 과거 차모로 사회에서 이 라테 스톤은 높이나 크기에 따라 소유주의 사회적 지위와 부를 나타내곤 했다. 대부분의 라테 스톤은 마리아나 제도에서 발견됐다. 현재 공원 안에 있는 8개의 라테 스톤은 약 2m 높이로, 1956년 괌 남부 페나강 근처에서 발견된 후 옮겨졌다. 공원 옆 허름한 방공호도 눈여겨보아야 한다. 제2차 세계 대전 당시 일본군인이 차모로인과 한국인을 강제 징용해 만든 것이다.

지도 P.164-B4 **주소** W O'Brien Dr., Hagåtña **운영** 일~수요일 08:00~20:00, 토·목요일 08:00~14:00 **가는 방법** DFS 괌을 등지고 왼쪽으로 Pale San Vitores Rd를 타고 직진, Happy Landing Rd를 끼고 좌회전 후, 다시 S Marine Corps Dr를 끼고 우회전 후 직진. 왼쪽 Aspinall Ave 방향으로 좌회전 후 W O'Brien Dr를 끼고 다시 좌회전. 왼쪽에 위치. 차로 17분.

Mia's Advice

라테 스톤은 서기 약 800년경부터 사용되기 시작했어요. 1521년 스페인의 마젤란이 이곳에 도착한 뒤 보다 널리 쓰이기 시작하다가, 1700년 이후에는 갑작스레 자취를 감췄어요(Craib, Jphn L. 의 〈Contents of Latte Village〉 참고). 해수가 가옥을 침투하지 않도록 이와 같은 건축 양식을 고안했다는데, 차모로인들의 지혜를 엿볼 수 있지요.

❹ 하갓냐 필박스 Hagatna Pillbox

필박스는 일종의 군사 방어시설이다. 약통처럼 생겨졌다고 해서 붙여진 이름으로, 총을 쏠 수 있는 구멍을 만든 뒤 시멘트 혹은 콘크리트 등의 소재로 단단히 쌓아 놓은 구조물이다. 하갓냐 필박스는 1941부터 1944년까지 사용된 것으로, 제2차 세계 대전 당시 괌을 점령한 일본 수비대원들에 의해 지어졌다. 6면각 콘크리트 구조물의 입구는 현재 가려져 있다. 내부는 2개의 공간으로 나누어져 있는데, 각각 대포의 탄알이 나가는 구멍으로 쓰였다고 기록돼 있다. 오늘날 하갓냐 필박스 앞은 평화로운 카누 정박지로 쓰인다. 1991년 미국 국가 사적지로 등록됐다.

지도 P.164-B2 **주소** Paseo Looop, Hagåtña **운영** 24시간(운영 시간이 정해져 있지 않으나, 이른 새벽이나 늦은 밤에는 출입을 삼가) **가는 방법** DFS 괌을 등지고 왼쪽으로 Pale San Vitores Rd를 타고 직진, Happy Landing Rd를 끼고 좌회전 후, 다시 S Marine Corps Dr를 끼고 우회전 후 직진. 오른쪽 Paseo Loop으로 우회전 후 직진. 차로 18분.

⑤ 시레나 파크 Sirena Park

작고 소박한 규모라 그냥 지나치기 쉽지만, 역사적 가치가 높은 건축물인 산 안토니오 브리지 San Antonio Bridge를 지닌 공원이다. 오늘날 물이 없는 다리 Waterless bridge, 하갓냐 스페인 다리 Agana Spanish Bridge 등의 별칭으로도 불리는 이 구조물은 1890년 스페인 총독인 마누엘 무로 Manuel Muro가 세운 것인데, 당시만 해도 이곳에 하갓냐강의 지류가 흘렀다고 한다. 이 다리는 1944년 일본이 괌을 탈환하는 동안 폭격으로 손상되었으나 1966년 다시 복원되었고, 그 과정에서 교량 일부를 콘크리트 벽으로 교체해 지금의 모습이 되었다. 하갓냐에 유일하게 남아 있는 스페인 다리라는 점 때문에 1974년 미국 국가 사적지로 등재됐다. 다리 아래엔 슬픈 전설을 간직한 시레나 인어상 Sirena Statue이, 다리 앞에는 괌의 유명한 사업가이자 가난한 사람을 도운 기부 천사 돈 페드로 판젤리 마르티네즈 Don Pedro Pangeli Martinez 동상이 세워져 있다.

지도 P.164-B3 **주소** Aspinall Ave., Hagåtña **운영** 24시간(이른 새벽, 늦은 밤에는 출입 자제) **가는 방법** DFS 괌을 등지고 왼쪽으로 Pale San Vitores Rd를 타고 직진, Happy Landing Rd를 끼고 좌회전 후, 다시 S Marine Corps Dr를 끼고 우회전 후 직진. 왼쪽 Aspinall Ave를 끼고 좌회전 후 오른쪽에 위치. 차로 15분.

슬픈 눈의 시레나 인어상엔 오래전부터 얽혀 내려온 전설이 있어요. 물놀이를 좋아하던 소녀 시레나가 집안일을 돕지 않자, 화가 난 엄마는 "그렇게 물만 좋아하면 나중에 물고기가 될 거야"라며 저주를 내뱉고 말았어요. 순간, 시레나는 정말 물고기로 변신했고, 이에 놀란 할머니가 저주를 풀어보려고 노력했답니다. 하지만 역부족이었는지, 시레나는 반절만 원래 모습을 되찾고 끝내는 반인반어의 상태로 남게 됐다고 해요.

⑥ 스키너 광장 Skinner Plaza

1949년 괌 최초의 민간 지사인 칼턴 스키너 Carlton F. Skinner의 이름을 딴 광장. 칼턴 스키너는 지금까지 사용되고 있는 괌의 헌법을 제정한 사람이다. 하지만 보다 더 중요한 것은 그가 흑인차별 폐지에 앞장선 이들 중 하나라는 사실이다. 광장 내에는 제2차 세계대전에서 괌을 위해 싸운 용사들을 기리는 기념비도 세워져 있다.

지도 P.164-B3 **주소** Murray Blvd., Hagåtña **운영** 24시간 (이른 새벽, 늦은 밤에는 출입 자제) **가는 방법** DFS 괌을 등지고 왼쪽으로 Pale San Vitores Rd를 타고 직진, Happy Landing Rd를 끼고 좌회전 후, 다시 S Marine Corps Dr를 끼고 우회전 후 직진. 왼쪽 Aspinall Ave를 끼고 좌회전 후 W soledad Ave를 끼고 좌회전, Murray Blvd를 끼고 우회전. 왼쪽에 위치. 차로 16분.

❼ 스페인 광장 Spain Plaza

하갓냐에서 가장 눈여겨봐야 하는 곳. 괌은 1565년에서 1898년까지 약 333년간 스페인의 지배를 받았는데, 이 광장은 1734년부터 미국-스페인전쟁(미서전쟁)에서 스페인이 패한 1898년까지 스페인 총독의 관저로 사용됐다. 지금은 형태는 사라지고 골조만 남아 있으나, 집무실과 무기저장실, 사무실 등이 있었던 관저와 더불어 총독의 부인이 응접실로 사용한 초콜릿 하우스, 야외 음악당인 키오스크 등 스페인 양식의 건축물들을 만날 수 있다. 일본의 통치에서 해방된 1944년을 기점으로 건물 대부분이 붕괴됐으나, 1980년 복원사업을 거쳐 지금의 모습을 갖추었다.

지도 P.164-B3 ▶ **주소** Plaza de Espana, Hagåtña **운영** 24시간(이른 새벽, 늦은 밤에는 출입 자제) **가는 방법** DFS 괌을 등지고 왼쪽으로 Pale San Vitores Rd를 타고 직진, Happy Landing Rd를 끼고 좌회전 후, 다시 S Marine Corps Dr를 끼고 우회전 후 직진. Aspinall Ave를 좌회전 후 E Chalan Santo Papa Juan Pablo Dos 를 끼고 좌회전. Dulce de Maria Drive 를 끼고 우회전. 왼쪽에 위치. 차로 17분.

Mia's Advice

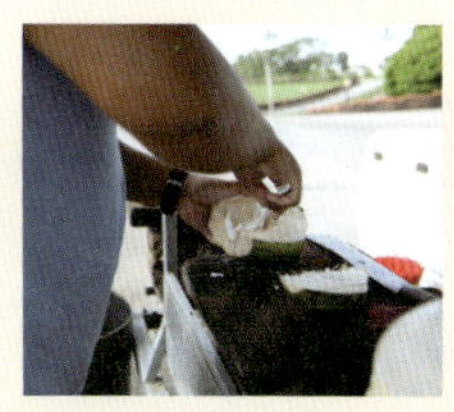

이곳은 스냅 작가들의 포토존으로도 유명해요. 기념사진을 촬영하고 싶다면 독특한 건축 양식이 살아 있는 스페인 광장 곳곳에서 셀프 촬영에 도전하는 건 어떨까요? 뿐만 아니라 스페인 광장 또는 괌 곳곳에서 코코넛 음료수를 판매하는 트럭을 만날 수 있는데, 코코넛 속살을 한 입 크기로 자른 뒤 간장과 고추냉이에 찍어 먹는 '코코넛 사시미'가 남다른 별미랍니다. 쫄깃한 식감에 담백한 풍미, 한번 맛보면 잊을 수 없으니 놓치지 마세요!

하갓냐 대성당에서 판매하는
빅 사이즈의 묵주.

⑧ 하갓냐 대성당
Dulce Nombre de Maria Cathedral Basilica

괌 최초의 가톨릭 성당이자 주교의 공식적인 자리가 있는 대성당. 스페인 광장 근처에 통나무와 야자로 초가지붕을 만든 것이 시초였으나, 1669년 스페인 여왕이었던 마리아 안나가 300페소를 기부하고 차모로 대추장인 키푸하가 부지를 기증해 번듯한 건축물로 지어졌다. 이후 제2차 세계대전 때 폭격을 당했고, 1959년 4월 오늘날의 모습으로 재건됐다. 성당 앞에 선 성모 마리아 카마린 상은 괌에 불행한 사건이 생겼을 때마다 눈물을 흘린다는 일화로 이름이 높다. 하갓냐 대성당과 스페인 광장, 스키너 광장 사이에는 1981년 이곳을 처음 방문한 교황 요한 바오로 2세의 동상도 세워져 있다. 미사 30분 전에는 관광객의 출입이 통제되며, 일부 미사는 차모로 언어로 집전된다. 예수와 성모를 상징하는 아름다운 스테인드글라스 장식이 관람 포인트.

지도 P.164-B3 **주소** 207 Archbishop Felixberto C. Flores St, Hagåtña **전화** 671-472-6201 **운영** 월~수·금·토 11:00~16:00, 일 08:00~11:30(기프트 숍), 월~토 05:45, 화·수 18:00, 일 05:45, 07:30, 09:30, 11:30, 19:00(미사) **요금** $1 **가는 방법** DFS 괌을 등지고 왼쪽으로 Pale San Vitores Rd를 타고 직진, Happy Landing Rd를 끼고 좌회전 후, 다시 S Marine Corps Dr를 끼고 우회전 후 직진. Purple Heart Memorial Hwy를 끼고 좌회전, Chalan Santo Papa Juan Pablo 를 끼고 우회전, Archbishop FC Flores St 끼고 좌회전. 오른쪽에 위치. 차로 16분.

⑨ 리카르도 J. 보르달로 주정부 종합청사
Ricardo J.Bordallo Governor's Complex(아델럽곶)

아델럽곶에 자리한 주정부 종합청사는 스페인과 차모로의 전통 건축 양식이 혼재된 독특한 모습을 띤다. 1952년 완공 당시 태풍 파멜라로 인해 파손되어 1954년 재건한 것이 현재의 건물이다. 정부 종합청사, 총독 관저와 함께 관광객들의 시선을 끄는 것은 바로 자유의 라테 전망대. 이곳에서 드넓은 바다를 온몸으로 마주한 뒤, 바로 옆에 괌의 역사와 공예품을 전시한 괌 박물관으로 걸음을 옮겨 사색에 잠겨보자. 건물 한편에 제2차 세계대전 당시 사용되었던 대포가 바다를 향하고 섰는데, 그 모습이 괌의 지난 역사를 돌아보게 한다. 참고로 괌 독립기념일인 7월 21일에는 운영을 하지 않는다.

지도 P.162-A3 **주소** 1067 Marine Corps Dr., Hagåtña(근처 Statue Adeup Point Chamorro Scouts 주소) **전화** 671-472-8931 **운영** 월~금 08:00~17:00 **가는 방법** DFS 괌을 등지고 왼쪽으로 Pale San Vitores Rd를 타고 직진, Happy Landing Rd를 끼고 좌회전 후, 다시 S Marine Corps Dr를 끼고 우회전 후 직진. 오른쪽에 위치. 차로 17분.

아델럽곶의 명물,
자유의 라테&보르달로 동상

미국의 기념물이자 차모로의 심벌,
자유의 라테 Latte of Freedom

1976년 3월, 당시 주지사였던 리카르도 J. 보르달로는 미국의 기념비적인 건축물이자 차모로의 심벌인 자유의 라테 계획을 공표했다. 자유의 라테로 이름 지은 것은, 건국 100주년을 기념해 지어진 동부 자유의 여신상처럼 영토 서쪽 끄트머리의 괌에도 그와 동등한 상징물이 있기를 원했던 까닭이다. 당초 계획은 투몬만을 내려다보는 사랑의 절벽에 약 61m 크기로 짓는 것이었다. 건축가이자 엔지니어인 토머스 J. 데이비스 Thomas J. Davis에게 설계를 맡긴 뒤 1976년 건국 200주년을 기념하며 완공 기념 행사를 열 작정이었다. 하지만 예산 부족으로 2004년에 이르러서야 24.3m 규모로 크기를 축소하고, 위치도 정부 종합청사의 박물관 옆으로 밀려났다. 끝내 2010년 3월, 리카르도 J. 보르달로가 사망한 지 33년이 지난 뒤에야 빛을 봤다.

괌 주지사, 리카르도 J. 보르달로

리카르도 J. 보르달로는 1975~1978년, 그리고 1983~1986년 두 번의 주지사직을 역임한 정치가다. 그는 정치가가 되기 이전엔 자동차 세일즈를 하면서 탁월한 비즈니스 감각을 키웠다. 이를 기반으로 누구보다 괌의 미래에 대한 비전을 유능하게 제시하던 사람이다. 하지만 임기가 끝난 이듬해인 1987년 주지사로 부임할 당시 저지른 부정부패 등으로 1990년 최종 4년 징역형을 선고 받았고, 감옥으로 이송되기 3시간 전 괌 깃발을 몸에 감싸고 키푸하 대추장 동상 아래에서 총기 자살로 생을 마감했다. 1997년 1월, 괌 정부 행정기관은 그를 추모하며 공식적으로 주정부 종합청사 앞에 그의 이름을 붙였다.

BEST BEACH WALKS
유유자적, 중부의 해변 즐기기

하갓냐만 비치 Hagåtña Bay Beach

리카르도 J. 보르달로 주정부 종합청사에서 내려다보이는 바다. 해변에서 물놀이를 원하는 가족들에게 가장 이상적인 해변이다. 긴 모래사장이 인상적이며, 얕은 산호초들은 스노클링 하기 좋다. 근처에서 문어를 잡는 낚시꾼들도 만날 수 있다.

지도 P.162-A3 **주소** Marine Corps Dr., Hagåtña **운영** 24시간(이른 새벽, 늦은 밤에는 출입 자제) **가는 방법** DFS 괌을 등지고 왼쪽으로 Pale San Vitores Rd를 타고 직진, Happy Landing Rd를 끼고 좌회전 후, 다시 S Marine Corps Dr를 끼고 우회전 후 직진 오른쪽에 위치. 차로 17분.

알루팡 비치 Alupang Beach

늘 평화롭고 조용한 해변. 도로를 바로 옆에 끼고 있어 접근성이 좋은 게 장점. 화장실과 샤워시설은 없으나 지붕이 있는 피크닉 테이블이 마련되어 있고, 주차장도 넉넉하다. 단, 음주는 불가.

지도 P.163-C3 **주소** Alupang Beach, Tamuning **운영** 24시(이른 새벽, 늦은 밤에는 출입 자제) **가는 방법** DFS 괌을 등지고 왼쪽으로 Pale San Vitores Rd를 타고 직진, Happy Landing Rd를 끼고 좌회전 후, 다시 S Marine Corps Dr를 끼고 우회전 후 직진. 왼쪽의 태국 식당인 꺄오홈 태국 레스토랑 Khaohom Thai Restaurant 지나서 오른쪽에 위치. 차로 12분.

둥카스 비치 Dungca's Beach

관광객들에게는 다소 낯설게 느껴지는 곳이지만 물놀이를 사랑하는 현지인들에게는 더없이 사랑스러운 해변으로 알려져 있다. 인적이 드물어 투몬 비치보다 한결 여유롭고, 근처 지미 디스 파라다이스 비치 리조트 & 바 Jimmy Dee's Paradise Beach Resort & Bar 에 들러 맥주 한 잔을 마신다면 가슴속까지 뻥 뚫릴 것이다.

지도 P.163-C2　주소 150 Tranquilo St., Tamuning 운영 24시간(운영 시간이 정해져 있지 않으나, 이른 새벽이나 늦은 밤에는 출입을 삼가) 가는 방법 DFS 괌을 등지고 왼쪽으로 Pale San Vitores Rd를 타고 직진, Happy Landing Rd를 끼고 좌회전 후, 다시 S Marine Corps Dr를 끼고 우회전 후 직진. 오른쪽 Rte 30 끼고 우회전 좌회전, 왼쪽 Trankilo St로 진입, 왼쪽 해변가. 차로 12분.

pick me

알루팟 아일랜드 Alupat Island

호시노 리조트 리조나레 괌에서 카약으로 10분 정도 거리의 무인도. 하루에 두 번 정도 물이 빠지는데, 이때는 도보로 다녀올 수 있다. 수심이 낮아 아이들도 쉽게 열대어를 볼 수 있으며, 서핑과 무동력 해양 스포츠, 제트 스키 등도 즐길 수 있다. 단, 산호가 있으니 아쿠아 슈즈는 필수!

지도 P.163-C2　주소 445 Gov. Carlos G Camacho Rd., Apotgan(호시노 리조트 리조나레 괌 주소) 운영 24시간 (운영 시간이 정해져 있지 않으나, 이른 새벽이나 늦은 밤에는 출입을 삼가) 가는 방법 DFS 괌을 등지고 왼쪽으로 Pale San Vitores Rd를 타고 직진, 플로레스 대주교 동상이 있는 원형 교차로(Archibishop Felixberto Flores Memorial Circle)에서 Hwy 14(Chalan San Antonio)로 진입 후 직진. 오른쪽 Fahrenholt Ave로 우회전, 왼쪽 Gov. Carlos G Camacho Rd로 좌회전. 차로 12분.

Mia's Advice

호시노 리조트 리조나레 괌 투숙객이라면 알루팟 아일랜드까지 카약으로 이동할 수 있어요. 호텔에서 가끔 이벤트를 열어 무료로 카약을 대여해주며 그 근처를 둘러볼 수 있는 제트 스키 액티비티(유료)도 있어요. 또한 근처에 있는 조스 제트 스키(www.joesjetski.com)를 통해서도 제트 스키나 패러세일링 등을 체험할 수 있어요.

⑩ 괌 박물관 Guam Museum

하갓냐에 위풍당당하게 서 있는 괌 박물관. 하지만 지금의 모습으로 관광객을 맞이하게 되기까지 이곳은 지난한 풍파를 견뎌야 했다. 박물관이 생기기 전, 몇몇 고고학자들이 하와이로 라테 스톤과 예술품들을 빼돌리거나(훗날 반환), 제2차 세계대전의 발발로 많은 유물들이 일본으로 흘러들어갔으며, 1944년 괌이 해방될 때 일어난 폭격으로 건물이 주저앉는 등 이루 말할 수 없는 고초를 겪었다. 그러다 첫 번째 민간 주지사였던 칼턴 스키너가 괌 박물관의 재건을 위해 국토관리국 산하 기관을 두면서 1954년 스페인 광장의 총독 관저 일부를 개조해 박물관으로 사용했지만, 1994년부터 지금 부족으로 약 20년간 아델럽, 투몬, 괌 프리미어 아웃렛, 마이크로네시

지도 P.164-B3 **주소** 193 Chalan Santo Papa Juan Pablo Dos, Hagåtña **전화** 671-989-4455 **홈페이지** guammuseum.org **운영** 화~토 10:00~14:00 **요금** 성인(18세 이상) \$3, 5~17세 \$1 **가는 방법** DFS 괌을 등지고 왼쪽으로 Pale San Vitores Rd를 타고 직진, Happy Landing Rd를 끼고 좌회전 후, 다시 S Marine Corps Dr를 끼고 우회전 후 직진. 왼쪽 Aspinall Ave를 끼고 좌회전 후 Chalan Santo Papa Juan Pablo Dos 끼고 좌회전. 스키너 광장 뒤편. 차로 16분.

아 몰 등 섬 이곳저곳을 전전하며 전시품을 이관하는 아픈 시절을 겪었다. 마침내 2006년 괌 1세대 건축가인 라구아냐가 현재의 건물을 설계했고, 2016년 11월 4일 비로소 화려하게 개관했다. 25만 여 점의 귀중한 유물, 서류, 사진들을 소장하며 차모로 인의 예술, 역사, 문화를 보존하고 연구·복원시키는 일에 앞장서고 있다.

⑪ 산타 아구에다 요새 Fort Santa Agueda

하갓냐에 남아 있는 스페인 요새. 아푸간 언덕에 위치해 아푸간 요새라고도 불린다. 1784~1802년 스페인 총독으로 지낸 마누엘 무로 Manuel Muro 가 1800년에 지었고, 당시엔 무기와 화약고로 이용됐다. 무로는 아내 이름인 마리아 아구에다 델 카미노를 기리며 산타 아구에다 요새라고 이름 붙였다. 제2차 세계대전 당시 미국과 일본의 전투가

벌어지기도 했던 이곳은 1963년에 공원으로 조성되어 하갓냐 마을과 필리핀 바다, 오카 포인트의 절벽을 한데 조망할 수 있게 됐다. 괌의 아름다운 야경 명소로도 소문 나 있다.

지도 P.164-A3 **주소** Tutuhan, Hagåtña Heights, Fort Ct., Hagåtña **운영** 24시간(이른 새벽이나 늦은 밤에는 출입 자제) **가는 방법** DFS 괌을 등지고 왼쪽으로 Pale San Vitores Rd를 타고 직진, Happy Landing Rd를 끼고 좌회전 후, 다시 S Marine Corps Dr를 끼고 우회전 후 직진. Paseo Loop를 끼고 P턴 후 Chalan Canton Tasi를 타고 직진. Hwy 33을 끼고 우회전. 왼쪽 Hwy 7을 끼고 좌회전 후 Fort Ct로 우회전. 차로 18분.

ENTERTAINMENT
중부의 엔터테인먼트

괌의 생태계를 제대로 들여다보려면 중부로 가야 한다. 해중 전망대 피시 아이 마린 파크부터 태곳적 순수한 자연의 속살을 만질 수 있는 마보 동굴과 절벽에 이르는 명소들이 모험심 강한 여행자들을 손짓하며 부른다.

❶ 피시 아이 마린 파크 Fish Eye Marine Park

지상에서 바다 한가운데의 전망대까지 연결된 300m 길이의 구름 다리를 건너면 본격적인 괌의 해양 생태계가 펼쳐진다. 전망대 내부의 계단을 타고 수심 6m까지 내려가 해중 전망대에 이르면 360도로 설치된 대형 창문 너머로 바닷속을 살펴보게 되는데, 물에 들어가지 않고도 물속에 있는 듯한 기분을 만끽할 수 있다. 뿐만 아니라, 산호초에 둘러싸여 200여 종의 물고기를 찾아 나서는 스노클링, 야생 돌고래를 눈앞에서 마주할 수 있는 돌핀 크루즈, 전통 의상을 입고 섬 문화를 체험해보는 아일랜드 문화&코코넛 체험, 저녁식사와 함께 화려한 춤과 노래를 감상하는 아일랜드 디너쇼 등 하루 종일 다양한 체험이 가능하다. 원한다면 개별 투어에 점심 뷔페 혹은 BBQ 디너를 포함할 수도 있으며 예약 시 추가 요금을 내면 호텔 픽업도 가능하다. 홈페이지를 통해 3일 이전에 신청하면 할인된 가격으로 티켓을 구매할 수 있다.

지도 P.162-A3 **주소** 818 N Marine Corps Dr., Piti **전화** 671-475-7777 **홈페이지** www.fish eyeguam.com **운영** 09:00~17:00(전망대), 18:00~20:00(디너쇼) **요금** 해중 전망대 성인 $16, 청소년(12~20세) $14, 어린이(4~11세) $8, 아일랜드 코코넛&전통 의상 문화체험 성인 $50, 청소년 $42, 어린이 $25, 스노클링 성인 $50, 청소년 $42, 어린이 $25, 아일랜드 디너쇼 성인 $110, 청소년 $94, 어린이 $55 **가는 방법** DFS 괌을 등지고 왼쪽으로 Pale San Vitores Rd를 타고 직진, GU 14A를 끼고 좌회전, S Marine Corps Dr 끼고 우회전 후 직진. 오른쪽에 위치. 차로 20분.

CHECK! 해양 보호구역으로 지정된 피티만 Piti Bay

피티만에서 해양 액티비티가 이뤄지는 곳은 대개 피티 밤 홀 Piti Bomb Holes 근처다. 괌 5대 해양 보호구역 중 하나인 피티 밤 홀은 제2차 세계대전 당시 미국과 일본의 포격으로 인해 생긴 지형인데, 해안의 수심이 전반적으로 얕은 반면 포격이 떨어진 곳만 웅덩이가 만들어졌다. 피티라는 지역명 뒤에 붙은 '밤 홀'은 폭발에 의한 웅덩이라는 뜻. 따라서 이곳에서는 채도와 명도가 각기 다른 바다색을 마주할 수 있다. 수심이 얕은 모래 위는 녹색, 산호가 많은 곳은 다갈색, 수심이 깊은 곳은 코발트 빛깔로 눈부시다. 과연 자연이 빚어낸 예술이라 할 만하다.

 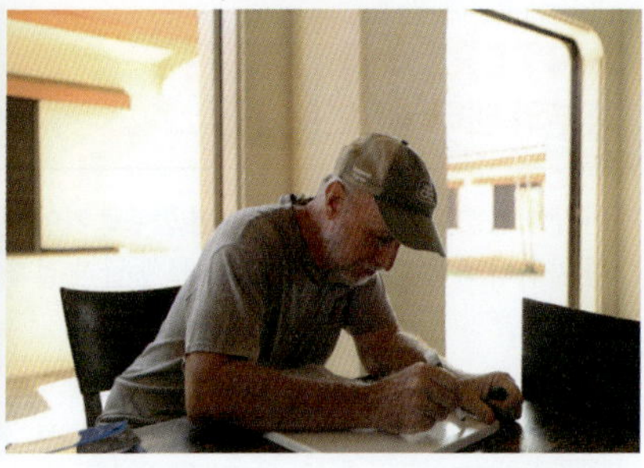

❷ 부니 스톰퍼스 Boonie Stompers

부니 스톰핑은 차모로어로 '정글 하이킹'을 뜻한다. 괌의 하이킹 애호가들이 가장 사랑하는 액티비티로, 원하면 누구든 참여할 수 있는 열린 프로그램이다. 매주 토요일 오전에 차모로 빌리지 앞에 모여 하이킹 코스에 대한 설명을 들은 뒤, 각자 차량을 통해 정해진 장소에 모여 트레킹을 시작한다. 매번 코스의 난도가 달라지기 때문에 미리 페이스북을 통해 공지되는 내용을 살펴보고 도전하자. 하이킹이 시작되는 지점까지 스스로 이동해야 하는 까닭에 렌터카는 필수다.

주소 153 W Marine Corps Dr., Hagåtña (차모로 빌리지) **홈페이지** www.facebook.com/GuamBoomieStompersInc **운영** 매주 토요일 09:00 출발 **요금** $5 **가는 방법** 안토니오 비 원 팻 국제공항에서 차로 11분. DFS 괌을 등지고 Pale San Vitores Rd를 타고 직진, Happy Landing Rd를 끼고 좌회전 후, 다시 S Marine Corps Dr를 끼고 우회전 후 직진. 오른쪽에 위치. 차로 15분.

❸ 하갓냐 풀 Hagatna Pool

리조트의 수영장 시설이 열악하거나, 수영장이 없는 민박집에 머무른다면 한 번쯤 이용해도 좋다. 괌 정부에서 운영하는 야외 수영장으로, 저렴한 가격의 수영 레슨(한 달 $50가량)도 진행하고 있다. 7개의 레일이 있으며, 워터 파크 관련 시설은 없다. 오롯이 수영을 즐기는 이들을 위한 곳. 괌에 장기투숙하는 여행자에게 추천할 만한 장소다.

지도 P.164-B3 **주소** 33, Hagåtña **전화** 671-472-8718 **홈페이지** www.facebook.com/pages/Agana-Pool **운영** 2026년 재개장 준비 중 **요금** 미정 **가는 방법** 안토니오 비 원 팻 국제공항에서 차로 11분. DFS 괌을 등지고 Pale San Vitores Rd를 타고 직진, 14A를 끼고 좌회전, S Marine Corps Dr 끼고 우회전 후 직진. 왼쪽 Hwy 8을 끼고 좌회전 후 Hwy 33을 끼고 우회전. 오른쪽에 위치. 아가냐 쇼핑 센터 건너편. 차로 16분.

RESTAURANT
중부의 식당

시끌시끌한 분위기의 투몬&타무닝에서 벗어나 호젓한 분위기를 즐기고 싶을 때, 아늑하고 여유로운 맛이 가득한 중부의 식당으로 향할 것. 미국식 브런치 카페부터 호화로운 경력의 셰프가 선보이는 고급 레스토랑까지, 흥미로운 미식 풍경이 이어진다.

투레 카페의 달콤한 디저트! ▷▶

❶ 투레 카페 Ture' Café

투몬과 타무닝에서, 중부 투어를 위해 하갓냐로 진입하면서 가장 먼저 만나게 되는 카페. 바다를 끼고 있어 탁 트인 오션 뷰를 자랑하는 테라스 자리가 인기가 많다. 프렌치 토스트, 팬케이크나 오믈렛 등 아침 메뉴가 맛깔스럽고, 그 외에도 파스타와 하와이 로컬 음식인 로코모코 등 푸짐한 한 상을 즐길 수 있다.

지도 P.165-C2 **주소** 349 Marine Corps Dr., Hagåtña **전화** 671-479-8873 **홈페이지** www.turecafe.com **영업** 월~금 07:00~19:00, 토~일 07:00~15:00 **예산** $11.99~17.99(로코모코 Loco Moco $8.95) **가는 방법** DFS 괌을 등지고 Pale San Vitores Rd를 타고 직진, GU 14A를 끼고 좌회전, S Marine Corps Dr 끼고 우회전 후 직진, 오른쪽에 위치. 차로 13분.

Mia's Advice

괌에서 만나는 하와이 음식, 로코모코 Loco Moco

같은 태평양 위에 떠 있는 섬인 괌과 하와이. 괌을 여행하다 보면 하와이와 비슷한 메뉴들을 살펴볼 수 있는데 대표적인 예가 바로 로코모코예요. 로코모코는 하와이의 빅아일랜드라는 지역에서 처음으로 생겨난 메뉴예요. 밥 위에 햄버거 패티를 올려놓고, 달걀 프라이와 갈색의 그레이비 소스를 곁들여 먹는 음식으로 투레 카페 말고도 피카스 카페 Pika's Café, 잇 스트리트 그릴 Eat Street Grill, 에그스 앤 띵스 Egg's n Things, 킹스 King's에서도 로코모코를 맛볼 수 있어요.

에그스 앤 띵스의 로코모코 ▷▶

❷ 슬로워크 커피 로스터스
Slowalk Coffee Roasters

이곳에 들어서면 3층으로 구성된 압도적인 규모에 놀라게 된다. 은행이었던 건물을 개조, 노출 콘크리트로 천장을 마감했으며 실내는 마치 커피 박물관을 연상시킬 정도로 다양한 커피 관련 인테리어 소품들이 가득하다. 괌에서는 좀처럼 보기 힘든 인테리어의 커피 전문점으로 대표 메뉴는 더티 커피 Dirty Coffee. 헤이즐넛 시럽과 에스프레소를 차가운 우유 위에 부어 만든 음료다. 커피 외에도 다양한 음료 메류가 있으며 와플과 크로플, 불고기 버거, 닭강정 등 식사도 주문할 수 있다.

지도 P.162-A3 주소 123 6, Maina 전화 671-486-8595 홈페이지 https://slowalkcoffeeroasters.com 영업 08:00~19:00(드라이브 스루 07:00~18:00, 식사 주문 10:00~17:00) 예산 $4~20 가는 방법 DFS 괌을 등지고 왼쪽으로 Pale San Vitores를 타고 직진. GU 14 A를 끼고 좌회전, S Marine Corps Dr를 끼고 우회전 후 직진. 왼쪽에 Spruance Dr를 끼고 좌회전. 우측에 위치, 차로 16분.

③ 칼리엔테 Caliente

제대로 된 멕시코 요리를 경험할 수 있는 곳. 중부에 위치한 레스토랑은 대부분 관광객보다 현지인 비율이 현저히 높은 곳들인데, 이곳도 그중 하나다. 부리토, 나초, 케사디야, 타코, 파히타 등 우리에게 익숙한 멕시칸 메뉴가 주를 이룬다. 한 입에 넣기 부담스러울 정도로 두툼한 부리토는 보기만 해도 식욕이 당긴다. 이곳의 시그니처 메뉴는 단연 타코 샐러드. 토르티야를 그릇 모양으로 튀겨낸 뒤 그 안에 잘게 다진 고기, 치즈, 채소 등과 신선한 사워크림을 듬뿍 얹어 내는데, 여럿이 애피타이저로 나누어 먹기 좋다.

지도 P.164-B3 **주소** 135 Archibishop Felixberto Chamacho Flores St., Hagåtña **전화** 671-477-4681 **운영** 월~토 11:00~19:00 **예산** $5~37(케사디야 Quesadillas $10, 파히타 Fajitas $37, 타코 샐러드 Taco Salad $13(라지)) **가는 방법** 안토니오 비 원 팻 국제공항에서 차로 10분. DFS 괌을 등지고 왼쪽으로 Pale San Vitores Rd를 타고 직진. 왼쪽으로 GU 14A를 끼고 좌회전 후 오른쪽 N Marine Dr를 끼고 우회전 후 직진. 왼쪽의 Purple Heart Memorial Hwy를 끼고 좌회전 후 오른쪽 E Chalan Santo Papa Juan Pablo Dos를 끼고 우회전 후 Archbishop Felixberto Chamacho Flores St를 끼고 우회전. 왼쪽에 위치. 차로 15분.

④ 크러스트 피제리아 나폴레타나
Crust Pizzeria Napoletana

2016년에 오픈한 이래, 하갓냐에서 가장 핫한 화덕 피자 전문점으로 꼽히는 곳. 맛의 비결은 화덕이다. 홈메이드 이탈리아 피자의 맛을 살리기 위해 3대에 걸쳐 기술을 전수한 화덕 장인이 제작한 것을 공수해 사용한다. 죽기 전에 꼭 먹어야 할 세계 음식 재료 1,001가지에도 꼽혔다는 산 마르지아노 토마토와 입자가 곱고 부드러운 최상급 밀가루를 사용해 신선하고 건강한 맛을 보장한다.

지도 P.165-C2 **주소** 356 E Marine Corps Dr., Route 1, Hagåtña **전화** 671-647-8008 **홈페이지** www.crustpizzeria guam.com **영업** 월~토 17:00~22:00, 일 11:00~13:30, 17:00~22:00 **예산** $6~44(나폴레타나 피자 Napoletana Pizza $20) **가는 방법** DFS 괌을 등지고 왼쪽으로 Pale San Vitores R를 타고 직진. Happy Landing Rd를 끼고 좌회전. S Marine Corps Dr 끼고 우회전 후 직진. 왼쪽에 위치. 차로 13분.

바삭하게 튀겨진 오징어튀김

현지인들의 단골집, 로컬 식당 BEST 4

① 모사스 조인트 Mosa's Joint

괌 중부를 대표하는 레스토랑이다. 아늑하고 편안한 분위기 속에서 가족, 연인, 사랑하는 사람들과 오붓한 저녁을 보내기 좋다. 파스타와 버거, 케사디야 등의 메뉴가 유명한데, 이곳의 첫 번째 시그니처 메뉴를 꼽으라면 단연 시금치 & 버섯 & 블루 치즈 버거다. 2012년 버거페스트 챔피언 메뉴로, 상당한 자부심이 깃들어 있다. 매일 추천 메뉴가 바뀌는데, 한쪽 벽에 설치된 칠판에 커다랗게 적혀 있으니 참고하면 좋다. 운이 좋으면 저녁 시간 때 라이브 공연을 감상할 수 있다. 미국식 펍의 시끌벅적한 분위기를 그대로 느낄 수 있는 곳.

지도 P.164-A3 **주소** 324 West Soledad Ave., Hagåtña **전화** 671-969-2469 **홈페이지** www.mosasjointguam.com **운영** 월~토 11:00~21:00 **예산** $9.95~38.95(시금치, 버섯, 블루 치즈 버거 Spinach, Mushroom, and Blue Cheese Burger $13.95, 모사스 피에스타 플레이트 Mosa's Fiesta Plate $26.95 **가는 방법** 안토니오 비 원 팻 국제공항에서 차로 11분. DFS 괌을 등지고 왼쪽으로 Pale San Vitores Rd를 타고 직진, GU 14A를 끼고 좌회전, S Marine Corps Dr 끼고 우회전 후 직진. 왼쪽의 Aspinall Ave를 끼고 좌회전 후 다시 오른쪽 Herman Cortes Ave를 끼고 우회전. Father Duenas Ave를 끼고 우회전 후 다시 W Soledad Ave를 끼고 우회전. 오른쪽에 위치. 차로 21분.

② 셜리스 커피숍 Shirley's Coffee Shop

저렴한 가격으로 풍족한 식사를 하고 싶을 땐, 여기만 한 곳도 없다. 1983년에 오픈, 현재까지도 현지인들에게 사랑을 받고 있는 레스토랑으로 메뉴만 보는데도 시간이 걸릴 정도로 종류가 다양하다. 아메리칸, 차모로, 필리피노, 차이니즈를 혼합, 퓨전 메뉴를 선보이는 곳. 저렴하게 스테이크와 해산물을 맛보고 싶거나, 단체로 식사해야 하는 그룹 관광객일 경우 특히 강력 추천. 푸짐하게 즐기고 싶은 사람이라면 티본 스테이크와 왕새우를, 아이가 있는 가족이라면 웃는 얼굴 모양의 치킨 너겟을 곁들여 내는 키즈 메뉴를 선택해보자.

지도 P.162-B3 **주소** 407 W Soledad Ave Unit 105,, Hagåtña **전화** 671-472-8383 **홈페이지** www.shirleysguam.com **영업** 07:30~21:00 **예산** $5~35 **가는 방법** DFS 괌을 등지고 왼쪽으로 Pale San Vitores Rd를 타고 직진, 왼쪽 Gu 14를 끼고 좌회전 후, S Marine Corps Dr를 끼고 우회전. 왼쪽에 8th St를 끼고 좌회전 후 바로 W Soledad Ave를 끼고 우회전. 오른쪽에 위치. 차로 18분.

잘게 다진 고기를 곁들인
베네딕트 차모로 ➤

❸ 피카스 카페 Pika's Café

현지인들이 주말 아침을 보내는 브런치 카페. 차
모로 전통 식문화와 건강한 캘리포니아 스타일
을 혼합한 메뉴로 인기를 얻었다. 차모로 소시지
를 이용한 메뉴가 많은데, 특히 에그 베네딕트를
괌 스타일로 재해석한 베네딕트 차모로가 매력
적이다. 키즈 메뉴로는 프렌치 토스트(아침 메뉴)
와 샌드위치와 비니버거, 불고기(점심 메뉴) 등이
있다. 한국인 여행자에겐 김치&불고기 볶음밥의
존재가 반갑다. 친절한 서비스는 덤.

지도 P.81-D2 ▶ **주소** 888 N S Marine Corps Dr., Tamuning **전화** 671-647-7452 **홈페이지** www.pikascafeguam.com
영업 07:30~15:00 **예산** $11.50~27(베네딕트 차모로 Benedict Chamorro $17, 김치&불고기 볶음밥 Kimchee & Bulgogi
Fried rice $19), 키즈 메뉴 $6~7 **가는 방법** DFS 괌을 등지고 왼쪽으로 Pale San Vitores Rd를 타고 직진, Happy Landing Rd
를 끼고 좌회전, S Marine Corps Dr 끼고 좌회전 후 오른쪽에 위치. 차로 6분.

Mia's Advice

DFS 괌 근처에 분점 리틀 피카스 카페Little Pika's Cafe가 있어요. 시내에서 피카스 카페의 메뉴를 맛볼 수
있어요. 주소는 1300 Pale san Vitores Rd, Tumon이랍니다.

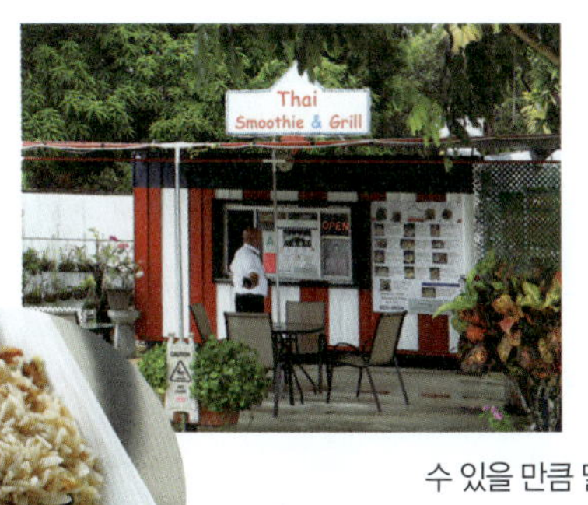

❹ 타이 스무디 앤 그릴
Thai Smoothie and Grill

휑한 도로변에 우두커니 자리한 컨테이너 식당. 하지
만 그냥 지나치면 후회한다. 싱그러운 재료를 잔뜩
투하한 파파야 샐러드는 피시소스의 짭조름한 맛이
조화롭고, 얼큰한 똠얌은 괌의 무더위를 이열치열로
식혀준다. 뿐만 아니라 왕새우와 각종 채소를 한데
넣은 볶음밥은 입맛 까다로운 사람들도 맛있게 먹을
수 있을 만큼 밀도 높은 풍미를 자랑한다. 자연히 현지인들의 사랑을
아낌없이 받고 있다. 미리 전화해서 포장 주문을 요청해도 좋다.

주소 4 Dero Rd., Ordot **전화** 671-929-8534 **운영** 월~금 10:00~19:00, 토
10:00~17:00 **예산** $10~16(파파야 샐러드 Papaya Salad $10, 똠얌 Tom yum
$11, 볶음밥 Fried Rice $11) **가는 방법** 안토니오 비 원 팻 국제공항에서 차로 12분.
DFS 괌을 등지고 왼쪽으로 Pale San Vitores Rd를 타고 직진, 왼쪽의 GU 14A를 끼
고 좌회전 후 직진. 오른쪽 S Marine Dr를 끼고 우회전, Paseo Loop를 끼고 P턴 후
Chalan Canton Tasi 방향으로 직진. 오른쪽 Dero Dr를 끼고 우회전 후 첫번째 골목
에서 좌회전. 차로 16분.

⑤ 스택스 스매시 버거
Stax Smash Burgers

클래식, 올드 패션, 할라피뇨 어니언, 허니 치폴레 등 단 4가지 햄버거 메뉴로 승부를 걸었다. 육즙이 가득한 햄버거 패티에 다진 양파와 토마토, 상추, 소스가 햄버거 속재료의 전부. 햄버거에 $5.74를 더하면 음료와 사이드 메뉴를 고를 수 있다. 감자 튀김은 프렌치프라이와 테이터 탓츠(Tader Tots, 원통 모양으로 빚은 감자 튀김) 중 선택할 수 있으니 참고할 것. 늘 매장 앞에 길게 늘어선 줄이 이곳의 인기를 말해주고 있다.

지도 P.164-B3 ▶ 주소 110 W Soledad Ave., unit 4, Hagåtña 전화 671-969-7829 홈페이지 www.stax.wtf/menu 영업 월~토 11:00~21:00, 일 휴무 예산 $8.99~13.25 가는 방법 DFS 괌을 등지고 왼쪽으로 Pale San Vitores를 타고 직진. GU 14A를 끼고 좌회전, S Marine Corps Dr를 끼고 우회전 후 직진. Aspinall Ave를 끼고 U턴. 오른쪽에 위치. 차로 15분.

⑥ 마낭 피카 Manang Pika

괌에서 타코로 유명한 대표 맛집. 모차렐라 치즈와 고수가 듬뿍 들어가며 이곳 만의 시그니처 디핑 소스인 콘소메가 함께 제공된다. 매콤한 맛을 선호한다면 할라피뇨 추가를 추천한다. 대표 메뉴인 비리아 콤보를 주문하면 타코와 나초를 함께 즐길 수 있어 인기가 높다. 화요일에는 특별히 타코 튜스데이 셀렉션 Taco Tuesday Selection으로 $2~4 가량 저렴하게 맛볼 수 있다. 투몬& 타무닝 지역에 분점도 있다.

지도 P.163-D2 ▶ 주소 590 S Marine Corps Dr., Apotgan 전화 671-649-7452 홈페이지 www.manangpika.com 영업 11:00~21:00(해피아워 월~금 15:00~18:00) 예산 $7~20(비리아 콤보 birria Combo $18) 가는 방법 DFS 괌을 등지고 왼쪽으로 Pale San Vitores를 타고 직진. GU 14 A를 끼고 좌회전, S Marine Corps Dr를 끼고 우회전 후 직진. 왼쪽의 Chalan San Antonio를 끼고 좌회전 후 첫번째 골목에서 우회전. 차로 9분.

❼ 마이티 퍼플 카페 Mighty Purple café

몸에 좋은 과일만 모아서 디저트와 음료를 만드는 공간이다. 간단히 허기를 채울 수 있는 간식거리도 판매해 여행 중 언제든 편하게 들르기 좋다. 아사이베리는 항산화 기능과 항염증 효과가 있는 신비로운 보랏빛 야자수 열매인데, 이곳에선 얼린 아사이베리를 갈아서 그 위에 견과류와 딸기와 바나나 등을 토핑한 아사이 볼을 대표 메뉴의 하나로 내어 놓는다. 아사이볼 주문 시 그래놀라를 추가하자. 훨씬 맛있다. 메뉴 가운데 바나나와 카카닙스 알몬드 버터가 들어있는 마이티멍키볼 역시 기본 구성에 아몬드 버터 대신 땅콩 버터로 변경해서 맛보는 것을 추천한다.

지도 P.164-B3 **주소** 173 Aspinall Ave Suite 103, Hagåtña **홈페이지** www.instagram.com/mightypurplecafe **영업** 월~화 09:00~18:00, 수~토 09:00~19:00, 일 12:00~17:00 **예산** $6~16(마이티 아사이 볼 Mighty Acai Bowl $9~15) **가는 방법** DFS 괌을 등지고 Pale San Vitores Rd를 타고 직진, GU 14A를 끼고 좌회전, S Marine Corps Dr 끼고 우회전 후 직진. 왼쪽 Aspinall Ave 끼고 좌회전. 오른쪽에 위치. 차로 16분.

❽ 심플리 푸드 Simply food

1979년 문을 연 이래 지금까지 괌에서 가장 큰 비건 레스토랑으로 널리 사랑받고 있다. 메뉴가 제한적이긴 하지만, 요일별 특선 메뉴 서비스를 제공하고 있다. 이를테면 월요일엔 차모로식 요리인 켈라루엔, 화요일에는 스리라차 템페 랩을, 수요일에는 인디안 커리, 금요일에는 비건 비프를 내놓는다. 매장 한편의 식료품점에서는 견과류와 말린 과일, 채식고기 등을 판매하기도 한다.

지도 P.164-A4 **주소** 290 Chalan Palasyo 7, Hagåtña Heights **전화** 671-472-2382 **홈페이지** simplyfoodguam.com **영업** 런치 월~금 11:00~14:00, 식료품&서점 월~목 08:00~17:30, 금 08:00~15:00 **예산** $5.45~12.99(데일리 스페셜 $12.99) **가는 방법** DFS 괌을 등지고 왼쪽으로 Pale San Vitores Rd를 타고 직진, GU 14A를 끼고 좌회전, S Marine Corps Dr 끼고 우회전 후 직진. Pasao Loop를 끼고 P턴 후 Chalan Canton Tasi방향으로 직진. Hwy 33를 끼고 우회전 후 Chalan Palasyo 방향으로 좌회전, Joseph Cruz Ave 끼고 좌회전 후 두번째 골목에서 우회전. 차로 18분.

Poke!
가벼운 한 끼 식사, 괌에서 만나는 포케

ABOUT POKE

하와이에 거주하는 일본인 정착민들이 만들어 낸 날생선 샐러드, 포케 Poke는 하와이를 대표하는 음식이지만, 생선이 풍부한 괌에서도 자주 만나고 즐길 수 있는 메뉴다. 회를 잘게 토막 낸 뒤 입맛에 따라 간장, 고추냉이, 기름, 마요네즈, 고추장 등 양념을 섞으면 완성. 여행 중 즐기기 좋은 가볍고도 건강한 요리다. 참치를 주재료로 해서 만드는 것이 일반적이다.

❶ 튜나 카페 Tuna Café

한국인들에게 참치회 맛집으로 큰 인기를 얻고 있는 곳. 당일 잡은 참치를 사용해 신선하게 맛볼 수 있다. 이곳의 가장 큰 장점은 $50 이상 예약 주문 시 호텔까지 무료 배달이 가능하다는 점이다. 전화 혹은 카카오톡(1-671-686-8594 입력)으로 배달 차수, 호텔명과 객실번호, 이름 및 연락처를 남기면 주문이 완료된다. 하루 총 두 차례에 걸쳐 배달되며 1차는 21:00 출발, 2차는 22:00에 출발한다. 이후 호텔 로비 밖 차량에서 1시간 이내 음식을 수령할 수 있다. 매장에서 직접 픽업도 가능하지만, 반드시 사전에 전화로 가능 여부를 확인해야 한다. 신선한 참치회를 놓치고 싶지 않다면 최소 하루 전에 예약하는 것이 좋다. 날씨가 좋지 않아 참치를 잡지 못하거나 어선 입항이 지연될 경우 취소 또는 배달이 늦어질 수 있다는 점도 유념하자.

지도 P.164-B2 **주소** 193 Chalan Santo Papa Juan Pablo Dos #124, Hagåtña **전화** 671-686-8594 **홈페이지** www.instagram.com/guam_tunacafe **영업** 매장 수 17:00~21:00, 전화 주문 월~토 18:00~22:00, 일 휴무 **예산** $5~50(참치 한 상 2~3인용 $50, 참치회 $25, 주먹밥 $5) **가는 방법** DFS 괌을 등지고 왼쪽으로 Pale San Vitores를 타고 직진. GU 14 A를 끼고 좌회전, S Marine Corps Dr를 끼고 우회전 후 직진. 우측에 위치. 차모로 빌리지 내 위치. 차로 14분.

Mia's Advice

아가냐 쇼핑 센터 내 도쿄 마트 익스프레스에서도 참치, 연어회를 구입할 수 있어요. 뿐만 아니라 삼각김밥, 초밥, 샌드위치 등 종류가 다양한 도시락 세트도 판매하고 있어 드라이브를 떠날 때 챙기면 요긴하게 즐길 수 있어요. 단, 도시락 세트는 인기가 많아 저녁에 가면 품절될 확률이 높다는 점, 미리 알아두세요.

② 베니 Benii

이른 아침부터 초밥이나 회덮밥이 먹고 싶을 땐? 베니가 답이다.
이곳의 아히 포키 볼(참치 회덮밥)은 한국인 입맛에도 매우 잘
맞는다. 다이어트 중이거나 건강식을 맛보고 싶은 이들에겐
튀긴 두부가 서빙되는 두부 스테이크를 추천! 튀김과 롤도
좋지만, 한국식 갈비 메뉴도 갖췄으니 한식을 고집하는
사람들이라면 이곳에서 그럭저럭 그리움을 달랠 수 있을
듯. 스테이크나 갈비, 연어 등을 철판에서 구워 낸 데판야
키 세트 역시 인기 만점. 여행자들에게는 가성비가 좋은
일식당으로 소문나 있다.

지도 P.81-D2 **주소** 888 Marine Corps Dr., Tamuning **전화** 671–
647–1090 **홈페이지** www.beniirestaurant.com **영업** 10:30~14:00,
17:00~21:00 **예산** $4.50~29.99(튜나포키볼 Tuna Poki Bowl $15.99, 데판
야키 세트 $29.99) **가는 방법** DFS 괌을 등지고 오른쪽으로 Pale San Vitores Rd를
타고 직진, Happy Landing Rd를 끼고 좌회전, S Marine Corps Dr 끼고 좌회전 후
오른쪽에 위치. 차로 6분.

③ 오니기리 세븐 Onigiri seven

주먹밥, 스팸 무수비, 튀김, 타코야키, 롤 등 다양한 도시
락 메뉴를 선보이는 곳으로, 특히 가성비 좋은 포케 맛집
으로 잘 알려져 있다. 기본 참치 포케는 물론 새우 튀김이
나 김치 마요 등을 곁들여 색다른 스타일의 포케도 맛볼
수 있다. 1층에서는 주문과 포장만 가능하며 식사를 원한
다면 2층의 아담한 공간에서 즐길 수 있다.

지도 P.79-A3 **주소** 1155 Pale San Vitores Rd., Tumon
전화 671–649–7775 **홈페이지** www.instagram.com/
onigirisevenguam **영업** 08:00~21:00 **예산** $2.50
~10 (튜나 포케 샐러드 Tuna Poke Salad $7.50) **가는
방법** DFS 괌 등지고 왼쪽으로 Pale San Vitores Rd 타
고 직진. 왼쪽에 위치. 차로 1분.

🍸 **칵테일 바 & 펍** 물맛 좋은 곳이 술맛도 좋다는 말이 있다. 청정한 자연을 무대로 술을 빚는 크래프트 맥주 양조장부터 해변과 마주한 싱그러운 바까지, 고단한 하루 일과를 갈무리하기 좋은 바와 펍을 모았다.

① 카라바오 브루잉 Carabao Brewing

괌 대표 로컬 브루어리. 2018년 괌에 여행 온 벤과 안나 존슨 부부가 의기투합해 문을 연 브루어리. 내부에 들어서면 마치 맥주 공장을 방불케 하는 거대한 양조 시설이 눈길을 끈다. 에일, IPA, 라거, 포터 등 다양한 맥주를 모두 맛보고 싶다면 브루어리 샘플러를 주문해보자. 맥주와 함께 곁들이기 좋은 음식도 매력적이다. 수제 파스트라미를 다져 넣은 루벤 스프링롤은 시그니처 메뉴다. 그 밖에 비프 앤 체다 샌드위치, 버팔로 치킨 랩 등 샌드위치 종류가 다양한데 모든 샌드위치에는 감자칩이 함께 제공된다. 디저트인 아이스박스 치즈 케이크와 아이스크림 플로트도 특색있으니 시도해보자.

지도 P.164-B3 ▶ **주소** 140 Aspinall Ave Suite 101, Hagåtña **전화** 671-969-2337 **홈페이지** www.carabaobrewing.com **영업** 화~토 11:00~22:00, 일 12:00~18:00, 월 휴무 **예산** $7~18(루벤 스프링 롤 Reuben Spring Rolls $12) **가는 방법** DFS 괌을 등지고 왼쪽으로 Pale San Vitores를 타고 직진. GU 14 A를 끼고 좌회전, S Marine Corps Dr를 끼고 우회전 후 직진. 왼쪽에 Aspinall Ave를 끼고 좌회전. 왼쪽에 위치. 차로 15분.

Mia's Advice

괌의 칵테일 바와 펍은 대부분 한눈에 보이는 간판이 없어요. 현지 사람들의 말을 빌리자면, 워낙 태풍과 비 피해가 잦아 간판이 망가지곤 하니, 번듯한 간판 대신 간단하게 떼고 붙일 수 있는 포스터를 선호한다고 해요. 그러니 해가 지고 어둠이 내린 뒤 나이트라이프를 즐기러 나선다면 미리 목적지와 입구를 꼼꼼하게 찾아봐야 한답니다!

❷ 지미 디스 파라다이스 비치 리조트 & 바 Jimmy Dee's Paradise Beach Resort&Bar

해변가를 산책하거나 자리를 잡고 일몰을 감상하다 보면 칵테일 한 잔이 생각난다. 이곳은 그런 순간에 꼭 어울리는 공간이다. 투몬 비치에 비해 관광객들에겐 덜 알려져 있는 둥카스 비치에 자리한 곳이니 호젓한 분위기를 즐기기에 적당하다. 때때로 나이트 마켓을 열어 현지 공예품이나 미술 작품, 또 라이브 뮤직 등을 즐기는 이벤트도 진행한다. 이벤트는 홈페이지를 통해 공지하니 참고할 것. 맥주를 좋아한다면 IPA 생맥주를 주문하는 것도 잊지 말아야겠다.

지도 P.163-C2 **주소** 150 Tranquilo St., Tamuning (근처 St. Maria Arena Chapel 주소) **전화** 671-649-8877 **홈페이지** www.facebook.com/jimmydeesbeachbar **영업** 화~금 16:00~24:00, 토~일 12:00~24:00 **휴무** 월요일 **예산** $11~30 **가는 방법** T 갤러리아 by DFS에서 Pale San Vitores Rd를 타고 남쪽으로 직진, Happy Landing Rd를 끼고 좌회전 후, 다시 S Marine Corps Dr를 끼고 우회전 후 직진. 오른쪽 Hwy 30 끼고 우회전 후, 왼쪽 Trankilo St로 진입, 왼쪽 해변가. 차로 12분.

Mia's Advice

맛집 추천 애플리케이션으로 내 취향에 맞는 공간 탐색하기!

미국령을 여행할 때 요긴하게 쓰이는 애플리케이션은 무엇일까요? 정답은 옐프 Yelp입니다. '내 위치'를 기반으로 가장 가까운 맛집을 찾아주는 모바일 애플리케이션&웹사이트로 이미 많은 여행자들 사이에서 쓰이고 있죠. 상단 'Find' 란에 카페 Cafe, 레스토랑 restaurant이나 버거 Burger 등 내가 원하는 키워드를 넣고, 'Near' 란에 내가 현재 있는 곳(타무닝 Tamuning, 하갓냐 Hagatna 등)을 입력하면 추천 맛집 리스트가 나타납니다. 개별 업장 페이지를 클릭하면 방문객들의 생생한 후기와 사진을 엿볼 수 있으니 취향에 맞는 맛집과 메뉴를 찾기 편리합니다.

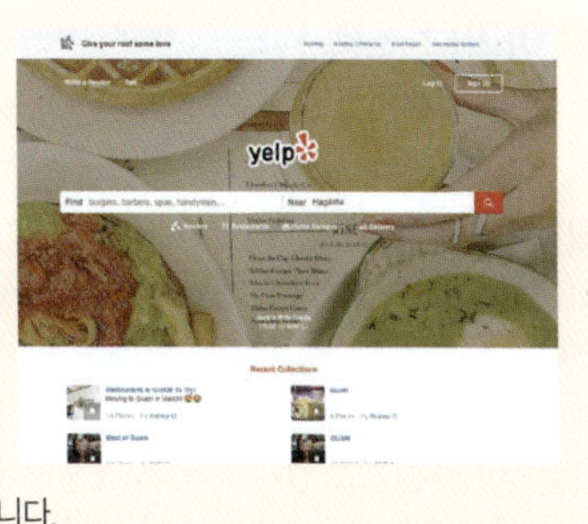

SHOPPING
중부의 쇼핑

중부에서 쇼핑을 즐기려면 이 두 곳은 절대 피해갈 수 없다. 다채로운 어트랙션을 거느린 복합 쇼핑몰 아가냐 쇼핑 센터와 괌의 토착 문화를 만끽할 수 있는 차모로 빌리지 & 야시장을 놓치지 말자.

❶ 아가냐 쇼핑 센터 Agana Shopping Center

로컬 브랜드와 미국 체인 브랜드가 섞여 있는 쇼핑몰로 비교적 가격 부담이 덜하다. 패션, 액세서리, 수영복, 신발 등 다양한 매장이 있으며 쇼핑 중간에 식사나 카페 타임을 갖기 좋은 공간도 마련되어 있다. 괌 스타일의 옷이나 액세서리를 찾는다면 아가냐 마켓플레이스 Agana Marketplace와 SM 아일랜드 SM Island를 추천하며 피즈 앤 코는 아이들이 좋아할 만한 달콤한 간식과 음료수가 많으니 참고할 것. 대부분 카드 결제가 가능하나 일부 소형 매장이나 푸드코트에서는 현금만 가능한 곳도 있으니 미리 알아두자.

지도 P.164-B4 **주소** 302 South Route 4 O'Brien Dr., 4, Hagåtña **전화** 671–472–5027 **홈페이지** aganacenter.com **운영** 10:00~20:00 **가는 방법** DFS 괌을 등지고 왼쪽으로 Pale San Vitores Rd를 타고 직진, GU 14A를 끼고 좌회전, S Marine Corps Dr 끼고 우회전 후 직진. 왼쪽 Purple Heart Memorial Hwy를 끼고 좌회전 후 Hwy 33을 끼고 우회전. 왼쪽에 위치. 차로 16분.

쇼핑하다 지칠 때,
아가냐 쇼핑센터의 먹거리

프레첼 메이커 Pretzel Maker

프레첼은 담백하고 짭조름한 독일의 전통 빵이다. 이곳에 선 원조 프레첼부터 한 입에 쏙 들어가는 프레첼 바이츠, 미니 프레첼 안에 소시지가 들어 있는 미니 프레첼 도그에 이르는 다채로운 프레첼 메뉴를 선보인다.

전화 671-472-6698 홈페이지 pretzelmaker.com
영업 10:00~20:00 예산 $5~20

닥터 케밥 Dr.Kebob

우리에겐 아직 낯선 아랍과 레반트 전통 음식을 판다. 양념한 소고기, 닭고기, 양고기를 불에 구워 야채와 함께 빵에 싸 먹는 샤와르마, 병아리 콩을 으깨 올리브 오일과 마늘을 섞어 되직하게 만든 후무스가 주 메뉴.

전화 671-479-1555 영업 10:00~19:00 예산 $5~20

피즈 앤 코 Fizz&co

빨간 차양막, 독특한 타일 장식, 그리고 아기자기한 소품까지. 뮤직비디오와 화보 촬영 장소로 등장할 만큼 귀엽고 색다른 인테리어를 자랑한다. 따끈한 핫도그, 크림을 얹은 소다수가 식욕을 돋운다.

전화 671-922-3499
홈페이지 www.facebook.com/fizzsodashop
영업 월~토 10:00~20:00, 일 10:00~18:00
예산 $5~15

❷ 페이리스 슈퍼마켓 Payless Super Market

괌을 기반으로 운영 중인 식료품 전문점. 싱싱한 과일과 채소를 구하려면 여기만 한 곳도 없다. 페이리스 슈퍼마켓은 괌에서 총 8개 분점을 운영 중인데, 각기 마이크로네시아 몰, 오션 퍼시픽 플라자, 데데도, 수메이 등에 흩어져 있다. 매장이 24시간 운영이라 현지인 뿐 아니라 관광객에게도 편리하다. 특히 이곳에서 판매하는 망고 피클은 관광객들이 반드시 구입하는 기념품 중 하나다.

지도 P.163-C3 **주소** 751 Chalan Machaut, Mongmong, Hagåtña **전화** 671-477-7006 **홈페이지** www.paylessmarkets.com **운영** 24시간 **가는 방법** DFS 괌을 등지고 왼쪽으로 Pale San Vitores Rd를 타고 직진, GU 14A를 끼고 좌회전, S Marine Corps Dr 끼고 우회전 후 직진. 왼쪽에 Chalan Machaut를 끼고 좌회전 후 직진. 오른쪽에 위치. 차로 16분.

Mia's Advice

괌에 도착해서 갑자기 감기에 걸리거나, 열이 나거나, 혹은 아이가 아플 때 당황하게 되죠. 페이리스 슈퍼마켓 내 약국에서 간단히 아픈 곳을 상담하세요!

❸ 크라운스 괌 Crowns Guam

괌을 본거지로 활동 중인 스트리트 패션 브랜드 크라운스 괌 Crowns Guam이 야심차게 오픈한 플래그십 스토어. 소위 '패션 피플'을 자처하는 여행자라면 반드시 들러 보아야 하는 곳이다. 리미티드 에디션 운동화와 힙합 스타일 모자, 양말과 티셔츠까지 괌에서 가장 힙하고 와일드한 물건들이 즐비한 공간이기 때문. 괌의 자연이나 풍속, 문화를 모티브로 디자인한 제품들이 특히 눈에 띄는데, 기념품으로도 더할 나위 없다.

지도 P.164-B3 **주소** 173 Aspinall Ave., Hagåtña **전화** 671-687-2526 **홈페이지** shopcrownsguam.com **운영** 월~토 11:00~18:00, 일 11:00~16:00 **가는 방법** DFS 괌을 등지고 왼쪽으로 Pale San Vitores Rd를 타고 직진, GU 14A를 끼고 좌회전, S Marine Corps Dr 끼고 우회전 후 직진. 왼쪽 Aspinall Ave 끼고 좌회전. 오른쪽에 위치. 차로 16분.

④ 차모로 빌리지 & 야시장 Chamorro Village & Night Market

전형적인 괌의 전통 시장. 일주일에 한 번, 수요일 저녁마다 야시장을 여는 것이 이곳만의 특색이다. 어둠이 내리면 라이브 음악과 괌 토속 춤 공연 등 한바탕 잔치가 열리는데, 현지인과 관광객이 어울려 흥을 즐긴다. 해변가에서 입기 좋은 옷이나 모자, 괌 토속 기념품, 생활 소품 등이 난전에 펼쳐지는데, 구경하는 재미가 꽤나 쏠쏠하다. 시장을 가득 메우는 차모로 바비큐향은 식욕을 절로 돋운다. 줄 서서 30분가량 기다려야 맛볼 수 있는 행운이 주어질 만큼 인기가 많다.

지도 P.164-B2 주소 153 W Marine Corps Dr., Hagåtña 홈페이지 shopchamorrovillage.com 운영 수요일 야시장 17:00∼21:00 가는 방법 차모로 빌리지 야시장 셔틀 버스 승하차, DFS 괌을 등지고 왼쪽으로 Pale San Vitores Rd를 타고 직진, Happy Landing Rd를 끼고 좌회전 후, 다시 S Marine Corps Dr를 끼고 우회전 후 직진, 오른쪽에 위치. 차로 15분.

Mia's Advice

인기가 많은 야시장인지라, 주차하기가 꽤나 까다로운 곳입니다. 차모로 빌리지의 주차장을 이용할 예정이라면 여유 있게 17:00에는 주차를 하는 것이 좋아요.

CHECK! 주목, 차모로 빌리지의 바비큐 맛집 열전!

차모로 빌리지에는 유독 바비큐 맛집이 즐비하다. 차모로 빌리지 내에서 제대로 된 훈제고기를 맛보고 싶다면 테이크아웃 바비큐 전문점 Kris BBQ로 향하자. 소고기, 돼지고기, 닭고기의 세 가지 육류를 선택할 수 있고, 모든 메뉴엔 차모로 전통 음식인 레드 라이스가 함께 제공된다. 그 외에도 새우나 오징어구이, 옥수수 등 다양한 구이를 맛볼 수 있다. 차모로 아일랜드 바비큐 Chamorro Island Bbq(주소 238 Marine Corps Dr, Hagåtña, 96910)도 빼놓으면 아쉬울 레스토랑이다. 한국식 갈비부터 BBQ 립, 포크찹, 핫윙, 데리야키 치킨 등 다양한 바비큐 요리를 맛볼 수 있다.

대자연에서 즐기는 괌 골프 클럽

골프 여행으로 괌이 각광받는 이유는 아름다운 자연 경관에 있다. 전 코스에서 바다가 보이도록 설계된 오션뷰 코스는 그야말로 압권! 또한 플레이 인원이 적고 대기 시간이 짧아 여유롭게 라운드 할 수 있으며 2인 플레이도 자유로운 편이다. 최근 망킬라오와 탈로포포 지역의 골프 클럽은 한국의 소노 펠리체가 운영을 시작해 한국인들에게 훨씬 편리하다.

❶ 소노 펠리체 컨트리 클럽 망길라오 Sono Felice Country Club Mangilao

세계 최고의 골프 클럽 설계가인 로빈 넬슨에 의해 디자인된 곳. 〈골프 다이제스트 Golf Digest〉 선정 세계 100대 골프장 가운데 79위에 오른 바 있다. 괌 내 유일하게 바닷가에 위치해 있으며, 아름다운 오션뷰를 자랑한다. 호수 혹은 자연 지형을 적극적으로 활용한 코스 디자인이 특징이며, 특히 5번 홀은 '호수 위의 그린'이라 불릴 만큼 시각적인 즐거움을 준다. 오션뷰 가진 클럽 하우스에서는 9홀 플레이 잠시 휴식을 취하기에도 좋다. 또한 태평양을 향해 티샷을 날릴 수 있는 12번 홀은 명물로, 원온 One-on에 성공하면 기념 인증서를 발급해줄 정도로 상징성이 크다. 코스 난이도가 있어 초보자에게는 다소 어려울 수 있으나, 투몬 시내와 가까워 접근성이 좋고, 무료 셔틀버스와 라운딩 후 공항으로 바도 이동하는 손님을 위한 공항 드롭 서비스도 운영하고 있다. 골프채 대여($40), 골프화 대여($10)가 가능하다.

지도 P.203-B1 **주소** 1810 Route 15 Pagat, Mangilao **전화** 671-734-1111 **홈페이지** www.sonofeliceccguam.com/mangilao **운영** 06:00~18:00 **예산** $228

❷ 소노 펠리체 컨트리 클럽 탈로포포
Sono Felice Country Club Talofofo

동쪽 해안 절벽과 바다 전망을 살린 코스로, PGA의 전설적인 선수 9명(샘 스니드, 벤 호건 등)이 각 2홀씩 설계에 참여했다. 덕분에 조경이 아름답고 코스 구성도 예술적이다. 최근 리노베이션을 통해 오션뷰 스파와 사우나 시설이 새로 추가되어, 라운딩 후 휴식을 즐기기에도 좋다. 탈로포포 지역의 지형을 살려 만든 만큼 내리막과 언덕이 많고, 바람과 기후의 영향을 크게 받는다. 곳곳에 헤저드와 벙커가 자리해 중급 이상 골퍼에게 적합한 코스다.

지도 P.203-B3 **주소** 825 4A, Talofofo **전화** 671-789-5555 **운영** 06:00~18:00 **예산** $181~190

❸ 컨트리 클럽 오브 더 퍼시픽
Country Club of the Pacific

1973년 개장한 괌의 전통 있는 골프장으로, 바다 전망이 시원하게 펼쳐지는 전면 9홀이 특히 인상적이다. 배수력과 볼 구름이 우수한 잔디를 사용해 코스 퀄리티가 뛰어나다는 평을 받는다. 대부분의 홀이 티박스에서 그린이 보이는 직선형 코스로, 헤저드가 거의 없어 초보자도 부담없이 즐길 수 있다. 9홀만 예약할 수도 있어 짧은 시간에도 라운드가 가능하다. 더 츠바키 타워, 호텔 닛코 괌, 하얏트 리젠시 괌, 힐튼 괌 리조트 & 스파, 리가 로얄 라구나 괌 리조트 등 주요 호텔 투숙객은 그린피 할인을 받을 수 있으며, 공식 홈페이지를 통한 예약 시 다양한 추가 혜택이 제공된다.

지도 P.203-B2 ▶ **주소** 215 CCP Lane Yona **전화** 671–789–1361 **홈페이지** www.ccpguam.com **운영** 07:00~18:00 **예산** $75~135

❹ 레오 팰리스 리조트 컨트리 클럽 Leo Palace Resort country club

골프 전설 아놀드 파머와 잭 니클라우스가 설계에 참여한, 괌 최대 규모의 골프장이다. 시내에서 다소 떨어져 있지만 리조트 규모가 크고 부대시설이 다양해 골프와 휴양을 동시에 즐기기 좋다. 총 36홀, 4개의 코스로 구성되어 있으며 전략적인 플레이가 요구되는 히비스커스 코스, 해저드와 벙커가 조화롭게 배치된 오키드 코스, 자연미가 돋보이는 부겐빌레아 코스가 대표적이다. 드라이빙 레인지와 퍼팅 연습장 등 연습 시설이 잘 갖춰져 있으며, 리조트 투숙객은 그린피 할인을 받을 수 있다. 골프 클럽 및 골프화 대여도 가능하다.

지도 P.203-B2 ▶ **주소** 342 Lake View Drive, Yona **전화** 671–471–0001 **홈페이지** www.leopalaceresort–guam.com/golf **운영** 06:30~17:00 **예산** $155

Mia's Advice

투몬 시내에서 가깝고 초보자들에게 적합하면서도 가성비가 좋은 골프장으로는 괌 인터내셔널 컨트리 클럽 Guam International Country Club이 있어요. 다른 골프장에 비해 인지도는 낮지만 그린피가 저렴해 가성비가 좋죠. 복장 규정이 까다롭지 않아 가족 단위 여행자가 아이들과 함께 라운드 하기에도 부담이 없어요.

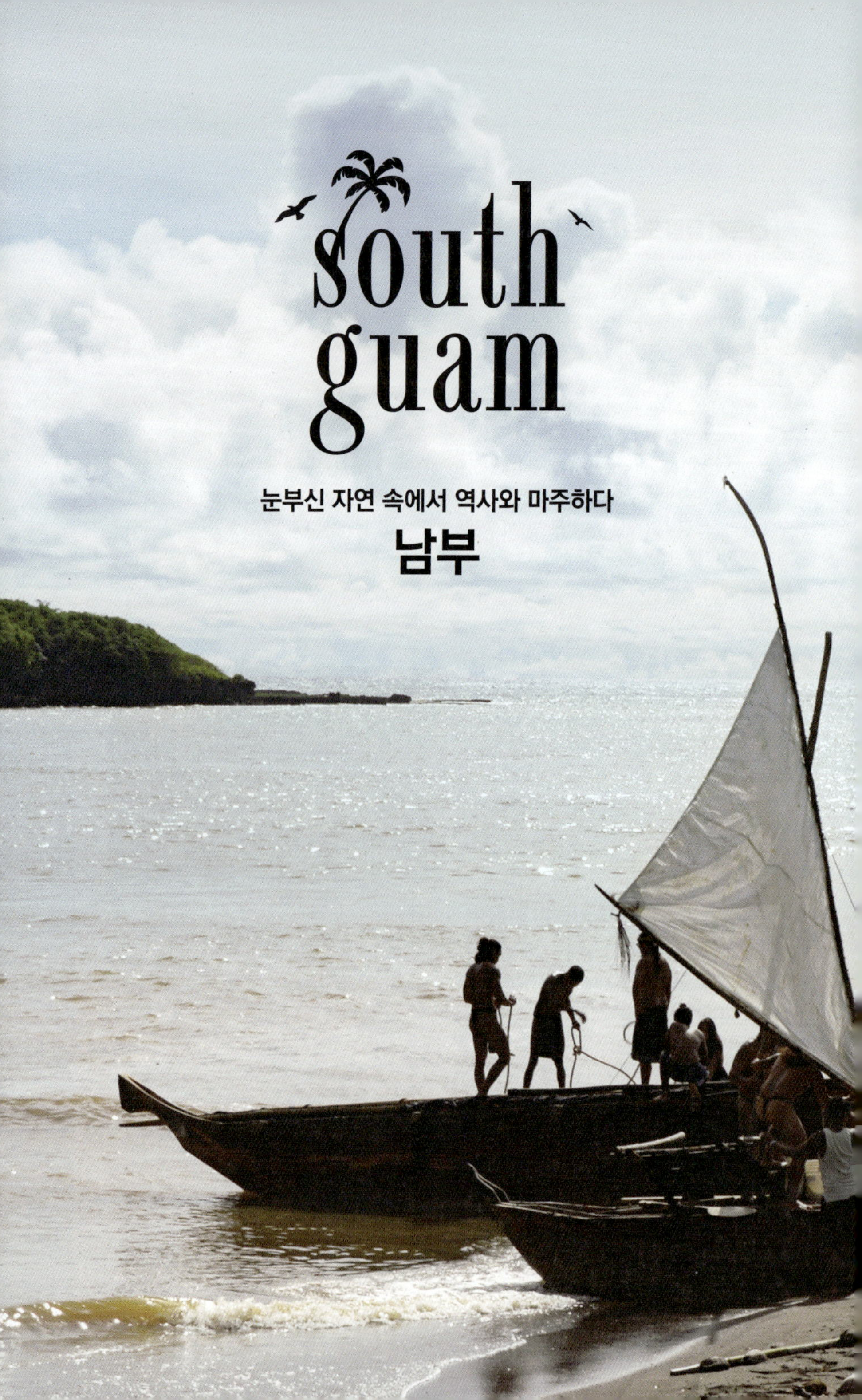

south
guam
눈부신 자연 속에서 역사와 마주하다
남부

남부에 가면 괌의 진짜 모습을 맞닥뜨릴 수 있다. 손때 묻지 않은 천혜의 자연을 간직한 곳도, 아픈 역사의 흔적이 그대로 서려 있는 곳도 모두 이곳이기 때문이다. 마젤란이 처음 당도했던 장소를 기리는 마젤란 기념비 Magellan Monument부터 단골 스냅 촬영 장소인 우마탁 마을의 성 디오니시오 성당, 지금은 평온하기 그지없으나 제2차 세계대전 당시 참혹할 만큼 수난을 당했던 메리조 마을에 이르는 구석구석을 훑다 보면 절로 괌의 과거를 곱씹게 된다. 그 지난한 역사의 무대는 섬의 눈부신 자연이다. 마리아나 해구 Mriana Trench까지 측정했을 때 총 높이 1만 1,527m로 지구상에서 최고봉이라 알려진 람람산 Mount Lamlam, 그리고 바닷물이 용암에 막혀 생성된 천연 수영장 이나라한 자연 풀 Inarajan Natural Pool이 여행자의 마음을 어루만진다. 시간이 여유롭다면 라테 계곡의 어드벤처 파크 Valley of the Latte Adventure Park에서 리버 보트 크루즈에 오르기를. 차모로족이 된 것처럼 유유자적 섬을 누빌 수 있다.

LOOK INSIDE
들여다보기

이제 쇼핑몰과 레스토랑 이면의 진짜배기 괌을 만나볼 차례다. 우마탁 다리나 성 디오니시오 성당을 비롯한 남부의 유적들은 의미도 있거니와, 아름답기도 해서 신혼부부들의 허니문 스냅 촬영 필수 코스로도 꼽힌다. 피와 눈물, 그리고 땀방울로 역사의 흔적을 지켜온 섬 사람들에게 절로 경의를 표하게 된다.

이나라한 자연 풀 Inarajan Natural Pool

섬 남부를 여행할 때 단 한 곳의 관광지만 가야 한다면, 끝내 이곳을 선택하게 될 것이다. 그만큼 독특한 자연의 아름다움이 넘실거리는 명소다. 바닷물이 용암에 막혀 형성된 천혜의 수영장으로, 파도가 거의 없고 잔물결만 살랑거리니 물놀이를 하기에 제격이다. 수질이 맑고 깨끗하니 스노클링 포인트로도 명성이 자자하다. 단, 아쿠아 슈즈를 준비해야 안전하게 즐길 수 있다.

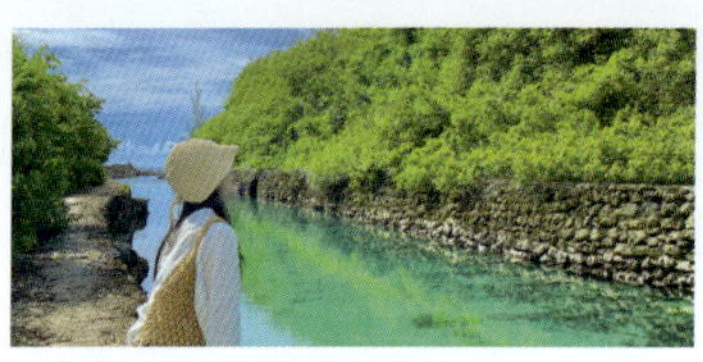

에메랄드 밸리 Emerald Valley

특별할 것 없는 수로였으나 이곳에서 찍은 사진이 SNS에서 회자되면서 최근에 꼭 들러야 하는 필수 코스로 인기를 얻고 있다. 자연 그대로의 모습을 간직하면서 에메랄드처럼 반짝이는 물빛 덕분에 에메랄드 밸리라는 이름이 붙여졌다. 오전부터 사진 촬영을 위해 이곳에 머무르는 관광객이 많은 까닭에 서두르는 것이 좋다.

맥 크라우츠 바 & 레스토랑
Mc Krauts Bar & Restaurant

남부 맛집의 양대 산맥은 제프스 파이러츠 코브와 맥 크라우츠 레스토랑이다. 현지인들은 후자를 조금 더 즐겨 찾는 경향이 있다. 독일에서 건너 온 오너가 맥주와 소시지 요리를 선보이는 이곳은 그저 앉아 있는 것만으로 흥겨운 공간이다. 독일뿐 아니라 지구 방방곡곡에서 날아온 다양한 맥주 탭을 보유하니 취향껏 골라 마셔도 좋다.

라테 계곡의 어드벤처 파크
Valley of the Latte Adventure Park

고대 차모로 마을을 보고 싶은 여행자들의 필수 코스. 탈로포포강과 우검강을 유유히 흐르는 리버 보트 크루즈에 올라 차모로 문화에 대한 설명을 듣고, 코코넛을 활용한 먹거리 만들기, 차모로 전통 방식으로 불을 피우는 법 등을 알아볼 수 있다. 카약을 이용해 강을 가로지르는 어드벤처 카약과 스탠드업 패들 같은 액티비티도 즐길 수 있다.

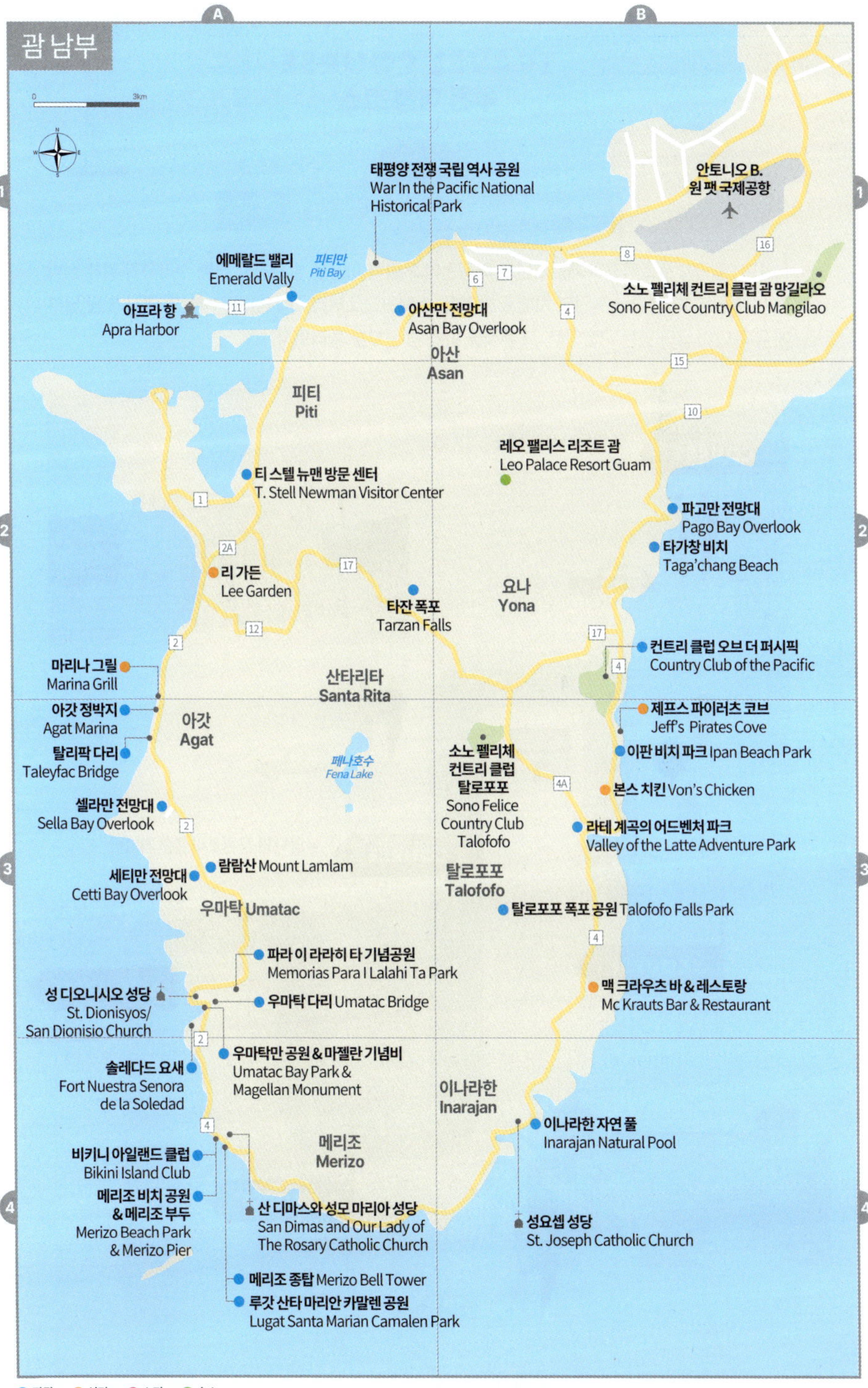
곰 남부
0 3km
N
태평양 전쟁 국립 역사 공원
War In the Pacific National Historical Park
안토니오 B. 원 팻 국제공항
에메랄드 밸리
Emerald Vally
피티만
Piti Bay
아프라 항
Apra Harbor
아산만 전망대
Asan Bay Overlook
소노 펠리체 컨트리 클럽 괌 망길라오
Sono Felice Country Club Mangilao
아산
Asan
피티
Piti
티 스텔 뉴맨 방문 센터
T. Stell Newman Visitor Center
레오 팰리스 리조트 괌
Leo Palace Resort Guam
파고만 전망대
Pago Bay Overlook
타가창 비치
Taga'chang Beach
리 가든
Lee Garden
타잔 폭포
Tarzan Falls
요나
Yona
마리나 그릴
Marina Grill
아갓 정박지
Agat Marina
아갓
Agat
컨트리 클럽 오브 더 퍼시픽
Country Club of the Pacific
탈리팍 다리
Taleyfac Bridge
페나호수
Fena Lake
제프스 파이러츠 코브
Jeff's Pirates Cove
이판 비치 파크 Ipan Beach Park
셀라만 전망대
Sella Bay Overlook
소노 펠리체 컨트리 클럽 탈로포포
Sono Felice Country Club Talofofo
본스 치킨 Von's Chicken
산타리타
Santa Rita
라테 계곡의 어드벤처 파크
Valley of the Latte Adventure Park
세티만 전망대
Cetti Bay Overlook
람람산 Mount Lamlam
탈로포포
Talofofo
우마탁 Umatac
탈로포포 폭포 공원 Talofofo Falls Park
파라 이 라라히 타 기념공원
Memorias Para I Lalahi Ta Park
맥 크라우츠 바 & 레스토랑
Mc Krauts Bar & Restaurant
성 디오니시오 성당
St. Dionisyos/
San Dionisio Church
우마탁 다리 Umatac Bridge
솔레다드 요새
Fort Nuestra Senora de la Soledad
우마탁만 공원 & 마젤란 기념비
Umatac Bay Park & Magellan Monument
이나라한
Inarajan
이나라한 자연 풀
Inarajan Natural Pool
비키니 아일랜드 클럽
Bikini Island Club
메리조
Merizo
메리조 비치 공원 & 메리조 부두
Merizo Beach Park & Merizo Pier
산 디마스와 성모 마리아 성당
San Dimas and Our Lady of The Rosary Catholic Church
성요셉 성당
St. Joseph Catholic Church
메리조 종탑 Merizo Bell Tower
루갓 산타 마리안 카말렌 공원
Lugat Santa Marian Camalen Park
관광
식당
쇼핑
숙소

TRAVEL COURSE
추천 여행 코스

1 DAY

마젤란을 찾아 떠나는 여행

1521년 3월 6일 포르투갈의 페르디난드 마젤란이 우마탁 마을을 발견하고 배를 수리하기 위해 정박한 이래 괌은 333년간 스페인의 지배를 받았다. 스페인으로부터 지배당하던 시절의 역사가 괌 남부에 유독 많이 남아 있는 까닭이다. 그 흔적을 따라 괌 남부를 둘러보자.

1 DAY
괌의 자연을 한눈에

액티비티를 빼놓고 남부 여행을 논할 수 없다. 그렇다고 무리할 필요는 없다. 최근 포토 스폿으로 유명한 에메랄드 밸리에서 기념 촬영한 뒤. 이나라한 자연 풀에서 야생의 스릴을 만끽하자. 라테 계곡의 어드벤처 파크에서는 리버 크루즈, 카약, 스탠드업 패들 등 다채로운 프로그램을 즐겨볼 수 있다.

1 COURSE 에메랄드 밸리
P.209

차로 40분

2 COURSE 이나라한 자연 풀
P.219

차로 12분

3 COURSE 라테 계곡의
어드벤처 파크
P.222

차로 6분

4 COURSE 맥 크라우츠 바 & 레스토랑
P.226

INFORMATION
여행에 유용한 정보

와이파이 남부 지역에서는 인터넷을 무료로 이용할 수 있는 곳을 찾기 힘들다. 따라서 모바일 내비게이션의 도움을 받아야 한다면 포켓 와이파이가 필수다. 다만, 남부는 4번 고속도로 Hwy 4 하나로 연결되어 있으니, 상세 지도가 있다면 어렵지 않게 목적지를 찾을 수 있다.

쇼핑 남부에서 로컬 슈퍼마켓을 마주칠 때면, 주저 말고 홈메이드 망고 피클과 브레드프루트 Breadfruit 칩스를 먹어 볼 것. 망고 피클은 마트에서 판매하는 것보다 훨씬 새콤하고 아삭하며, '빵 나무'라 불리는 열대 식물의 잎을 말리고 튀겨서 만드는 브레드푸르트 칩스는 달콤한 맛으로 여행의 피로를 풀어준다.

열대지방에서 열리는 브레드프루트

택시 투어 택시를 이용해 남부를 둘러볼 경우 중부의 리카르도 J. 보르달로 주정부 종합청사 Ricardo J.Bordallo Governor's Complex (아델럽곶)을 시작으로 세티베이 전망대, 우마탁 마을, 솔레다드 요새, 메리조 부두, 메리조 종탑, 이나라한 자연 풀 등을 둘러본다. 택시회사에 따라 조금씩 다르나 괌한인친구택시(카카아톡 아이디 @괌한인친구택시)의 경우 총 4시간 30분가량 소요되며 4인 기준 $250다. 택시회사에 따라 금액 차이가 있다.

여행사의 남부 투어 여행사에서 진행하는 남부 투어의 경우 투몬&타무닝의 호텔에서 픽업 기준으로 하루 두 차례 정도 진행된다. 09:00에 출발하는 스케줄과 14:00에 출발하는 스케줄로 대략 4~5시간 정도 소요된다. 차량에 따라 다르지만 대략 7인 정도의 소규모로 인원을 모집한다. 여행사에 따라 다르나 중부와 남부를 한꺼번에 둘러보는 투어도 있으니 여행 일정이 촉박하다면 하루에 모두 둘러보는 투어를 예약하는 것도 좋을 듯.

준비물 남부 투어의 핵심은 괌의 명소를 둘러보며 다양한 인생샷을 남기는 것이다. 따라서 자외선 차단제는 필수. 모자나 선글라스 등의 소품이 있다면 더 좋다. 뿐만 아니라 남부는 다른 지역에 비해 식당 수가 적고 마트도 찾기 힘들다. 따라서 간단한 스낵이나 음료 등을 준비하면 남부 드라이브가 좀 더 즐거워진다. 아이들과 함께 하는 여행이라면 물은 필수!

Mia's Advice

렌터카를 이용할 때 미리 둘러볼 곳들을 지도에 표시해두면 훨씬 편리해요. 괌은 우리나라와 반대로 좌측 통행이기 때문에 운전할 때 특히 조심해야 합니다. 또한 도로가 좁고 구불구불한 구간이 있으니 그럴 땐 좀 더 조심해서 운전하면 좋을 것 같아요.

ACCESS
가는 방법

괌의 중심부에서 가장 먼 남부. 그만큼 교통편에 제약이 많다. 일정이 넉넉하다면 온전히 하루 정도 시간을 두고 둘러보는 것을 추천한다.

셔틀 버스 공항에서 바로 남부로 향하는 셔틀 버스는 없다. 단 투몬&타무닝 시내에서 남부를 오가는 버스 투어(레드 구아한 셔틀에서 운영)는 있다. 최소 2인 이상 예약해야 출발 가능하다.

택시 공항에서 남부 끝인 메리조 비치 파크 & 메리조 부두를 간다면 1~4인 기준 $50(공항세 별도) 정도를 지불하게 된다. 호텔까지 다시 되돌아갈 것을 염두에 둔다면 택시 투어를 이용하는 편이 훨씬 저렴하다.

렌터카 공항에 내려서 남부로 바로 이동하려면 우선 공항에서 렌터카를 픽업한다(렌터카 예약 시 공항에서 바로 픽업이 가능한지 확인하는 것이 필수). 공항에서 나와 메인 도로인 S Marine Corps Dr를 타고 왼쪽으로 직진하다 보면 도로명이 Hwy 1로 바뀐다. Hwy 1을 타고 직진 후 오른쪽 티 스텔 뉴먼 방문 센터를 지나자 마자 바로 왼쪽의 피자헛을 끼고 좌회전 신호를 받는다(직진했을 경우 공군 기지로 들어가는 정문이 나와 다시 유턴 후 우회전해야 한다). Hwy 2를 타고 직진, 중간에 Hwy 4로 도로명이 바뀌는데, 계속 직진하면 메리조 부두가 나온다. 이렇게 공항에서 나와 시계 반대 방향으로 운전하면 약 46분 소요된다. 금강산도 식후경이니, 만약 제프스 파이러츠 코브를 먼저 들르고 싶다면 시계 방향으로 도는 방법도 있다. 공항에서 Hwy 10A를 타고 오른쪽으로 직진, Hwy 16을 끼고 우회전 후 중간에 Hwy 10을 끼고 좌회전해서 직진하다 다시 Hwy 4를 타면 부두가 나온다. 소요시간은 53분.

TRANSPORTAION
지역 교통 정보

투어 남부의 대표 액티비티를 꼽으라면 워터스포츠를 한데 모아 놓은 비키니 아일랜드 클럽과 라테 계곡의 어드벤처 파크 투어가 있다. 비키니 아일랜드 클럽은 프로그램이 알차 반나절 이상 시간을 보내기 좋은 곳이지만 안타깝게도 이동할 수 있는 마땅한 대중 교통이 없다. 그렇다고 포기할 필요는 없다. 다행히 비키니 아일랜드 클럽은 모든 액티비티 상품에 교통이 포함되어 있기 때문이다. 남부의 또다른 액티비티인 라테 계곡의 어드벤처 파크는 픽업 셔틀버스를 요청할 수 있다. 5세 이상인 경우 1인 $230이며, 3~4세는 $20, 2세 미만은 무료다. 다만 성인 2인 이상 예약이 필수. 프라이빗 픽업&드롭 서비스 요청도 가능한데 1~4인의 경우 $92, 5~10인의 경우 $165, 11~14인의 경우 $225이다.

렌터카 남부 투어는 대부분 렌터카를 이용하는 것이 일반적이다. 괌의 최대 단점이라면, 관광지마다 주소지가 명확하지 않은 경우가 많다는 것. 하지만 남부의 경우 주소 없이 도로명만 파악하고 있으면 대부분 찾아 갈 수 있을 정도로 길이 한적하고 도로가 잘 닦여 있다.

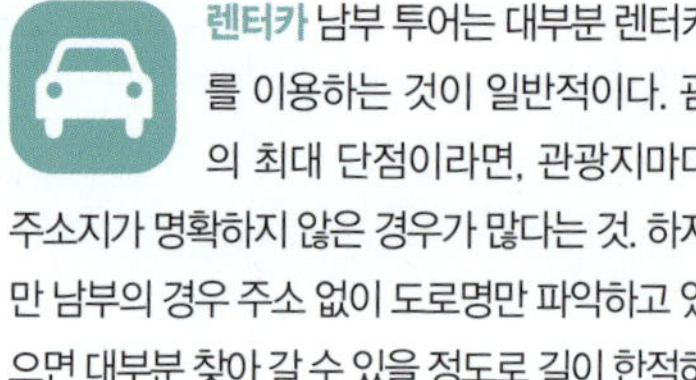

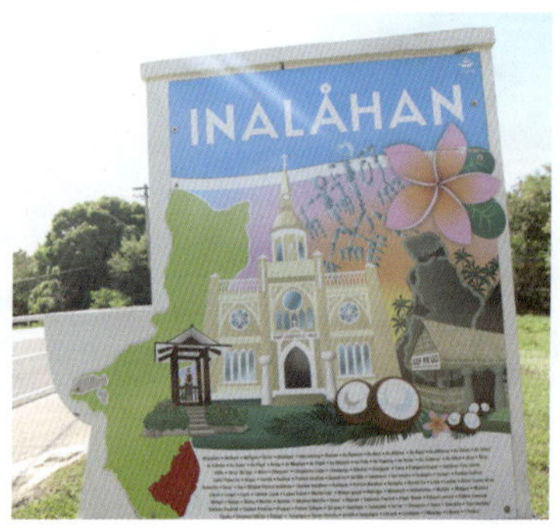

Mia's Advice

❶ 남부 드라이브를 계획할 때 여행자들은 시계 방향으로 둘러볼지, 시계 반대 방향으로 둘러볼지 고민하곤 하죠. 해안도로를 끼고 달리고 싶거나, 언제든 마음에 드는 경치가 나타났을 때 바로 정차해 인증샷을 남기고 싶다면 시계 반대 방향을 추천해요. 운전이 미숙한 경우도 마찬가지. 태평양 전쟁 국립 역사공원에서 시작해, 남쪽 끝까지 들렀다 이나라한 자연 풀, 제프스 파이러츠 코브를 지나 파고만 전망대까지 시계 반대 방향으로 돌면 경치는 말할 것도 없지만, 굳이 건너편의 식당이나 바닷가를 보기 위해 중앙선을 넘지 않아도 된답니다.

❷ 티 스텔 뉴먼 방문 센터 관람 후 나오는 길엔 도로를 조심해야 해요. 왔던 길을 따라서 직진하면 바로 공군 기지로 들어가는 정문이 나오거든요. 이곳에서 더 남쪽으로 내려갈 계획이라면, 피자헛을 끼고 좌회전해서 Hwy 2A 도로에 진입하면 됩니다. 만약 군인들의 차량 검문소를 맞닥뜨렸다면 길을 잘못 들었다("I took the wrong way")고 설명하세요!

ATTRACTION
남부의 볼거리

마젤란이 처음으로 발을 디뎠던 우마탁 마을에서 차모로와 스페인의 지난하고 아름다운 역사를 좇다가, 동해안의 아름다운 바닷가까지 한 번에 돌아본다. 자연과 역사가 공존하는 남부 드라이빙 여행의 주요 명소들이 한데 펼쳐진다.

❶ 티 스텔 뉴맨 방문 센터 T. Stell Newman Vistor Center

미 해군 괌사령부 진입로에 위치한 기념관. 태평양 전쟁 당시 사용된 군복과 무기, 전쟁 과정 등을 전시한 곳으로, 일본인들이 사용했던 잠수함이 입구에 놓여있다. 초대 관리인이자 1983년 교통사고로 사망한 티 스텔 뉴먼의 이름을 딴 비영리 단체에서 운영 중이며, 태평양전쟁에 관련된 서적과 괌 역사서도 함께 판매하고 있다. 개별 요청 시 10분짜리

영화 '괌을 위한 전투'를 5개 국어(영어, 한국어, 일어, 중국어 등)로 감상할 수 있다.

지도 P.203-A2 **주소** 1657-B, Old Army Rd., Apra Harbor **전화** 671-333-4055 **홈페이지** www.nps.gov/wapa/t-stell-newman-visitor-center.htm **운영** 화·목·토 09:00~16:00 **요금** 무료 **가는 방법** DFS 괌을 등지고 Pale San Vitores Rd를 타고 직진. GU 14A를 끼고 좌회전. N Marine Corps Dr 끼고 우회전 후 직진. 오른쪽에 위치. 차로 26분.

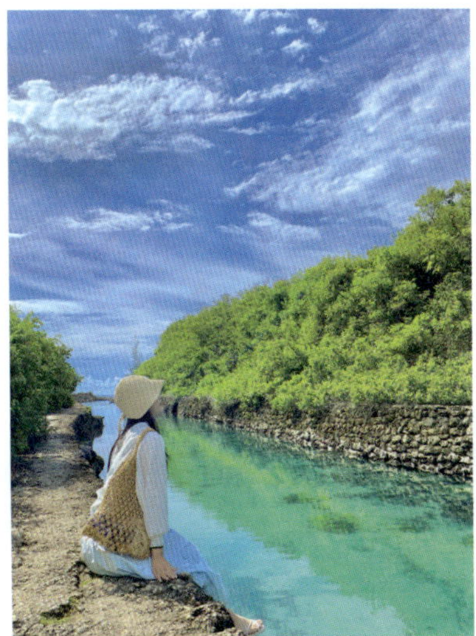

❷ 에메랄드 밸리 Emerald Valley

이름처럼 계곡이 아니지만, 좁고 맑은 해안 수로로 물빛이 투명하고 에메랄드 빛을 띠고 있어 마치 인공 수조처럼 느껴지는 곳. 바닥에 산호, 해면동물, 불가사리, 성게 등이 서식하며 해양 생물들을 가까이서 볼 수 있으나 바닥이 날카로워 스노클링을 하기에는 적합하지 않다. 원래는 숨겨진 명소였으나 소셜 미디어를 통해 유명세를 타 요즘은 한국인들에게 꼭 들러야 하는 필수 코스로 여겨진다.

지도 P.203-A1 **주소** Valle Esmeralda Carice De Flores, Piti **운영** 07:00~19:00 **가는 방법** DFS 괌을 등지고 왼쪽으로 Pale San Vitores Rd를 끼고 직진. 왼쪽에 GU 14A를 끼고 좌회전 후 N Marine Corps Dr를 끼고 우회전. 오른쪽에 Hwy11 방향으로 직진 후 우측 첫번째 골목으로 우회전.

③ 아갓 정박지 Agat Marina

지역의 작은 배들이 옹기종기 모여든 이곳은 주민들의 어업용 정박지이자, 관광객들을 위한 돌핀 투어와 선셋 크루즈 투어의 기점이 되는 장소다. 그러니 괌에서 선택 관광을 신청했다면 한 번쯤 들르게 마련인 곳이다. 바다 위에 도열한 요트의 모습, 니미츠 비치 파크 Nimitz Beach Park의 평화로운 풍경을 바라보며 투어 전후로 해변을 거닐어도 좋다. 주차공간이 넓고, 간단히 도시락을 먹을 수 있는 테이블도 마련되어 있다.

지도 P.203-A3 ▶ 주소 Hwy 2 Agat 운영 24시간 요금 무료 가는 방법 DFS 괌을 등지고 Pale San Vitores Rd를 타고 직진, GU 14A를 끼고 좌회전, S Marine Corps Dr 끼고 우회전 후 직진. T. Stell Newman Visitor Center 앞에서 Hwy 2A 끼고 좌회전(피자헛 끼고 좌회전) 후 직진. 차로 35분.

④ 탈리팍 다리 Taleyfac Bridge

오래된 스페인 다리 Old Spanish Bridge, 탈라이팍 다리 Talaifak Bridge, 그리고 탈리팍 톨라이 아초 Taleyfac Tolai Acho. 모두 탈리팍 다리를 가리키는 명칭이다. 얼핏 보면 보잘것없어 보이는 작은 구조물이지만, 18세기 후반엔 하갓냐와 우마탁을 연결하는 도로 위에 만들어진 까닭에 많은 이들에게서 이름 불렸던 주요 시설이었다. 당시 스페인 건축기술을 구현해 설계한 다리로, 원래는 목재 바닥재를 사용했으나 19세기에 이르러 오늘날의 모습처럼 돌로 교체됐다.

지도 P.203-A3 ▶ 주소 Taleyfac Spanish Bridge Agat 운영 24시간 가는 방법 DFS 괌을 등지고 Pale San Vitores Rd를 타고 직진, GU 14A를 끼고 좌회전, S Marine Corps Dr 끼고 우회전 후 직진. T. Stell Newman Visitor Center 앞에서 Hwy 2A 끼고 좌회전(피자헛 끼고 좌회전) 후 직진. 차로 37분.

©Hong Tae Shik

⑤ 람람산 Mount Lamlam

람람은 차모로어로 '번개'라는 뜻이다. 해질 무렵 정상에 서면 때때로 구름 사이에 번개처럼 반짝이는 빛이 어른거려서다. 해발 406m의 높이인데, 세상에서 가장 깊은 해저로 알려진 마리아나 해구 Mariana Trench의 수심까지 측정하면 총 1만 1,527m이므로 '지구상에서 가장 높은 산'이라고 보는 견해도 있다. 정상에 올랐을 때 마주하는 대형 십자가들의 모습이 압권인데, 매년 부활절 전 금요일마다 이곳으로 십자가를 지고 산길을 오르는 행렬을 바라보노라면 절로 숭고한 마음이 든다. 현지인들에게 '신성한 산', '십자가의 산'으로 불리기도 한다.

지도 P.203-A3 **주소** Cetti Bay Overlook, Umatac(세티만 전망대 바로 건너편 Mount Lamlam Trail Head 있음) **운영** 24시간(이른 새벽, 늦은 밤에는 출입 자제) **가는 방법** DFS 괌을 등지고 Pale San Vitores Rd를 타고 직진, GU 14A를 끼고 좌회전, S Marine Corps Dr 끼고 우회전 후 직진. T. Stell Newman Visitor Center 앞에서 Hwy 2A 끼고 좌회전(피자헛 끼고 좌회전) 후 직진. 차로 41분. 세티만 전망대 앞에 주차 후, 건너편 트레일을 통해 도보.

CHECK!

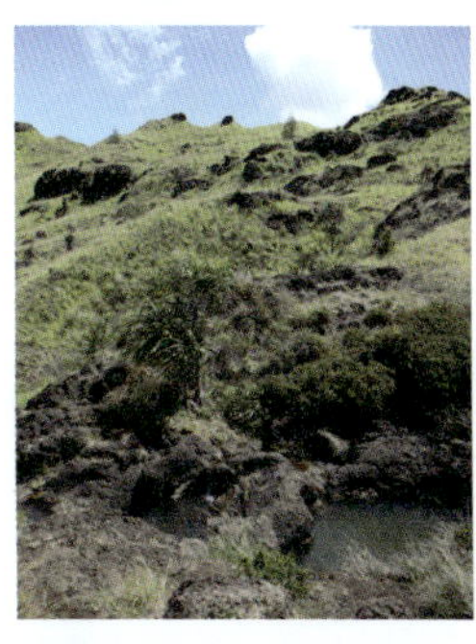

❶ 람람산 하이킹에 도전하고 싶다면!

식물들이 바위를 덮어 등산로를 헤매기 쉬우므로 전문가와 동행하는 게 좋다. 게다가 경사가 높고, 바람도 잦다. 괌의 대표 하이킹 커뮤니티인 부니 스톰프 Boonie Stomps가 종종 람람산을 행선지로 정하기 때문에 여기 참여하거나, 투어비스 (www.tourvis.com), 트리플(https://triple.guide/trips/intro/overseas) 등을 통해 람람산 하이킹을 신청할 수 있다. 가격은 대략 9만~10만 원대. 물, 자외선 차단제는 필수다.

❷ 사제들의 연못 Priest's Pool

람람산의 하이킹 코스 중 하나인 사제들의 연못은 1500년대 스페인 성직자들이 괌에 처음 도착했을 때 이곳의 시원하고 신선한 물로 목욕을 했다는 전설로부터 이름을 땄다. 지금도 하이킹 도중 이곳에서 수영을 즐기는 사람들을 종종 볼 수 있다.

⑥ 메리조 비치 공원 & 메리조 부두 Merizo Beach Park & Merizo Pier

메리조는 기다랗고 아름다운 해안선을 거느린 마을이다. 메리조 사람들은 낚시를 할 때면 이곳 부두를 즐겨 찾는다. 수심이 낮고 물이 맑기 때문에 수영을 하거나, 스노클링 같은 수중 액티비티를 즐기는 이들도 적지 않다. 무엇보다 작고 아름다운 암초 섬 코코스 아일랜드로 들어가려면 반드시 이 부두를 거쳐야 하기 때문에 언제나 많은 여행자들로 차고 넘친다. 수평선을 향해 수직으로 곧게 뻗은 나무 데크가 낭만적인 풍경을 자아낸다.

지도 P.203-A4 **주소** Merizo Pier Park, Hwy. 4, Merizo **운영** 24시간(이른 새벽, 늦은 밤에는 출입 자제) **가는 방법** DFS 괌을 등지고 Pale San Vitores Rd를 타고 직진, GU 14A를 끼고 좌회전, S Marine Corps Dr 끼고 우회전 후 직진. T. Stell Newman Visitor Center 앞에서 Hwy 2A 끼고 좌회전(피자헛 끼고 좌회전) 후 직진. 솔레다드 요새를 지나면서 Hwy2가 Hwy 4로 바뀌면서 계속 직진. 차로 55분.

CHECK! **피고 가톨릭 묘지** Pigo Catholic Cemetery

메리조 마을의 원래 이름은 말레소 Malesso였다. 이는 차모로어 '레소 Lesso'에서 변형된 것인데, '이전의 고통이나 불행으로부터 교훈을 얻는 것, 후회를 경험하는 것'이라는 뜻을 지닌다. 1833년 스페인의 공격으로 제2차 세계대전 때 5,000여 명의 일본군 침략으로 수많은 차모로인들이 학살 당했던 슬프고 안타까운 역사가 이곳에 서려 있다. 매년 7월이면 사람들은 일본군에 희생당한 46명의 차모로인을 추모하기 위해 메리조의 대학살 현장으로 향한다.

---

⑦ 메리조 종탑 Merizo Bell Tower

크리스토발 데 카넬스 Christobal De Canals 신부가 마을의 발전을 위해 세운 종탑으로, 미사나 마을의 각종 행사에 사용됐다. 캄파나얀 말레소 종탑 Kampanayan Malesso Bell tower이라고도 불리며, 총 7.3m 높이로 지어졌다. 1975년에 미국 국립 사적지로 등록됐고, 종탑 맞은편에는 괌에서 가장 오래된 민간주택인 메리조 콘벤토 Merizo Combento가 자리하니 함께 둘러보기 좋다.

지도 P.203-A4 **주소** Merizo Bell Tower, Merizo **운영** 24시간(이른 새벽, 늦은 밤에는 출입 자제) **가는 방법** DFS 괌을 등지고 Pale San Vitores Rd를 타고 직진, GU 14A를 끼고 좌회전, S Marine Corps Dr 끼고 우회전 후 직진. T. Stell Newman Visitor Center 앞에서 Hwy 2A 끼고 좌회전(피자헛 끼고 좌회전) 후 직진. 솔레다드 요새를 지나면서 Hwy 2가 Hwy 4로 바뀌면서 계속 직진. 차로 56분.

괌 최대의 워터 액티비티
비키니 아일랜드 클럽
Bikini Island Club

비키니 아일랜드 클럽은 괌 남부, 코코스 라군의 에메랄드 빛 바다에서 해양 레저 스포츠를 패키지로 즐길 수 있는 곳이다. 체험 프로그램이 다양해 개인의 취향에 맞게 스케줄을 짜는 것이 관건이다. 이곳의 시그니처 패키지는 바로 마린 팩으로 제트 스키(2인용), 거북이 관찰, 스노클링, 비키니 아일랜드 투어, 슈퍼 스크리머, 익스트림 바나나 보트 및 런치(치킨 커틀릿)와 교통이 포함되어 있다. 마스크 등 스노클링 장비와 구명조끼, 사물함을 무료로 이용할 수 있으며 왕복 이동시간을 포함, 투어는 대략 6시간 정도 소요된다(09:00경 호텔 픽업, 투어 종료 후 14:30~15:00 사이 호텔 도착). 마린 팩 이외에도 아쿠아 워커, 패러 세일링, 제트 스키 돌고래 관찰 투어 등의 프로그램을 추가할 수 있다. 이곳의 가장 큰 장점은 한 곳에서 모든 액티비티를 다 즐길 수 있다는 것과 레스토랑과 카페, 편의점 등의 시설이 있어 편리하다는 것. 바다 한 가운데 설치된 그네에서 인생샷을 남기는 것도 놓치지 말자.

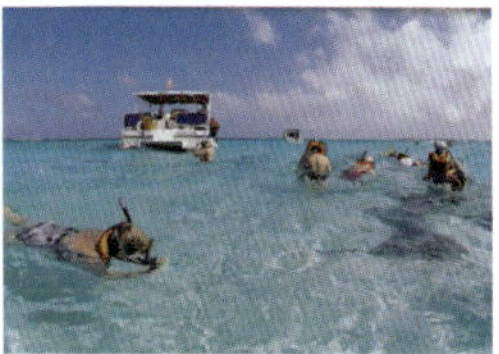

Mini Box

예약하기 전에

❶ 공식 홈페이지 이외에도 클룩, 트립닷컴, 몽키트래블 괌 등의 사이트에서도 구매가 가능하다. 원하는 날짜의 가격을 비교 후 예약하자.

❷ 예약은 최소 24~48시간 전에 하는 것이 좋다.

❸ 투어 예약 날짜와 픽업 시간을 꼭 확인하는 것이 좋다. 늦게 도착하는 경우 투어 참여가 불가능할 수 있다.

❹ 제트스키의 경우 만 18세 이상만 참여가 가능하며 4~17세의 참가자는 18세 이상 성인과 동반해야 한다.

❺ 안전상의 이유로 구명조끼와 아쿠아 슈즈 착용이 필수이며, 비키니 아일랜드 클럽은 그늘이 없으니 선크림과 모자, 선글라스도 꼭 준비하자.

❻ 알코올, 약물 또는 졸음을 유발하는 물질을 섭취해 발생하는 사고는 참가자 본인이 책임져야 하며 임산부나 건강 문제가 있는 경우 참여가 불가능하다.

❼ 투어 3일 전 취소 시 투어 총 금액의 7%, 2일 전 취소 시 20%, 1일 전 취소 시 50% 취소 수수료가 부과된다. 당일 취소 시 100% 가 취소 수수료로 부과된다.

지도 P.203-A4 ▶ **주소** Lot5 448 Chalan Kanton Tasi, Malesso **홈페이지** bikiniislandclub.com **전화** 671-828-8889 **운영** 09:00~17:00 **요금** 마린팩 성인(14세 이상) $155, 청소년(7~13세) $115, 어린이(3~6세) $65 **가는 방법** DFS 괌을 등지고 왼쪽으로 Pale San Vitores를 타고 직진. GU 14A를 끼고 좌회전, N Marine Corps Dr를 끼고 우회전 후 직진. T. Stell Newman Visitor Center 앞에서 Hwy 2A 끼고 좌회전(피자헛 끼고 좌회전) 후 직진. 솔레다드 요새를 지나면서 Hwy2가 Hwy4로 바뀌면서 계속 직진. 차로 50분.

남부 투어의 하이라이트, 우마탁 마을
Umatac Village

1521년 3월 6일. 마젤란이 세계 일주를 하다가 우연히 괌을 발견한 날이다. 그가 섬에서 제일 먼저 발을 디딘 마을이 바로 이곳, 우마탁 마을Umatac Village이었다. 마젤란의 첫 상륙을 기리기 위해 차모로어로 3월을 뜻하는 단어 우마타라프 Umatalaf로부터 그 이름을 빌린 것이다(매년 3월 첫 번째 월요일은 '괌 디스커버리 데이 Guam Discovery Day'라는 축제를 연다). 17세기만 해도 이곳은 괌에서 가장 부유한 마을 중 하나였다. 스페인이 괌의 수도로 삼고 총독 관저와 교회도 만들었지만, 현재는 지진과 태풍으로 모두 스러졌다. 그럼에도 여전히 명맥을 이어오는 유적들이 있다. 성 디오니시오 성당, 우마탁만 공원 & 마젤란 기념비, 우마탁 다리, 솔레다드 요새에 이르는 명소가 바로 그들이다. 역사적으로 의미 있을 뿐 아니라, 기념 촬영의 아름다운 무대도 되어 준다.

성 디오니시오 성당
St. Dionisyos/San Dionisio Church

마을의 수호성인인 산 디오니시오를 기리는 성소이자 우여곡절을 겪어 온 우마탁 마을의 역사를 간직한 정신적 구심점. 1680년 11월 12일 시공 당시 강한 태풍으로 목재가 모두 물에 잠기는 바람에, 이듬해인 1681년 2월 15일에야 완공된 이 성당은 1684년 차모로인의 방화와 수차례의 지진을 겪으며 붕괴와 재건을 반복했다. 현재 건물은 스페인 신부인 베르나베 드 카세다 Fr. Bernabe de Cáseda가 착공, 1939년 재건된 것이다. 노란빛의 외벽이 아름답다.

지도 P.203-A3 **주소** San Dionisio Church, Umatac **전화** 671-828-8056 **운영** 화 19:00, 일 08:30(미사) **가는 방법** DFS 괌을 등지고 왼쪽으로 Pale San Vitores Rd를 타고 직진, GU 14A를 끼고 좌회전, S Marine Corps Dr 끼고 우회전 후 직진. T. Stell Newman Visitor Center 앞에서 Hwy 2A 끼고 좌회전(피자헛 끼고 좌회전) 후 직진. 차로 48분.

CHECK! 우마탁만 공원 & 마젤란 기념비 Umatac Bay Park & Magellan Monument

성 디오니시오 성당 바로 건너편, 아름다운 해변을 거느린 공원이 바로 우마탁만 공원이다. 이곳이 특별한 이유는 괌을 발견한 포르투갈 탐험가 페르디난드 마젤란의 기념비가 자리하기 때문. 오늘날 우마탁은 유유자적하기 좋은 서퍼 타운, 낚시와 뱃놀이를 즐기는 아늑한 바닷마을로 사랑받는다.

우마탁 다리 Umatac Bridge

우마탁 마을의 대표적인 랜드마크. 2개 구간으로 연이어 늘어선 우마탁 다리를 지나면 본격적으로 우마탁 마을에 접어드는 셈이다. 스페인 양식의 건축물로, 채도 높은 파란색과 빨간색을 사용해 멀리서부터 시선을 사로잡는다. 근방에 주차하고 도보로 우마탁 다리까지 간다면, 양쪽 기둥의 계단으로 올라가 우마탁 마을의 전경을 한눈에 바라봐도 좋겠다.

지도 P.203-A3 **주소** Umatac Bridge, Umatac **운영** 24시간(이른 새벽, 늦은 밤에는 출입 자제) **가는 방법** DFS 괌을 등지고 왼쪽으로 Pale San Vitores Rd를 타고 직진, GU 14A를 끼고 좌회전, S Marine Corps Dr 끼고 우회전 후 직진. T. Stell Newman Visitor Center 앞에서 Hwy 2A 끼고 좌회전(피자헛 끼고 좌회전) 후 직진. 차로 49분.

Mia's Advice

우마탁 다리보다 여행자들 사이에서 더 유명한 게 있어요. 바로 이 자그마한 과일가게죠. 잠시 드라이브를 멈추고 이곳에서 숨을 돌려 보세요. 우리에게는 생소한 스타 애플 같은 과일이 지천에 펼쳐지니, 마음껏 고르고 맛보세요. 주인장이 나무 위에 올라가 열매를 따는 흥미로운 풍경도 만나볼 수 있답니다.

솔레다드 요새 Fort Nuestra Senora de la Saledad / Spanish Forts

영국 함대와 해적으로부터 우마탁만을 보호하기 위해 세운 4개의 요새 중 하나가 바로 이곳이다. 4개 중 가장 최근에(19세기) 지어졌음에도 제2차 세계대전을 겪어 내며 지금의 모습에 이르렀다. 작은 초소와 예전과 같이 복원된 대포 3대만이 과거를 추억하듯 그 자리에 남아 있다. 종종 물소를 끌고 이곳을 산책하는 이들이 있는데, 그 모습이 한 폭의 그림 같다.

지도 P.203-A3 **주소** Soledad Dr, Umatac **운영** 24시간 (이른 새벽, 늦은 밤에는 출입 자제) **가는 방법** DFS 괌을 등지고 왼쪽으로 Pale San Vitores Rd를 타고 직진, GU 14A를 끼고 좌회전, S Marine Corps Dr 끼고 우회전 후 직진. T. Stell Newman Visitor Center 앞에서 Hwy 2A 끼고 좌회전(피자헛 끼고 좌회전) 후 직진. 오른쪽 Soledad Dr 끼고 우회전. 차로 51분.

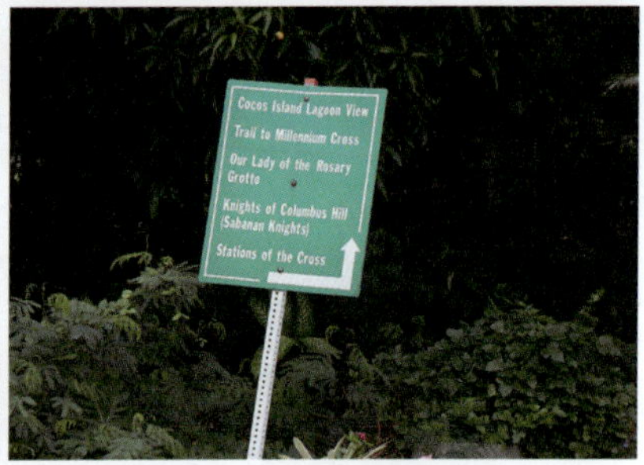

⑧ 산 디마스와 성모 마리아 성당 San Dimas and Our Lady of The Rosary Catholic Church

메리조의 수호성인 산 디마스를 모신 성당. 매년 4월 세 번째 주말이면 산 디마스를 기리는 기리는 미사와 축제가 이곳에서 열린다. 오랜 세월 목조 건물로 버텨온 성당을 2002년 9월 29일 새롭게 준공했는데, 부활한 건물은 새하얀 자태를 뽐내며 바다를 마주한다. 성당을 마주 보고 왼쪽에 있는 성모 마리아상 뒤편에는 코코스 라군의 전경을 볼 수 있는 트레일이 있다.

지도 P.203-A4 ▶ **주소** San Dimas Church, Merizo(정식 명칭과 구글 지도상 명칭이 다름) **전화** 671-828-8056 **운영** 월~화·금 18:00, 토 17:00, 일 07:00(미사) **가는 방법** DFS 괌을 등지고 왼쪽으로 Pale San Vitores Rd를 타고 직진, GU 14A를 끼고 좌회전, S Marine Corps Dr 끼고 우회전 후 직진. T. Stell Newman Visitor Center 앞에서 Hwy 2A 끼고 좌회전(피자헛 끼고 좌회전) 후 직진. 솔레다드 요새를 지나면서 Hwy 2가 Hwy 4로 바뀌면서 계속 직진. 메리조 종탑 건너편, 차로 56분.

Mia's Advice

괌의 19개 마을은 각각 수호성인이 있어요. 그들이 마을을 지켜주고 평화를 가져다 준다는 믿음과 존경심을 담아 성인을 기리는 고유의 축제를 연답니다. 서로 모여 음식을 만들어 먹고, 행사에 참여해 공동체 의식을 다지는 차모로족 고유의 문화를 엿볼 수 있습니다.

푸른 바다와 마주하다
괌 남부의 근사한 전망대

셀라만 전망대 Sella Bay Overlook

뒤에는 괌의 영산인 람람산이, 앞에는 셀라만의 고즈넉한
전망이 펼쳐지는 곳. 스페인이 통치하던 시절에는 환자들
을 격리하던 수용소였다. 전망대에서 셀라만으로 가는 산
책로를 따라 30~40분 정도 내려가면 해안가 도로가 나
오고, 탈리팍 다리가 나타난다.

지도 P.203-A3 **주소** Sella Bay Overlook, Umatac **운영** 24시간 **가는 방법** DFS 괌을 등지고 Pale San Vitores Rd를 타
고 직진. GU 14A를 끼고 좌회전. S Marine Corps Dr 끼고 우회전 후 직진. T. Stell Newman Visitor Center 앞에서 Hwy
2A 끼고 좌회전(피자헛 끼고 좌회전) 후 직진. 차로 40분.

세티만 전망대 Cetti Bay Overlook

표지판은 따로 없지만, 언제나 해안가에 차들이 늘어선
인기 명소라 그냥 지나칠 일은 없다. 이곳에 서면 세티만
은 물론, 필리핀 바다의 수평선과 괌의 남쪽 끝까지 한눈
에 볼 수 있다. 괌에서 가장 전망이 좋은 전망대로 손꼽히
고 있다.

지도 P.203-A3 **주소** Cetti Bay Overlook, Umatac **운영** 24시간 **가는 방법** DFS 괌을 등지고 Pale San Vitores Rd를 타
고 직진. GU 14A를 끼고 좌회전. S Marine Corps Dr 끼고 우회전 후 직진. T. Stell Newman Visitor Center 앞에서 Hwy
2A 끼고 좌회전(피자헛 끼고 좌회전) 후 직진. 차로 41분.

파라 이 라라히 타 기념공원
Memorias Para I Lalahi Ta Park

우마탁 마을과 솔레다드 요새, 그리고 바다가 한눈에 펼쳐
지는 곳은 오직 여기뿐. 괌 참전용사 기념비 Guam Veterann's
Memorial 가 있는 이곳은 1971년 베트남 전쟁에서 전사한 74
명의 차모로인들을 추모하기 위한 곳이다. 매년 메모리얼
데이에는 특별한 미사가 이곳에서 열린다.

지도 P.203-A3 **주소** Para I Lalahi Ta Park, umatac **운영** 24시간(이른 새벽, 늦은 밤에는 출입 자제) **가는 방법** DFS 괌을
등지고 Pale San Vitores Rd를 타고 직진. GU 14A를 끼고 좌회전. S Marine Corps Dr 끼고 우회전 후 직진. T. Stell
Newman Visitor Center 앞에서 Hwy 2A 끼고 좌회전(피자헛 끼고 좌회전) 후 직진. 차로 46분.

❾ 루갓 산타 마리안 카말렌 공원 Lugat Santa Marian Camalen Park

카말렌은 오랜 세월 마리아나 일대의 수호성인으로 추앙 받았다. 300년 전 카말렌 동상이 메리조 해안으로 밀려올 때, 게 2마리가 등껍데기에 촛불을 얹고 호위하는 듯한 모습으로 등장했다는 전설이 오늘날까지 전해진다. 아이러니 하게도 동상의 기원은 알 수 없고 여러 전설을 통해 내려오고 있다. 동상 진품은 하갓냐 대성당에 모셔져 있으며, 지금 공원에 우뚝 선 성모상은 사실 모조품이다. 매년 12월 8일이 되면 카말렌을 기리는 대규모 축제가 벌어진다.

지도 P.203-A4 **주소** Santa Marian Kamalen Park, Merizo(정식 명칭과 구글 지도상 명칭이 다름) **운영** 24시간 (이른 새벽, 늦은 밤에는 출입 자제) **가는 방법** DFS 괌을 등지고 왼쪽으로 Pale San Vitores Rd를 타고 직진, GU 14A를 끼고 좌회전, S Marine Corps Dr 끼고 우회전 후 직진. T. Stell Newman Visitor Center 앞에서 Hwy 2A 끼고 좌회전(피자헛 끼고 좌회전) 후 직진. 솔레다드 요새를 지나면서 Hwy 2가 Hwy 4로 바뀌면서 계속 직진. 메리조 종탑 옆, 차로 56분.

CHECK! 산타 마리안 카말렌의 또 다른 전설

먼 옛날, 메리조의 한 어부가 낚시를 하다 해저 바닥에서 동상을 발견했다. 어부는 동상에 접근하기 위해 물속을 헤집고 들어갔으나, 놀랍게도 조각상이 계속 뒤로 물러나 거리를 좁힐 수 없었다. 그는 결국 다시 섬으로 돌아와 신부에게 이 사실을 고했다. 그랬더니 신부는 "허름한 옷을 벗고 가장 좋은 옷차림으로 다시 가보라"고 일렀다. 신부의 말대로 의관을 정제한 어부는 동상을 들어올릴 수 있었다고 하는데, 그 동상이 바로 산타 마리아 카말렌으로 전해진다.

⑩ 이나라한 자연 풀 Inarajan Natural Pool

바닷물이 용암에 가로막혀 형성된 자연 수영장. 물 맑고 파도가 잔잔해 물놀이를 즐기기 좋다. 현지인들에게는 다이빙 포인트로, 관광객들에게는 훌륭한 스노클링 포인트로 널리 이름났다. 바다를 마주 보고 오른쪽 언덕으로 올라가면 드넓은 파노라마 뷰를 가슴에 담을 수 있다. 이 아름다운 풍광 덕분에 괌 남부 투어에서 가장 인기가 많다. 근처에 마켓이 있어 간단한 물품을 구입할 수 있고, 아웃도어 시설과 샤워장, 화장실도 있어 편리하다. 이곳에서도 물론 아쿠아 슈즈는 필수다.

지도 P.203-B4 **주소** Inarajan Natural Pool 4, Inarajan **전화** 671-747-5109 **운영** 24시간(이른 새벽, 늦은 밤에는 출입 자제) **가는 방법** DFS 괌을 등지고 왼쪽으로 Pale San Vitores Rd를 타고 직진, GU 14A를 끼고 좌회전, S Marine Corps Dr 끼고 우회전 후 직진. 파세오 드 수산나 공원을 오른쪽에 두고 Hwy 4를 끼고 좌회전, 남쪽으로 직진하면 왼쪽에 위치. 차로 49분.

CHECK! 메리조에서 이나라한으로 가는 길목에서 곰을 만나다

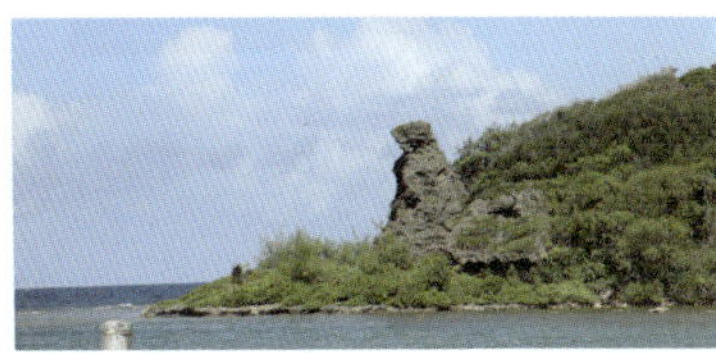

메리조에서 떠나 이나라한으로 진입하는 길이라면, 아크파얀만에서 유독 눈에 띄는 바위 하나를 만날 수 있다. 곰바위 Bear Rock는 100년의 세월을 견디며 꿋꿋하게 바다와 마을을 지키고 있다. 근방에 주차장이 있으니 잠시 차를 세우고 기념 사진을 찍어도 좋다. 참고로 차모로인들 사이에서는 이 곰바위를 'Lassso' Gi'ai' 라고도 불렀는데, 이는 남자의 성기를 의미한다.

섬 동쪽 해안도로의 보석,
포토제닉 해변 BEST 3

원시 그대로의 자연이 →
남아 있는 조용한 바다

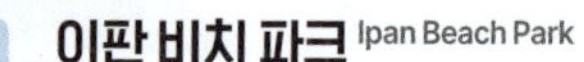

1 이판 비치 파크 Ipan Beach Park

원시 그대로의 자연이 남아 있는 조용한 바다. 바다를 따라 야자수 등이 무성하며 산호 백사장이 빚어내는 남국의 경치를 제대로 감상할 수 있다. 파도가 세지 않고 잔잔해 스노클링을 즐기기에도 안성맞춤. 근처에 유일한 숙박시설인 퉁간 리조트(www.facebook.com/GuamBeachResort)가 있다.

지도 P.203-B3 ▶ **주소** Ipan Beach Park, 4, Talofofo **운영** 24시간(이른 새벽, 늦은 밤에는 출입 자제) **가는 방법** DFS 괌을 등지고 왼쪽으로 Pale San Vitores Rd를 타고 직진, GU 14A를 끼고 좌회전, S Marine Corps Dr 끼고 우회전 후 직진. 파세오 드 수산나 공원을 오른쪽에 두고 Hwy 4를 끼고 좌회전, 남쪽으로 직진. 차로 34분.

2 파고만 전망대 Pago Bay Overlook

파고는 고대 차모로와 스페인의 전통이 얽혀 내려오는 오래된 마을 중 하나다. 이 때문에 여러 갈래의 고고학 조사가 이뤄지는 곳이기도 하다. 파고만 전망대는 괌의 동쪽 해안을 전망하기 좋은 곳으로 이름이 높다. 아름다운 파고항부터 괌 대학에 이르는 넓은 지역을 바라볼 수 있다.

지도 P.203-B2 ▶ **주소** Pago Bay Overlook, Yona **운영** 24시 (이른 새벽, 늦은 밤에는 출입 자제) **가는 방법** DFS 괌을 등지고 왼쪽으로 Pale San Vitores Rd를 타고 직진, GU 14A를 끼고 좌회전, S Marine Corps Dr 끼고 우회전 후 직진. 파세오 드 수산나 공원을 오른쪽에 두고 Hwy 4를 끼고 좌회전, 남쪽으로 직진. 차로 26분.

3 타가창 비치 Taga'chang Beach

고대 차모로인들이 마을을 이루고 살았던 곳. 고운 모래가 아니라, 절벽으로 둘러싸인 바위투성이의 거친 해변을 이루고 있어 날것의 아름다움을 지닌다. 고요하게 흐르는 야트막한 웅덩이가 있어 수영 초보자에게도 완벽한 장소다. 지붕 딸린 테이블이 있어 피크닉 즐기기에도 좋다.

지도 P.203-B2 ▶ **주소** Tagachang Beach, Yona **운영** 24시간(이른 새벽, 늦은 밤에는 출입 자제) **가는 방법** DFS 괌을 등지고 왼쪽으로 Pale San Vitores Rd를 타고 직진, GU 14A를 끼고 좌회전, S Marine Corps Dr 끼고 우회전 후 직진. 파세오 드 수산나 공원을 오른쪽에 두고 Hwy 4를 끼고 좌회전, 남쪽으로 직진. 왼쪽에 MU Lujan Elemantary School 끼고 좌회전 후 직진. 왼쪽에 Tagachang Rd를 끼고 좌회전. 왼쪽에 위치. 차로 29분.

ENTERTAINMENT
남부의 엔터테인먼트

차모로의 문화가 오롯한 민속촌과 공원이 늘어선 남부의 즐길 거리를 살펴 본다. 고대 차모로인들의 전통 문화와 삶의 양식을 배운 뒤엔 울창한 자연을 무대 삼은 액티비티 테마파크에서 짜릿한 즐거움을 만끽한다.

① 괌 어드벤처 Guam Adventures

오프로드 어드벤처 Off Road Adventure는 모터 달린 탈 것에 올라 스피드와 짜릿함을 체험해 볼 수 있는 스포츠다. 초보자들도 쉽게 도전해 볼 수 있는 프로그램으로 솔로 버기와 더블 버기로 나뉜다. 드라이빙 교육을 받지만 운전이 미숙해도 괜찮다. 숙련된 가이드의 운전을 즐기며 보조석에 앉아 체험이 가능하기 때문이다. 오프로드의 험난한 지형에서도 속도를 낼 수 있도록 고안된 사륜 구동 바이크를 타고 달리다 보면 색다른 기분을 만끽할 수 있다. 그 밖에도 집라인 어드벤처, 비치 어드벤처와 워터파크, 에코 하이킹 어드벤처, 바이크 렌털을 비롯한 흥미로운 액티비티 메뉴가 가득하다.

주소 221 Lake View Dr., Yona 전화 671-688-8735 홈페이지 www.guamadventures.com 운영 토~목 08:00~15:30, 금 08:00~17:00 요금 오프로드 어드벤처 성인 $75~85, 어린이(4~12세) $30, 집라인 어드벤처 성인 $39, 어린이(6~12세) $29, 비치 어드벤처&워터파크 성인 $79, 어린이(4~12세) $39, 바이크 렌털 성인 $25~75 가는 방법 안토니오 비 원 팻 국제공항에서 차로 20분. DFS 괌을 등지고 Pale San Vitores Rd를 타고 직진. Gu-14A를 끼고 좌회전 후 S Marine Corps Dr를 끼고 우회전. 도로명이 E Marine Dr로 변경되어도 계속 직진하다 왼쪽에 스택스 스매시 버거 Stax Smash Burgers가 보이면 P턴 하여 Chalan Canton Tasi를 타고 직진. Dero Dr를 끼고 우회전 후 Leo Palace로 진입. 차로 25분.

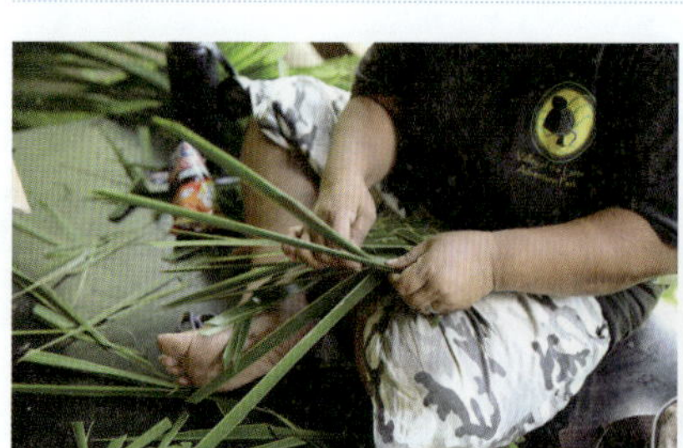

❷ 라테 계곡의 어드벤처 파크 Valley of the Latte Adventure Park

고대 차모로 마을과 삶의 양식을 그대로 재현해 놓은 공원이다. 한국인들에게 가장 인기가 많은 프로그램은 리버 보트 크루즈. 탈로포포강과 우검강을 유유히 흐르는 보트를 타고 괌 역사, 차모로 문화에 대한 설명을 듣는 투어다. 차모로인과의 기념 촬영, 농장 투어, 코코넛을 활용한 먹거리를 즐기고 과거 차모로인들이 불을 피우는 법 등을 알아볼 수 있어 유익하다. 카약 및 스탠드업 패들 보딩을 이용해 강을 가로지르는 어드벤처 투어도 있다.

지도 P.203-B3 **주소** Valley of the Latte Park, 4, Talofofo **전화** 671-789-3342 **홈페이지** valleyofthelatte.com **운영** 화~일 08:30~13:30 **요금** 어드벤처 리버보트 크루즈 성인 $118, 어린이(5~11세) $95, 카약 성인 $118, 스탠드업 패들 보딩 성인 $118, 왕복 교통 성인 $23(2인 이상 예약 가능), 어린이(5~11세) $23, (3~4세) $20, 프라이빗 왕복 교통 1~4인 $92, 5~10인 $165, 11~14인 $225 **가는 방법** DFS 괌을 등지고 왼쪽으로 Pale San Vitores Rd를 타고 직진, GU 14A를 끼고 좌회전, S Marine Corps Dr 끼고 우회전 후 직진. 파세오 드 수산나 공원을 오른쪽에 두고 Hwy 4를 끼고 좌회전, 남쪽으로 직진. 차로 38분.

③ 타잔 폭포 Tarzan Falls

하이킹을 좋아하는 마니아들에게 소문난 코스. 타잔 폭포 입구에 자그마한 표지판이 전부라 그냥 지나치기 쉬운데, 입구의 전신줄 위에 걸린 진흙 묻은 운동화들이 시선을 사로잡는다. 폭포까지 가는 데는 30분~1시간 정도 소요되는 곳으로 아이들도 함께 할 수 있을 정도로 난코스는 없다. 다만 수영도 함께 즐길 예정이라면 3시간 정도 여유를 두면 좋다. 시원하게 쏟아지는 폭포의 경치가 아름답고(우기일 때 제대로 감상할 수 있다) 폭포 아래서 물놀이 하는 재미가 쏠쏠해 하이킹의 묘미를 제대로 느낄 수 있다. 다만 초보라면 혼자 이동하는 것보다 여럿이 그룹을 지어 함께 시도해보는 것을 추천한다. GPS 지도를 다운로드 하면 길 찾기에 도움이 된다. 곳곳에 진흙이나 미끄러운 길이 있어 더러워져도 괜찮은 운동화나 하이킹화를 신는 것이 좋으며 물과 벌레퇴치제는 필수로 지참하자.

지도 P.203-A2 ▶ **주소** 17, Yona **운영** 24시간(이른 새벽, 늦은 밤에는 출입 자제) **가는 방법** DFS 괌을 등지고 왼쪽으로 Pale San Vitores Rd를 타고 직진, GU 14A를 끼고 좌회전, S Marine Corps Dr 끼고 우회전 후 직진. T. Stell Newman Visitor Center 앞에서 Hwy 2A 끼고 좌회전(피자헛 끼고 좌회전) 후 직진. 왼쪽 Hwy 5 끼고 좌회전, 왼쪽 Hwy 17 끼고 다시 좌회전, 왼쪽에 Tarzan Pool Trail Head 위치. 차로 38분.

④ 탈로포포 폭포 공원 Talofofo Falls Park

아찔한 폭포와 울창한 숲, 그 속에 흥미로운 테마파크가 펼쳐진다. 20m, 9m의 높이에서 떨어지는 물줄기가 장관을 이루며 폭포 아래 있는 자연 수영장에서는 수영과 스노클링을 즐길 수 있다. 공원 내에는 다양한 열대 식물들이 서식하고 있어 괌의 자연 생태를 자세히 관찰할 수 있다. 주변 경관을 둘러본 뒤 마지막 코스인 요코이 동굴도 놓치지 말자. 요코이 동굴은 폭포에서 10분가량 대나무 숲으로 들어가야 하므로 반드시 긴소매, 긴바지와 벌레 퇴치제 등을 지참하는 것이 좋다.

지도 P.203-B3 **주소** HEC 1 Dan Dan Rd, Santa Rita **전화** 671-828-2613 **운영** 금~일 09:00~17:00 **요금** 성인 $20, 어린이 (2~11세) $15 (시즌에 따라 조금씩 달라짐) **가는 방법** DFS 괌을 등지고 왼쪽으로 Pale San Vitores Rd를 타고 직진, GU 14A를 끼고 좌회전, S Marine Corps Dr 끼고 우회전 후 직진. 파세오 드 수산나 공원을 오른쪽에 두고 Hwy 4를 끼고 좌회전, 남쪽으로 직진. 오른쪽 Dan Dan Rd 끼고 우회전. 차로 48분.

CHECK! **28년 동안 동굴에서 생활한 일본군, 요코이**

패잔병 요코이는 제2차 세계대전 당시 처음 괌에 배치됐다. 그는 1944년, 미국이 괌을 재점령하자 10명의 병사와 함께 정글로 몸을 피했다. 처음엔 모두가 그럭저럭 연명했으나, 20년의 세월이 흐르자 병사들은 굶주림과 홍수로 죽고 말았다. 요코이만이 유일한 생존자였다. 그는 대나무 숲 밑에 굴을 파 은신하면서 게와 새우를 잡아먹고, 망고와 코코넛을 따먹으며 생명을 이어갔다. 훗날 그는 인터뷰에서 말하기를 "1952년 정글에서 일본의 패전을 알리는 전단지를 봤으나 '살아서 포로가 되지 말고 차라리 죽어라'라는 일본군의 지령이 두려워 정글에 숨어 지냈다"고 한다. 뿐만 아니라 둥근 보름달이 한 번 뜨면 한 달, 열두 번 뜨면 일 년이 지난 것을 알았고 거기에 윤달까지 계산해 자신이 28년 동안 대나무 동굴에 숨어 지낸 것을 정확히 알고 있었다는 사실이 세간의 놀라움을 샀다. 끝내 1972년, 그는 탈로포포 폭포 인근 강가로 먹을 것을 찾아 나섰다가 새우잡이 어망을 살피던 주민에게 발각되어 전 세계에 알려졌다. 일본으로 귀국한 후 12년이 지난 1985년, 공원을 다시 찾기도 했다. 그가 사용했던 물건 일부는 하갓냐에 위치한 괌 박물관에서 관람할 수 있다.

돌고래와 일몰을 그리며,
낭만 크루즈

돌핀 크루즈

스노클링과 열대어 낚시를 동시에 즐길 수 있는 돌 핀 크루즈는 야생 돌고래를 눈앞에서 만나기 위해 떠나는 뱃놀이 여정이다. 임산부나 1~2세의 아이 들도 부모와 함께라면 안전하게 탑승해 즐길 수 있 으니 색다른 경험을 원하는 가족이라면 도전해 볼 만하다. 이동 시간을 포함해 3시간 30분가량 소요 되며 배가 출출할 즈음 음료와 스낵이 제공된다.

선셋 크루즈

자고로 섬 여행의 로망이란 아름다운 일몰을 바라 보며 칵테일 한 모금 마시는 즐거움에 있을 것이다. 그 장소가 바다 한가운데라면, 낭만은 몇 배로 증폭 된다. 해가 뉘엿뉘엿 떨어질 즈음, 부두에서 출발하 는 선셋 크루즈는 해넘이와 함께 저녁 식사를 즐기 는 프로그램으로 이뤄진다. 어떤 여행사를 선택하 든 대부분 호텔 픽업·드롭 서비스를 제공하니, 우 아하게 하루를 갈무리하고 싶은 날 시도하면 좋다.

Tip **돌핀 & 선셋 크루즈 프로그램 예약 링크**

* 빅 선셋 디너 크루즈 Big Sunset Dinner Cruise
  (www.bestguamtours.kr, 성인 $112.50)
* 미드 썸머 크루즈
  (www.guammidsummer.com, 성인 $35+예약금 1만 5,000원, 왕복 픽업료 $5)

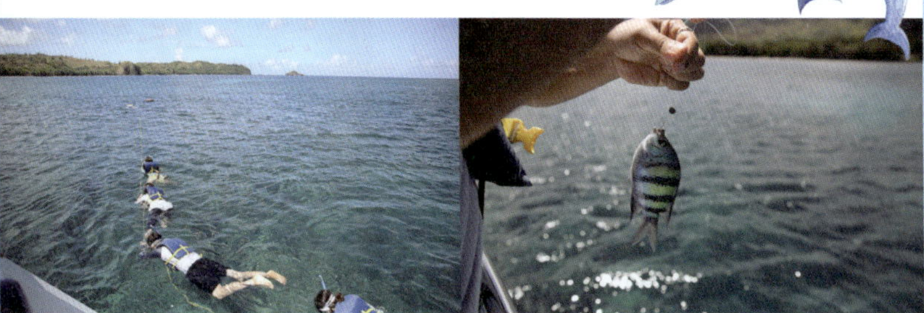

RESTAURANT
남부의 식당

작은 섬마을과 어울리는 해적 테마의 투박한 레스토랑부터 멕시칸, 아시안 푸드를 만날 수 있는 퓨전 다이닝 공간까지. 남부 드라이빙 투어를 하면서 들르기 좋은 작지만 알찬 남부의 식당들을 엄선했다.

① 제프스 파이러츠 코브 Jeff's Pirates Cove

해적을 테마로 꾸민 독특한 분위기의 레스토랑. 많은 여행자가 남부 드라이빙 투어의 마지막 코스로 삼는 곳이다. 1979년 주인장 지미가 세상을 떠나는 바람에 그의 오랜 단골이자 친구였던 제프가 이곳을 인수했고, 이름도 '파이러츠 코브 Pirates Cove'에서 지금의 상호로 바뀌었다. 패티에 깊고 진한 풍미의 육즙이 흐르기 때문에, 홈메이드 버거의 정수를 맛볼 수 있다. 무엇보다 이판 비치를 끼고 있어 아름다운 해변을 마주한 채 식사를 즐길 수 있어 매력적이다. 초입의 기프트숍에서 해적 관련 아이템들을 구경하는 것 또한 즐겁다.

지도 P.203-B3 ▶ **주소** 111 4, Ipan **전화** 671-789-2683 **홈페이지** jeffspiratescove.com **영업** 월~목 10:00~18:00, 금~일 09:00~19:00 **예산** $10~52(제프의 유명한 홈메이드 1/2파운드 치즈버거 Jeff's Famous Homemade 1/2lb Cheeseburger $18) **가는 방법** DFS 괌을 등지고 왼쪽으로 Pale San Vitores Rd를 타고 직진, GU 14A를 끼고 좌회전, S Marine Corps Dr 끼고 우회전 후 직진. 파세오 드 수산나 공원을 오른쪽에 두고 Hwy 4를 끼고 좌회전 후 직진. 왼쪽에 위치. 차로 34분.

② 맥 크라우츠 바 & 레스토랑 Mc Krauts Bar & Restaurant

폴리네시안, 아시안, 아메리칸 푸드가 대부분인 이곳의 식당 틈바구니에서 꿋꿋하게 독일 가정식과 맥주를 선보이는 곳. 덕분에 그 존재가 오롯하다. 독일에서 온 주인장이 맥주 관련 사업을 하다 지금의 레스토랑으로 사업이 확장되었다는데, 세계 각국의 맥주와 진짜배기 독일 소시지를 즐길 수 있어 현지 사람들과 여행자들 모두 만족스럽게 머물다 간다. 스테이크 메뉴 또한 맛깔스러워 많은 이들이 즐겨 찾는다.

지도 P.203-B3 ▶ **주소** 115 Corner Kalamasa Circle & Route 4, Inarajan **전화** 671-828-4248 **홈페이지** www.facebook.com/mckrautsguam **영업** 월·수~금 11:00~21:00, 토 12:00~21:00, 일 12:00~20:00 **예산** $3.25~34.95(콤보 소시지 플레이트 Combo Sausage Plate $17.75, 갈릭 슈림프 Galic Shrimp $21, 12oz 블랙 앵거스 립아이 스테이크 12oz Black Angus Ribeye Steak $34.95) **가는 방법** DFS 괌을 등지고 왼쪽으로 Pale San Vitores Rd를 타고 직진, GU 14A를 끼고 좌회전, S Marine Corps Dr 끼고 우회전 후 직진. 파세오 드 수산나 공원을 오른쪽에 두고 Hwy 4를 끼고 좌회전 후 직진. 왼쪽에 위치. 차로 43분.

피티 & 아갓의 소박한 맛집을 찾아서
STOP BY PITY & AGAT

본스 치킨 Von's Chicken

괌 아가냐 쇼핑 센터와 한식당이 모여있는 하몬 지역 그리고 남부 요나 지역에서도 만날 수 있는 한국 치킨. 윙 전문점으로 크리스피 치킨, 양념 치킨, 골든 윙 등이 있으며 그외에도 갈릭 치킨 프라이드 라이스, 김치 스팸 프라이드 라이스, 야끼소바 등의 메뉴가 있다. 남부 여행 중 한국식 치킨이 그립다면 들러보자.

지도 P.203-B3 **주소** 275 S Chalan Antigo, Ipan **전화** 671−789−3303 **영업** 목~화 11:00~10:00, 수 휴무 **예산** $8~30(골든 윙스 20Pcs $30) **가는 방법** DFS 괌을 등지고 왼쪽으로 Pale San Vitores Rd를 타고 직진. GU 14A 를 끼고 좌회전, S Marind Corps Dr끼고 우회전 후 직진. 파세오 드 수산나 공원을 오른쪽에 두고 Hwy4를 끼고 직진. 왼쪽에 위치. 차로 32분.

리 가든 Lee Garden

한식, 차모로, 중식, 베트남 요리 등 국가를 불문하고 다양한 메뉴를 선보이는 것이 이곳의 강점. 특히 한국인들에게는 김치볶음밥이나 소고기 김치볶음을 비롯, 김치를 재료로 한 메뉴가 더러 있어 반갑게 느껴진다. 현지인들이 즐겨먹는 메뉴인 프레시 룸피아, 비프 켈라구엔도 인기. 투몬에도 매장이 있다.

지도 P.203-A2 **주소** Agat Point Complex **전화** 671−565−8888 **영업** 월~토 10:30~21:30, 일 10:30~21:00 **예산** 런치 $9~20, 디너 $10~40 **가는 방법** DFS 괌을 등지고 왼쪽으로 Pale San Vitores Rd를 타고 직진, GU 14A를 끼고 좌회전, S Marine Corps Dr 끼고 우회전 후 직진. T. Stell Newman Visitor Center 앞에서 Hwy 2A 끼고 좌회전(피자헛 끼고 좌회전) 후 직진. 왼쪽에 위치. 차로 30분.

마리나 그릴 Marina Gril

아갓 정박지 바로 옆에 위치한 햄버거와 샌드위치 전문점. 독특한 메뉴를 원한다면 닭 모래주머니나 버섯 튀김요리도 추천할 만하다. 메뉴의 종류는 많지 않지만, 전반적으로 저렴한 가격과 무난한 만듦새 덕에 현지인들이 즐겨 찾는다. 바다를 바라보며 여유롭게 식사를 즐길 수 있는 곳.

지도 P.203-A2 **주소** 555 Route 2, Agat **전화** 671−564−0215 **영업** 월~금 11:00~21:00, 토~일 09:00~21:00 **예산** $5,00~13,00 **가는 방법** DFS 괌을 등지고 왼쪽으로 Pale San Vitores Rd를 타고 직진, GU 14A를 끼고 좌회전, S Marine Corps Dr 끼고 우회전 후 직진. T. Stell Newman Visitor Center 앞에서 Hwy 2A 끼고 좌회전(피자헛 끼고 좌회전) 후 직진. 아갓 정박지 옆. 차로 35분.

괌 숙박의 모든 것
Hotel & Resort

RESERVATION 호텔 & 리조트 예약 A-Z
LUXURY 럭셔리 호텔 & 리조트 Best 6
FAMILY 모두가 만족스러운 가족친화형 리조트
BUDGET 실속파를 위한 중저가 호텔 & 리조트

RESERVATION
호텔 & 리조트 예약 A-Z

잘 고른 방 하나, 여행의 품격을 높여 준다.
다음의 사항만 숙지하면 누구나 원하는 숙소를 성공적으로 예약할 수 있다.

1 예약 전, 미리 알아둬야 할 필수 체크 요소는?

가격, 룸 컨디션, 위치의 3요소가 결정적이다. 다만 다음의 일장일단을 비교 분석할 것. 투몬 중심가의 호텔로 예약할 경우, 면세점과 맛집 등을 도보로 다닐 수 있으며 투몬 비치를 끼고 있다는 장점 때문에 가격대가 높다. 외곽인 경우 렌터카, 택시, 셔틀 버스 등 교통수단을 이동해야 하는 불편함이 있지만 상대적으로 저렴한 객실을 예약할 수 있다(시내의 액티비티의 경우 호텔 픽업과 드롭 서비스를 제공하므로 이동에 큰 불편함이 없다).

2 온라인 예약, 어디서 할까?

마음에 드는 호텔이 있다면, 공식 홈페이지 프로모션을 먼저 체크한다. 간혹 공식 홈페이지 가격이 더 저렴한 경우도 있기 때문. 출발일이 4~6개월 남았다면 여행사 프로모션이나 각종 얼리버드 프로모션(사전 예약)을 이용하는 것도 좋다. 보편적인 경우, 호텔 예약 플랫폼을 사용한다. 아고다(www.agoda.com/ko-kr), 호텔스닷컴(www.hotels.com), 익스피디아(www.expedia.co.kr), 칩 티켓(www.cheaptickets.com), 부킹닷컴(www.booking.com) 등 사이트에 접속해 할인율을 꼼꼼히 살펴 예약한다.

3 '스테이 기준 & 체크인 기준'은 무슨 뜻일까?

프로모션 상품 판매 시 스테이 Stay 기준, 체크인 Check in 기준이라는 용어를 쓴다. 만약 프로모션이 1월 31일까지고 조건이 '4박 이상 투숙'이라 가정했을 때, 스테이 기준은 1월 31일 이내 4박 투숙이 모두 완료되어야 한다는 뜻이다. 여행 일정이 1월 30일부터 2월 2일이라면 위 프로모션은 적용 불가다. 체크인 기준의 경우, 1월 31일까지 체크인만 완료되면 이후 4박을 해도 무방하다.

4 바다가 보이는 방, 더 비쌀까?

답은 YES. 객실 전망이 바다냐, 정원이냐, 거리냐에 따라 가격대가 달라진다. 시티 뷰는 말 그대로 괌 시내 거리가 보이는 것이고, 가든 뷰는 정원이나 산이 보이는 것, 오션 뷰는 바다가 보이는 것을 뜻한다. 그중 오션 뷰는 바다의 일부만 보이는 파셜 오션 뷰 partial ocean view, 바다가 중심에 보이는 오션 프런트 뷰 ocean front view 등으로 구분되는 경우도 있다.

5 5인 이상의 그룹 여행, 어떻게 예약할까?

괌의 대부분 호텔은 객실당 투숙 인원 기준을 성인 2명과 어린이 2명으로 둔다(어린이는 12세 미만을 뜻하며, 그 이상 청소년의 경우 성인과 같은 요금으로 본다). 예를 들어 성인 3명이 투숙할 경우 1인에 대한 추가 요금을 지불해야 한다. 이때 추가 요금을 서차지 surcharge라고 하며 요금

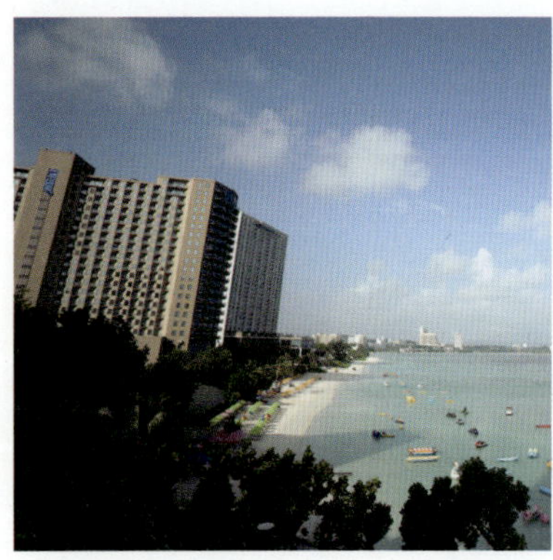

은 성인 1명 × 숙박일로 계산된다. 만약 성인 2명과 어린이 3명일 경우에도 어린이 1인에 대한 추가 요금이 붙는다(호텔마다 상이). 성인 3명이 투숙하는 경우, 트리플 룸을 예약해도 좋다.

- 호텔 니코 괌 / 트리플 룸에서 성인 3명+어린이 3명까지 추가 요금 없이 투숙할 수 있다.
- 웨스틴 리조트 괌 / 무료로 접이식 침대 Extra bed를 제공해 성인 3명+어린이 2명, 성인 2명+어린이 3명으로 최대 5명까지 투숙할 수 있다.
- 호시노 리조트 리조나레 괌 / 접이식 침대 추가 요청, 성인 3명+어린이 2명, 성인 2명+어린이 3명으로 최대 5명까지 투숙할 수 있다.
- 롯데호텔 괌 / 패밀리 스위트 룸은 성인 5명+어린이 1명까지 추가 투숙 가능하다.
- 크라운 플라자 리조트 괌 by IHG / 패밀리 룸에서 성인 3명+어린이 2명, 혹은 성인 4명+어린이 2명 추가 투숙 가능하다.

*모두 추가 요금을 청구하며, 경우에 따라 추가 인원만큼 조식 이용권도 구매해야 한다는 조건이 붙는다.

6 아기와 함께 할 때, 관련 물품을 빌릴 수 있을까?

아기 침대나 침대 양쪽에 설치할 수 있는 가드 Guard, 전자레인지 등을 요청하자. 호텔에 예약 정보와 함께 이메일로 요청사항을 보내면 답을 받을 수 있다. 단, 성수기엔 여의치 않을 수 있다.

7 체크인 할 때 보증금 결제를 요구한다면?

우리 문화와 달라 이해하기 힘든 것 중 하나가 바로 호텔 예약 보증금 결제다. 객실에 비치된 미니바를 이용하거나 호텔 유료 서비스 이용, 혹은 호텔 소유의 기물 파손을 대비해 받는 보증금 제도인데, '보증'금인 만큼 체크아웃 이후에 그대로 돌려주는 돈이다. 금액은 호텔에 따라 다르고 디파짓 결제를 현금과 카드 결제로 선택 할 수 있는데, 현금 혹은 카드를 결제한 뒤, 유료 서비스를 이용하지 않거나 혹은 객실 내 기물 파손이 없을 경우 돌려 받는다. 호텔에 따라 열쇠나 타월 등 기물을 분실하는 경우 일정 금액을 변상해야 한다. 단 카드 결제 시 환불되기까지 4~6주 정도 소요된다.

8 호텔 내 유료 VS 무료 서비스

객실 내 어메니티는 무료이며, 비치된 물 역시 무료인 경우가 많다. 'Complimentary(무료)'라고 표시되어 있는 것들은 모두 사용해도 무방하다. 단 냉장고 미니바 사용은 유료다.

9 정해진 시간 외 체크인/아웃을 할 수 있을까?

보편적으로 호텔에서 체크인은 15:00 이후, 체크아웃은 11:00~정오 이전으로 규정한다. 괌은 유독 새벽에 한국으로 떠나는 항공편이 많아, 대부분 최대한 늦게까지 호텔에 머무르려는 여행자가 많다. 정해진 시간보다 조금 더 일찍 혹은 늦게 체크인/아웃 하는 것을 얼리 체크인, 레이트 체크아웃 Early Check-in, Late Check-out 이라고 하는데, 예약 시 사전 문의하고 추가로 금액을 지불해야 하는 서비스다. 경우에 따라 불가능한 호텔도 있으니 미리 알아볼 것.

LUXURY HOTEL & RESORT
럭셔리 호텔 & 리조트

근사한 객실과 서비스를 누리며 남부럽지 않은 휴가를 보내고 싶다면, 다음의 럭셔리 리조트를 주목할 것. 그 자체로 오롯이 여행의 목적이 되는, 최고급 리조트만 모았다.

❶ 두짓 비치 리조트 괌 Dusit Beach Resort Guam

괌의 최중심부에 위치한 리조트. DFS 괌 건너편이며 두짓 플레이스 투몬 베이와 연결되어 있어 늦은 밤까지 쇼핑이 편리하다. 투몬 비치를 끼고 있어 비치로의 이동이 자유롭고 호텔 수영장 역시 성인과 아이들이 모두 즐기기 적당한 규모로 슬라이드와 자쿠지, 어린이 풀장 등을 갖춰 인기가 높다. 객실은 크게 수페리어, 디럭스, 스튜디오, 스위트와 클럽룸으로 나뉜다. 호텔 내 조식 레스토랑이자 매일 저녁 다양한 테마로 뷔페를 운영하는 팜 카페 Palm Cafe, 저녁에 라이브 공연을 감상하며 칵테일을 홀짝이기 좋은 로비 바인 뱀부 바 Bamboo Bar 등 부대시설도 있다. 두짓 클럽룸을 예약하는 경우 조식과 오후 티타임이 제공되며 클럽 라운지에서 칵테일과 간단한 스낵(12세 이상 이용 가능)을 즐길 수 있다. 또한 리조트 내 필라테스 리포머 클래스를 갖추고 있는 것도 이곳 만의 장점이다.

지도 P.79-A2 **주소** 1255 Pale San Vitores Rd, Tamuning **전화** 671–649–9000 **홈페이지** www.dusit.com **가는 방법** 공항에서 Hwy 10A를 타고 직진하다 S Marine Corps Dr를 끼고 우회전 후 Happy Landing Rd를 끼고 다시 좌회전 후 Pale San Vitores Rd를 끼고 우회전 후 직진. 왼쪽에 위치. 차로 10분. DFS 괌 건너편.

❷ 더 츠바키 타워 The Tsubaki Tower

2020년에 문을 연 5성급 럭셔리 호텔로, 괌에서 가장 넓은 객실을 자랑한다. 일반 객실부터 스위트까지 다양한 타입이 있으며, 카멜리아 룸, 카멜리아 클럽 룸, 카멜리아 주니어 스위트, 카멜리아 스위트, 로얄 카멜리아 스위트로 구성된다. 모든 객실에는 넓은 발코니가 마련되어 있어 에메랄드 빛 남태평양의 오션뷰를 감상할 수 있으며, 원한다면 발코니에서 유료로 조식을 즐길 수도 있다. 26층에 위치한 클럽 라운지는 카멜리아 클럽과 스위트 투숙객만 이용가능한 VIP 전용 공간으로 조식·애프터눈 티·칵테일 아워 서비스를 제공한다. 바다를 마주한 인피니티 풀은 휴식을 더욱 특별하게 만들어주며, 50cm 깊이의 키즈 풀도 마련되어 있다. 건 비치까지는 도보 7~8분 거리이며, 원할 경우 08:00~18:00에 30분 간격으로 무료 셔틀을 이용

할 수 있다. 공항 차량 서비스는 이메일(reservations@thetsubakitower.com)또는 전화로 최소 48시간 전에 예약해야 한다. 요금은 최대 5인까지 편도 $75, 왕복 $120이며 6인 이상은 1인당 편도 $10 추가 요금이 부과된다(최대 10인까지 이용 가능).

지도 P.81-C1 **주소** 241 Gun Beach Rd, Tumon **전화** 671-969-5200 **홈페이지** thetsubakitower.co.kr **가는 방법** 공항에서 Hwy 10A를 타고 직진하다 S Marine Corps Dr를 끼고 우회전 후 Pale San Vitores Rd를 끼고 좌회전. 우측에 Guam Streer Beach를 끼고 우회전 후 직진. 왼쪽에 위치. 차로 12분 소요.

CHECK! 더 츠바키 타워에서 잘 먹고 잘 노는 법

❶ 고객 전용 스파 트리트먼트 '아유아람'

니코 호텔 내 위치한 '아유아람'은 투숙객만 이용할 수 있는 스파 트리트먼트다. 족욕과 시그니처 릴렉스 마사지가 포함된 커플 트리트먼트(60분 프로그램)가 유명하다. 90분 프로그램에는 천연 소금을 이용한 바디 스크럽이 추가된다.

❷ 다양한 액티비티

매일 08:00에 있는 요가 수업은 물론이고 호텔 안 놀이터인 키즈 스페이스와 우쿨렐레 클래스, 코코넛 잎을 이용한 만들기 클래스, 아이들을 위한 버블 타임, 주얼리 공예, 아쿠아 줌바, 사탕 공예, 스토리 타임 등 매일 다양한 이벤트로 가득하다.

❸ 특별 요금의 CCP 골프

투숙객에 한하여 제휴 골프장인 CCP Country Club of the Pacific를 특별 요금으로 이용할 수 있다. 아름다운 18개 코스 대부분의 홀에서 눈부신 오션뷰를 만끽할 수 있다.

❹ 폭넓은 미식 투어

더 츠바키 타워에는 미식가들의 입맛을 만족시킬 뿐 아니라 분위기도 좋은 레스토랑이 모여 있다. 하루 세 끼 다채로운 세계 요리를 즐길 수 있는 뷔페 레스토랑 까사 오세아노는 이 호텔의 대표적인 맛집이다. 신선한 재료로 뷔페 퀄리티가 높고, 오픈 키친 형태라 셰프들이 요리하는 모습을 눈앞에서 감상할 수 있어 보는 즐거움까지 더한다. 파인 다이닝 레스토랑인 라 스텔라는 프렌치 요리를 선보이며, 호텔 최상층인 27층에 위치해 탁 트인 오션뷰와 환상적인 야경을 함께 즐길 수 있다. 같은 층의 라 칸티나에서는 와인과 칵테일 한 잔으로 여행의 피로를 풀기 적당하다. 또한 넓은 발코니에서는 룸서비스를 통해 조식뿐 아니라 저녁에는 주류와 스낵을 곁들인 세트 메뉴까지 즐길 수 있어, 객실에서도 한층 특별한 시간을 보낼 수 있다.

뷔페 레스토랑 아쿠아

❸ 두짓 타니 괌 리조트 Dusit Thani Guam Resort

태국에 본사를 둔 호텔 체인. 럭셔리 리조트인 만큼 규모와 시설 면에서 타의 추종을 불허한다. 객실은 전망에 따라 마운틴 뷰와 오션뷰로 나뉘며 룸 사이즈에 따라 일반 객실과 디럭스, 프리미어, 클럽, 스튜디오, 스위트, 빌라 등이 있다. 메인 풀과 인피니티 풀 모두 자연친화적이면서도 우아한데, 전체적으로 리조트를 덮고 있는 그늘 때문에 다소 춥게 느껴지는 점이 아쉽다. 레스토랑은 흠잡을 데가 없다. 풀사이드 레스토랑인 타시, 북부 이탈리아식 스테이크 하우스인 알프레도와 뷔페 레스토랑 아쿠아까지 고루 맛깔스럽다. 지하 1층의 두짓 고메 역시 고급스러운 빵과 디저트를 만날 수 있어 여성 투숙객에게 사랑받는다. 골드 멤버십에 가입하면 호텔 내 레스토랑에서 10% 할인 혜택을 받을 수 있다. 필라테스 리포머 클래스와 아이들에게 호텔 안팎에서 다양한 액티비티를 제공하는 파이어럿 베이 체험 프로그램, 우쿨렐레 데코레이션 클래스가 있다.

지도 P.79-A2　**주소** 1227 Pale San Vitores Rd, Tamuning **전화** 671–648–8000 **홈페이지** www.dusit.com/dusitthani/guamresort **가는 방법** 괌국제공항에서 Hwy 10A를 타고 직진하다 S Marine Corps Dr를 끼고 우회전 후 Happy Landing Rd를 끼고 다시 좌회전 후 Pale San Vitores Rd를 끼고 우회전 후 직진. 왼쪽에 위치. 차로 11분. DFS 괌 건너편.

CHECK! 두짓 타니 괌 리조트에서 잘 먹고 잘 노는 법

❶ 두짓 클럽 프리빌리지 Dusit Club Privileges **& 패밀리 플랜** Family plan
예약 시 라운지를 이용할 수 있다. 운영 시간은 06:30~23:00로, 조식은 06:30~10:00, 오후 티타임은 14:00~16:00, 이브닝 칵테일 및 전채 요리는 17:00~19:00까지 제공된다. 패밀리 플랜 Family Plan 예약 시 부모 동반 12세 미만의 어린이 객실 요금이 무료이며, 유아 침대가 무료로 제공된다(재고 있을 시 가능). 또한 12세 미만 어린이용 접이식 침대 요청 시 $50~70+11%의 세금이 부과된다. 5세 미만 어린이가 부모와 함께 식사할 경우에는 무료, 만 6~12세 어린이가 함께 뷔페 식사할 경우 50% 할인된다.

❷ 필라테스 리포머 클래스 Pilates Reformer Class
힐링을 위해 괌을 방문했다면 특별한 필라테스 수업은 어떨까? 코어를 강화하고 유연성을 기르는 필라테스를 전문강사에게서 배워보자. 50분 세션으로 진행되며 레벨에 관계없이 수업에 참여할 수 있다. 개인 및 그룹 수업도 가능하다.

❸ 소이 Soi
태국의 전통 음식을 현대적으로 재해석 한 곳. 감각적인 인테리어가 눈에 띄며, 괌에서 가장 뜨고 있는 태국 레스토랑이다. 태국 요리를 사랑하는 이들이라면 매주 토요일 14:00~16:00에 열리는 쿠킹 클래스를 이용해보자. 태국 요리사가 직접 재료를 설명하는 것은 물론이고, 손쉽게 만들 수 있는 태국 요리를 눈 앞에서 직접 체험할 수 있다. 기프트백도 함께 제공되며 1인 $85.

④ 호텔 니코 괌 Hotel Nikko Guam

사랑의 절벽 위에 위치하고 있다는 지리적 이점 덕분에 모든 객실에서 탁 트인 오션 뷰를 만끽할 수 있다. 욕조에 비치된 록시땅 어메니티도 매력적인 이유 중 하나. 객실은 오션 프런트와 디럭스 그리고 라운지 이용이 가능한 오션 프런트 프리미어 스위트로 나뉜다. 무엇보다 4인 이상 가족을 위해 침대 세 개가 설치되어 있는 오션 프런트 트리플이 인상적이다. 라운지의 경우 조식, 티타임, 칵테일 타임, 애프터 디너 타임 등 논스톱으로 음료와 간식 서비스를 받을 수 있다(운영 시간 07:00~21:00). 괌에서 가장 긴 72m의 길이를 자랑하는 워터 슬라이드, 뷔페식 런치로 인기 몰이 중인 토리 중식당, 그리고 마젤란 레스토랑, 벤케이 일본 레스토랑 등이 주요 부대시설. 보호자 동행이 필요한 키즈 플레이 룸과 야외 놀이터, 선셋 비치 바비큐 등 편의시설도 깔끔하다.

지도 P.81-C1 ▶ **주소** 245 Gun Beach Rd, Tumon **전화** 671-649-8815 **홈페이지** www.nikkoguam.co.kr **가는 방법** 괌국제공항에서 Hwy 10A를 타고 직진하다 S Marine Corps Dr를 끼고 우회전 후 직진, 왼쪽에 Pale San Vitores Rd를 끼고 좌회전 후 투몬 메인 거리에서 Gun Beach Rd를 끼고 우회전 후 왼쪽에 위치. 차량 11분.

⑤ 롯데호텔 괌 Lotte Hotel Guam

깔끔한 룸 컨디션과 한적한 수영장을 원한다면 이곳을 추천한다. 건물은 타워/아일랜드 윙의 2개로 분리된다. 타워 윙은 아일랜드 윙에 비해 전망이 좋고 수영장과 연결되며, 오션 프런트 클럽, 풀 사이드 룸, 풀 사이드 스위트 예약 시 클럽 라운지를 이용할 수 있다(조식 07:00~10:00, 애프터 눈 티타임 14:00~17:00, 해피아워 칵테일 17:00~19:00). 아일랜드 윙의 객실은 성인 4명과 아이 3명이 투숙할 수 있는 패밀리 스위트, 뷰는 없으나 아이들을 위해 벙크 베드가 설치된 프리미어 벙크 베드, 파셜 오션 프리미어와 파셜 오션 디럭스 등으로 나뉘며 대부분 주방 시설을 갖춘 것이 특징. 어린 자녀와 함께한다면 브레드 이발소 풀사이드 클럽을 추천한다. 브레드 이발소의 사랑스러운 애니메이션 캐릭터를 테마로 디자인했다. 또한 키즈 카페를 연상시키는 드림 하이 키즈 플레이 그라운드(1시간 $15)도 강력 추천. 무엇보다 한국인에게는 한식을 포함해 다양한 메뉴를 선보이는 뷔페 레스토랑 라세느가 유명하다.

지도 P.81-C1 ▶ **주소** 185 Gun Beach Rd, Barrigada **전화** 671-646-6811 **홈페이지** www.lottehotel.com/guam-hotel/en **가는 방법** 공항에서 Hwy 10A를 타고 직진하다 S Marine Corps Dr를 끼고 우회전 후 직진, 왼쪽에 Pale San Vitores Rd를 끼고 좌회전 후 투몬 메인 거리에서 Gun Beach Rd를 끼고 우회전, 왼쪽에 위치. 차로 11분.

웨스틴 리조트 괌과
쉐라톤 라구나 괌 리조트에서만
맛볼 수 있는 스타벅스 커피

⑥ 웨스틴 리조트 괌 Westin Resort Guam

눕자마자 잠 든다는 마성의 침대, 헤븐리 베드를 갖춘 웨스틴 계열 리조트. 추가로 접이식 침대를 요청하면 최대 5명이 투숙할 수 있어 대가족의 환영을 받는다. 쿠킹 클래스와 스노클링, 영어 놀이와 아트 프로그램 등 가족이 함께 즐길 수 있는 패밀리 키즈 프로그램과 어린이 전용 수영장, 레고 놀이를 즐길 수 있는 브릭 라이브 룸 등을 갖췄으니 과연 가족친화적이라 할 만하다. 이곳의 가장 큰 장점은 바로 코앞에 투몬 비치를 끼고 있다는 것. 수영장과 해변을 자유롭게 오갈 수 있다. 객실은 파셜 오션뷰, 오션뷰, 수페리어 코너, 클럽 파셜 오션뷰, 클럽 오션뷰, 클럽 코너 킹, 클럽 오션 프론트 더블 등으로 나뉜다. 객실명에 클럽이 있는 경우, 클럽 라운지(14:00~22:00)에 머물며 간단한 차와 스낵을 즐길 수 있고 저녁에는 식사를 대신할 수 있는 다양한 애피타이저와 칵테일 등이 제공된다. 매일 저녁 다양한 테마의 뷔페를 맛볼 수 있는 테이스트 레스토랑은 이곳의 명물. 프라이빗 마술쇼인 비바 매직도 빼놓을 수 없다.

지도 P.81-C1 **주소** 105 Gun Beach Rd, Tamuning **전화** 671-647-1020 **홈페이지** www.westinguam.com/ko **가는 방법** 공항에서 Hwy 10A를 타고 직진하다 S Marine Corps Dr를 끼고 우회전 후 직진, 왼쪽에 Pale San Vitores Rd를 끼고 좌회전 후 직진. 차로 9분.

⑦ 하얏트 리젠시 괌 Hayatt Regency Guam

전 객실에서 바다 전망을 누릴 수 있다. 일반 객실과 스위트로 나뉘어져 있는데 스위트는 조식과 이브닝 칵테일을 즐길 수 있는 라운지(07:00~21:00)를 이용할 수 있다. 키즈 풀을 포함한 3개의 수영장과 2개의 슬라이드, 1개의 자쿠지, 테니스 코트와 피트니스 클럽(24시간)의 부대시설이 있다. 다이닝으로는 일본 레스토랑 니지와 이탈리안 레스토랑 알덴테 등이 있다. 성인을 위한 아쿠아 줌바, 워터스포츠, 고강도 에너지를 요하는 피트니스 클럽 믹시드 핏, 요가는 물론이고 어린이들이 좋아하는 스모어(1인 $5), 피자와 쿠키&컵케이크 데코레이팅(1인 $15) 등 가족 모두가 즐길 수 있는 프로그램이 가득하다.

지도 P.81-C2 **주소** 1155 Pale San Vitores Rd, Tamuning **전화** 671-647-1234 **홈페이지** www.hyatt.com/hyatt-regency/ko-KR/guamh-hyatt-regency-guam **가는 방법** 국제 공항에서 Hwy 10A를 타고 직진하다 S Marine Corps Dr를 끼고 우회전 후 Happy Landing Rd를 끼고 좌회전 후 Pale San Vitores Rd를 끼고 우회전. 왼쪽에 위치, 차로 9분.

Mia's Advice

이곳에는 특별히 크리스틴 영어학교 Christine English School 프로그램이 있어요. 영어, 수학, 문화, 예술, 공예뿐 아니라 하이킹을 비롯한 야외 활동도 진행하고 있어요. 자세한 예약은 이메일(cesguam@gmail.com)이나 카카오톡(ID:yesuimjoa)으로 문의하면 된답니다.

FAMILY RESORT
모두가 만족스러운 가족친화형 리조트

벼르던 휴가를 떠난 대규모 가족 여행자든, 늘어지게 휴식을 취하려는 허니무너와 베이비무너 여행자든, 어떤 유형의 여행자라도 흡족한 시간을 보낼 수 있는 가족친화형 리조트가 한데 모였다.

❶ 퍼시픽 아일랜드 클럽 Pacific Island Club (PIC)

아이를 동반한 투숙객이라면 굳이 리조트 밖으로 나가지 않아도 될 만큼 놀거리, 즐길거리가 가득하다. 워터파크 존과 비치 존, 스포츠 존으로 나뉜 수영장은 그야말로 완벽한 물놀이시설을 갖췄다. 어린이 수중 동물원인 워터 주 Water Zoo, 수심 30cm 로 유아들도 안심하고 물놀이를 할 수 있는 시헤키 & 샌디 스플래시 풀도 즐거움을 더한다. 2000여 마리의 열대어와 산호초가 서식하는 '스윔스루 어드벤처(수영하는 인공 수족관) Swim-through Aquarium'에서는 스노클링과 스쿠버다이빙을 즐기거나, 인공 호수 주변의 열대 식물을 바라보며 카약에 몸을 맡겨도 좋다. 스포츠 존에서는 미니 골프, 양궁, 피켓볼과 탁구 등을 즐길 수 있으며, 엔터테인먼트 존에서는 슈퍼 아메리칸 서커스(유료)를 관람할 수 있다. 기념일인 경우 최소 1일 전에 프런트나 게스트 서비스 카운터에 신청하면 레스토랑에서 식사 시 케이크를 제공한다. 휠체어(무료)와 유모차(보증금 $25), 튜브 에어펌프(무료) 등의 서비스 시설이 있다.

지도 P.81-C3 주소 210 Pale San Vitores Rd, Tamuning 전화 671–646–9171 홈페이지 www.pic.co.kr 가는 방법 공항에서 Hwy 10A를 타고 직진하다 S Marine Corps Dr를 끼고 우회전 후 Gu 14A를 끼고 좌회전, Pale San Vitores Rd를 끼고 좌회전, 오른쪽에 위치. 차로 6분.

CHECK! PIC에서 잘 먹고 잘 노는 법

❶ 태평양의 해적 디너쇼 Pirates of the Pacific Dinner Show
2025년 10월에 시간된 '태평양의 해적'이라는 타이틀의 디너쇼. 괌에 난파된 보물선의 해적들과 섬 주민들 사이에 벌어지는 이야기를 기본 구성으로 하고 있다. PIC 야외 원형 극장에서 뷔페 스타일의 디너가 제공되고 식사 후 화려한 공연을 감상할 수 있다. 뷔페&디너쇼 이용 시간은 18:00~20:05. 슈퍼 골드 패스는 무료, 골드 패스는 성인 $20, 만2~11세 $10의 추가 요금이 있다. 기타 PIC 투숙객의 경우 성인 $75, 만2~11세 $38, 일반 입장권은 성인 $85, 만2~11세 $430이다.

❷ 키즈 클럽 Kids Club
키즈 클럽은 워터 파크 놀이와 함께 실내에서 게임과 그림 그리기, 영화 감상 등의 프로그램으로 구성되어 있다. 키즈 클럽 등록은 종일반 09:00~17:000, 오전반 09:00~12:00, 오후반 13:00~17:00으로 보호자가 키즈 클럽에서 신청하면 된다. 스태프가 함께 하기 때문에 부모에게는 그야말로 자유시간인 셈. 키즈 클럽은 만 4세 이상부터 이용 가능하며, 만 1~3세 영유아 전용 프로그램인 리틀 키즈 클럽은 부모가 동반해야 한다. 그밖에 'Let's Speak English'이란 프로그램도 있다. 아이들이 PIC 여권을 가지고 프론트 데스크, 각 레스토랑, 워터파크 등에서 직원과 영어로 대화하는 프로그램인데, 미션 15개를 완성하면 특별한 기념품을 받게 된다. 영유아 놀이방인 시헤키 플레이하우스는 놀이기구가 모두 폭신한 소재로 구성되어 있다. 신장

120cm가 넘지 않는 아이들을 위한 공간이며, 부모가 반드시 동행해야 한다. 모두 무료.

❸ 액티비티 강습 Activity Class
이곳의 가장 큰 장점이라면 다양한 강습이 워터파크 내에서 이뤄진다는 것. 스노클링과 라군 카약, 물속에서 농구와 배구, 수중 징검다리 등에 도전해보는 게임풀 등이 있다. 초보자도 가능하며, 테니스나 비치 발리볼 등 둘이 혹은 여럿이 함께 하는 스포츠의 경우 워터 파크에 상주하는 클럽 메이트들이 함께 해 걱정할 필요가 없다. 당일 현장 예약으로 이뤄진다. 대부분 무료라는 것도 매력적!

❹ 리조트 패스 Resort Pass
PIC는 숙박만 제공하는 것이 아니라 패스 형태로 서비스와 혜택을 나눠서 판매하고 있다. 패스에는 슈퍼 골드, 골드, 실버, 브론즈 패스가 있는데 그중 실버 패스는 1일 $28로 구매해야 하며, 골드 패스는 $95로 구매해야 한다. 골드 패스는 5개의 레스토랑(스카이 라이트, 스낵쉑, 비스트로, 선셋 바비큐, 라면하우스 홋카이도)의 1일 3식을 포함한다. 게다가 소지자와 동반한 만 2~11세 이하 어린이 2명까지 무상으로 혜택을 적용한다. 슈퍼 골드 패스의 경우 태평양의 해적 디너쇼를 1회 무료 관람할 수 있다. 골드 패스는 성인 $20, 만 2~22세 $10, 실버&브론즈 패스는 성인 $75, 만2~11세 $38의 추가 요금이 있다.

② 호시노 리조트 리조나레 괌 Hosino Resort RISONARE Guam

호텔에 딸린 수영장 이외에도 따로 워터파크를 운영하는 것이 특징이다. 괌 최대의 만타 슬라이더는 이곳의 심벌로, 매주 화·목·일요일 19:00~21:00에 투숙객 상대로 무료 나이트 만타 라이드를 운행하고 있다. 그 외에 총 길이 360m의 리버 풀, 심신의 피로를 풀어주는 자쿠지, 다목적 라운드 풀 등을 비치했다. 투숙객이라면 이 모든 물놀이시설을 무제한 즐길 수 있다는 장점 때문에 어린이를 둔 가족들이 즐겨 찾는다. 그중 인기가 높은 파도 풀에서는 초보자의 경우 현지 강사의 도움으로 보디 보딩(부기 보드)에 도전할 수 있는데 1일 $10의 보드 대여료가 추가된다. 투숙객이 아닐 경우 리조트 내 시설을 즐길 수 있는 원데이 패스를 판매한다. 가격은 성인 $55, 어린이(만 5~11세) $30. 호시노 리조트 리조나레 괌의 숙소는 두 개의 건물로 나누어져 있다. 로비와 가까운 윙(WING)에는 레스토랑, 게임룸, 세탁실(유료), 피트니스 센터 등이 있으며 타워(TOWER)에는 숙박객이 무료로 이용할 수 있는 엑티비티룸과 워터파크가 가깝게 있다.

지도 P.80-A3 ▶ **주소** 445 Gov Carlos G Camacho Rd, Tamuning **전화** 671-647-7777 **홈페이지** https://hoshinoresorts.com/ko/hotels/risonareguam/ **가는 방법** 공항에서 Hwy 10A를 타고 직진하다 S Marine Corps Dr를 끼고 좌회전 후, Hwy 30 끼고 우회전. 왼쪽에 위치. 차로 8분.

CHECK! 호시노 리조트 리조나레 괌에서 잘 먹고 잘 노는 법

❶ 구폿 칸톤 타시 Gupot Kanton Tasi

차모로어로 Gupot은 '잔치', Kanton Tasi는 '해변'을 뜻한다. 투숙객 환영 행사로, 차모로 공연은 물론 코코넛 깨기, 전통 춤 배우기 등 다양한 체험 프로그램이 마련되어 있다. 또한 음료와 바비큐, 차모로 소시지, 레드 라이스 등 전통 음식도 함께 즐길 수 있다. 모든 프로그램은 무료이며 별도의 예약이 필요 없다. 매주 화·목·일요일 17:45~19:30에 열린다.

❷ 액티비티 룸 Activity Room

투숙객 전용으로 무료로 운영되는 공간. 보드 게임, 컬러링, 블록 놀이 등 가족 모두가 함께 무료로 즐길 수 있는 다양한 활동이 마련되어 있다. 매일 10:00~18:00에 운영되며, 특히 월~금요일 13:30~14:30에는 특별 이벤트가 진행된다. 아이가 있는 가족이라면 더욱 즐거운 시간을 보낼 수 있는 장소다.

❸ 알루팟 아일랜드 Alupat Island

투숙객들만 이용할 수 있는 프라이빗 프로그램. 호텔 앞바다에 자리한 무인도 알루팟 아일랜드를 다녀오는 투어로, 카누(대여 시 1시간 무료)를 타고 섬에 닿아 스노클링을 즐기는 코스로 이뤄진다.

❹ 사가노 Sagano

현지에서도 유명한 일식 요리 사가노는 철판구이를 즐길 수 있으며 테이블에서는 이자카야 메뉴를 비롯한 다양한 일식 요리, 이 달의 롤 스시와 가족에게 인기 있는 패밀리 세트가 있다. 패밀리 세트는 8가지 요리에서 3가지를 선택, 샐러드와 디저트가 제공되며 밥, 미소국 등의 식사는 무제한으로 제공된다. 1세트 $78(3인 기준).

③ 리가 로얄 라구나 괌 리조트 Rihga Royal Laguna Guam Resort

전 객실이 오션 뷰일 만큼 전망이 아름답다. 인피니티 풀과 워터 슬라이드, 키즈 풀, 자쿠지 등 다양한 종류의 풀을 갖췄다. 총 7개의 객실 타입 중 라구나 클럽, 라구나 클럽 스위트, 베이뷰 코너 스위트, 오션 프런트 코너 스위트, 프레지던셜 스위트 투숙 시에는 라운지를 이용(조식과 칵테일, 음료 제공, 06:30~22:00)할 수 있다. 뿐만 아니라 리가 스포츠 액티비티(운영시에만)를 무료로 이용할 수 있으며, 페이스 마스크와 베개 미스트와 함께 매일 생수도 제공된다. 리

지도 P.80-A3 ▶ **주소** 470 30A, Tamuning **전화** 671-646-2222 **홈페이지** rihga–guam. com **가는 방법** 공항에서 Hwy 10A를 타고 직진하다 S Marine Corps Dr를 끼고 좌회전 후 직진. 오른쪽 Hwy 30을 끼고 우회전. Farenholt Ave 끼고 좌회전 후 Condo Ln 끼고 다시 좌회전. 오른쪽에 위치. 차로 11분.

가 스포츠 액티비티로는 아이부터 어른까지 모두 참여할 수 있는 요가, 줌바, 벨리&훌라 댄스, 초보자를 위한 서핑 강습과 카약으로 일루팟 아일랜드 다녀오기 등이 있다. 세탁실(24시간, 유료), 피트니스 센터(24시간) 등 부대시설 이용과 제습기와 유모차, 크립 대여도 가능하다.

Mia's Advice

허니무너, 임산부를 위한 팁 하나. 객실은 오션 프런트 코너 스위트를 추천해요. 일반 객실의 10배로 널찍한 발코니에 야외 자쿠지가 놓여 있어 낭만적인 달밤 입욕을 즐길 수 있거든요. 정통 일본식 철판 요리가 있는 더 프레지던트에서는 미니 햄버거 또는 스테이크와 구운 새우, 소시지와 스프링 롤, 미니 우동과 디저트 등 푸짐하게 구성되어 있는 키즈 밀을 $20에 판매한답니다.

④ 힐튼 괌 리조트&스파 Hilton Guam Resort & Spa

허니무너들에게 사랑받는 곳. 건물은 메인 타워, 2023년에 리노베이션 된 프리미어 타워, 타시 클럽의 3개 동으로 이뤄진다. 프리미어 타워의 파라다이스 스위트 룸은 일반 객실에 비해 훌륭한 인테리어와 널찍한 공간감을 지녔고, 타시 클럽은 전용 라운지를 이용할 수 있고 객실 내 오션 뷰를 자랑해 인기가 높다. 그런가 하면 투몬만의 절벽에 위치한 인피니트 풀, 수심 30cm로 유아도 즐길 수 있는 키즈 풀, 수구나 수중농구를 즐길 수 있는 액티비티 풀, 워터 슬라이드와 자쿠지를 마련한 워터파크와 해양 스포츠를 즐길 수 있는 해변 비치 클럽, 키즈 클럽 Kids Paradise 등이 있다. 무엇보다 이파오 비치를 끼고 있어 언제든 스노클링과 산책이 가능하다는 게 큰 장점. 대한항공 승무원들이 투숙하는 리조트로도 잘 알려져 있다. 스파 아유알람도 힐튼 괌 리조트&스파에서 빼놓을 수 없는 힐링 스폿이다.

지도 P.80-B2 **주소** 202 Hilton Rd, Tumon **전화** 671-646-1835 **홈페이지** www.hilton.com/en/hotels/gumhitw-hilton-guam-resort-and-spa **가는 방법** 괌국제공항에서 Hwy 10A를 타고 직진하다 S Marine Corps Dr를 끼고 좌회전 후 직진, 오른쪽 Hwy 14B를 끼고 우회전 후 직진. 차로 7분.

Mia's Advice

힐튼 아일랜더 테라스 디너 뷔페에서는 월요일 아시아 스타일, 화요일 뉴욕 + 스테이크, 수요일 인터내셔널, 목요일 퍼시픽 림, 금~일요일 스테이크+시푸드로 매일 저녁 다양한 메뉴를 선보이고 있어요.

❺ 괌 리프 호텔 Guam Reef Hotel

투몬 중심가에 위치, 쇼핑과 엔터테인먼트를 늦은 시간까지 즐길 수 있다. 수영장 끝과 바다가 이어진 듯한 착각이 드는 인피니티 풀은 이곳만의 자랑. 건물은 비치 타워와 인피니티 타워로 나누어져 있으며 객실 타입이 다양한데, 그중 비치 타워에 위치한 일본풍 스위트 룸이 특징적이다. 침대와 이불 2세트를 구비하고 있으며, 추가로 접이식 침대 2개를 배치할 수 있어 최대 성인 6명과 어린이 2명까지 숙박이 가능하다. 부대 시설로는 3개월~만 12세를 위한 키즈 클럽(어린이의 나이에 따라 금액이 다르며 시간당 $15~40, 운영 07:30~18:00)이 있다. 24시간 전에 예약해야 하며, 최소 2시간 이상부터 돌보미 서비스가 가능하다. 호텔 투숙객의 경우 10% 할인 받을 수 있다.

지도 P.81-C1 주소 1317 Pale San Vitores Rd, Tamuning **전화** 671-646-6881 **홈페이지** guamreefhotel.co.kr **가는 방법** 공항에서 Hwy 10A를 타고 직진하다 S Marine Corps Dr를 끼고 우회전 후 직진, 왼쪽에 Pale San Vitores Rd를 끼고 좌회전 후 투몬 메인 거리에서 다시 좌회전. 오른쪽에 위치. 차로 10분.

❻ 크라운 플라자 리조트 괌 by IHG Crowne Plaza Resort Guam by IHG

객실 유형이 다양해 대규모 가족 여행자에게 적합한 리조트. 최대 인원 6명(성인 4명+어린이 2명)까지 투숙이 가능하며 2개의 욕실이 있는 패밀리 룸, 주니어 스위트, 스위트 객실로 이뤄진다. 2개의 수영장과 키즈 풀, 카약과 페달보트, 제트스키와 바나나 보트 등 레포츠를 즐길 수 있는 마린 센터를 통해 보다 다양한 해양 스포츠를 즐길 수 있다. 뿐만 아니라 투숙객이 일정 금액을 지불하면 더 테라스 레스토랑 조식, 로비 바와 인피니티 바의 애프터눈 티와 선셋 칵테일, 하루 종일 음료 서비스, 마린 스포츠 장비 1시간 무료 대여 등의 혜택을 받을 수 있는 클럽 익스피어리언스 프로그램을 운영하고 있다. 이용 요금은 성인(12세 이상) $60, 어린이(4~11세) $30이며, 스위트룸 투숙객은 최대 2인까지 무료로 혜택을 누릴 수 있다.

지도 P.81-C2 주소 801 Pale San Vitores Rd, Tamuning **전화** 671-646-5880 **홈페이지** guam.crowneplaza.com/ko **가는 방법** 공항에서 Hwy 10A를 타고 직진하다 S Marine Corps Dr를 끼고 우회전 후 Gu 14A를 끼고 좌회전, Pale San Vitores Rd를 끼고 우회전, 왼쪽 위치. 차로 6분.

⑦ 레오팰리스 리조트 괌 Leopalace Resort Guam

골프 마니아 혹은 괌 여행에 빠삭한 이들에게 높은 인기를 얻고 있는 곳. 시내에 모여 있는 다른 리조트에 비해 공항과의 거리(25분 소요)가 멀다는 것 빼곤 거의 모든 것이 완벽하다. 숙소는 프리미어 룸과 럭셔리 룸, 메달리온 룸과 이그제큐티브 스위트, 거버너 스위트 등으로 이뤄지고, 메달리온 룸 이상 투숙객들은 라운지 이용이 가능하다. 아이 동반 가족을 위한 웰컴 베이비 룸과 3세대가 함께 머물 수 있는 콘도(취사 가능)인 포 픽스 Four Peaks도 눈에 띄는 객실 유형. 잭 니클라우스와 아널드 파머가 설계한 36홀 골프장, 워터파크 버금가는 수영장(슬라이드, 아쿠아 플레이, 자쿠지, 워킹 & 스위밍 풀)과 당구장, 탁구장, 볼링장 및 자전거 대여 등 부대시설도 만족스럽다.

지도 P.203-B2　주소 221 Lake View Dr, Yona **전화** 671-471-0001 **홈페이지** kr.leopalaceresort.com **가는 방법** 공항에서 E Sunset Blvd 도로에 진입한 뒤 Hwy 8를 끼고 우회전, 왼쪽의 Chalan Santo Papa Juan Pablo Dos를 끼고 좌회전 후 다시 Hwy 4를 끼고 좌회전 후 직진. 오른쪽 Dero Rd를 끼고 우회전, 갈래길에서 왼쪽 도로로 직진. 차로 23분.

Mia's Advice

레오팰리스 내에는 오프로드를 신나게 달리는 괌 어드벤처 액티비티가 있어요. 초보자들도 쉽게 도전할 수 있고 운전이 미숙하다면 가이드의 운전을 즐기며 보조석에 앉아 체험할 수 있어요. 오프로드의 험난한 지형에서도 속도를 낼 수 있도록 고안된 사륜 구동 바이크를 타고 달리다 보면 색다른 기분을 만끽할 수 있답니다. 집라인이나 바이크 렌탈도 가능해요.

BUDGET HOTEL & RESORT
실속파를 위한 중저가 호텔 & 리조트

부대시설을 최소화해 가격 거품을 뺀 알짜배기 호텔 & 리조트를 모았다. 가족, 친구, 동료 등 대규모 그룹 여행자들에게 특히 효율적이다.

❶ 괌 플라자 리조트 Guam Plaza Resort

투몬 비치 건너편에 위치해 있다. 비교적 저렴한 가격에 깔끔한 객실을 구할 수 있어 매력적이다. 스탠더드 룸과 디럭스 룸으로 나누어져 있으며 세탁실(유료), 야외 수영장 등의 시설을 이용할 수 있다. 사실 이 호텔은 객실보다 레스토랑이 더 유명한데 호텔 공식 홈페이지에서 나나스 카페, 룻츠 힐스 그릴하우스 할인 식사권을 판매하고 있다.

지도 P.81-D1 **주소** 1328 Pale San Vitores Rd, Tamuning **전화** 671-646-7803 **홈페이지** www.guamplaza.com/ko **가는 방법** 공항에서 Hwy 10A를 타고 직진하다 S Marine Corps Dr를 끼고 우회전 후 Pale San Vitores Rd 끼고 좌회전. 왼쪽에 위치. 차로 9분.

❷ 오션뷰 호텔&레지던스 괌 Oceanview Hotel & Residence Guam

주방시설을 갖추어 장기 투숙하기 좋은 곳. '한 달 살기' 여행자들의 사랑을 받는 까닭이다. 객실은 스탠더드 룸, 그리고 침대와 욕조가 각기 2개인 이그제큐티브 스위트로 나뉜다. 1개월 혹은 1년 단위로 계약할 수 있으며, 원하는 날짜로부터 1개월 전에만 예약 문의가 가능하다. 홈페이지를 통해서 객실 상태를 확인할 수 있으며 예약은 이메일(joleann@ctdevelop.com)을 통해야만 한다.

지도 P.81-D1 **주소** 1433 Pale San Vitores Rd, Tamuning **전화** 671-646-2400 **홈페이지** www.ctdevelop.com **가는 방법** 공항에서 Hwy 10A를 타고 직진하다 S Marine Corps Dr를 끼고 우회전 후 직진, Pale San Vitores Rd를 끼고 좌회전, 오른쪽에 위치. 차로 10분.

❸ 베이뷰 호텔 괌 Bayview Hotel Guam

수영장 대신 비치에서의 물놀이가 좋고, 대신 쇼핑과 맛집이 몰려 있는 시내에서 투숙하고 싶은 이들을 위한 곳. 새벽 비행기로 도착한 단체여행객들이 선호하는 곳이다. 깔끔한 숙소 그 자체.

지도 P.81-D1 주소 1475 Pale San Vitores Rd, Tamuning 전화 671-646-2300 홈페이지 www.bayviewhotelguam.com 가는 방법 공항에서 Hwy 10A를 타고 직진하다 S Marine Corps Dr를 끼고 우회전 후 직진, Pale San Vitores Rd를 끼고 좌회전, 오른쪽에 위치. 차로 10분.

❹ 알루팡 비치 타워 호텔 앤 콘도미니엄
Alupang Beach Tower Hotel and Condominium

하갓냐의 드넓은 해변을 마주한 전 객실이 오션뷰로 괌의 대표적인 콘도형 리조트이다. 다이아몬드 스위트, 트로피칼 스위트, 오션 프런트, 이그제큐티브, 파노라믹, 프레지덴털 등 총 6가지 카테고리로 객실이 나뉘어 있다. 넓은 주방과 객실은 물론이고, 세탁기와 건조기가 객실 내에 있어 취사와 세탁이 가능해 대가족 여행자에게 매우 편리하다. 장기 숙박객들에게도 만족도가 높은 편. 수영장, 피트니스 센터 등의 부대시설도 이용할 수 있다.

지도 P.80-A4 주소 999 S Marine Corps Dr, Tamuning 전화 671-649-9666 홈페이지 www.abtower.com 가는 방법 공항에서 Hwy 10A를 타고 직진하다 S Marine Corps Dr를 끼고 좌회전 후, 직진. 오른쪽에 위치. 차로 7분.

❺ 홀리데이 리조트&스파 괌
Holiday Resort & Spa Guam

다른 리조트에 비해 넓은 객실과 투몬 비치를 끼고 있다는 점 때문에 가성비가 높은 호텔 중 하나로 꼽힌다. 스탠더드 트윈, 파셜 오션 뷰, 오션 뷰 트윈, 오션 뷰 킹, 쿼드 룸(성인 4인용), 패밀리 스위트 등 9개의 객실 카테고리를 가지고 있다. 수영장, 피트니스 센터와 세탁실(유료)을 갖췄으며 호텔 내 레스토랑으로는 한식당 서울정과 해산물 전문점 크랩 대디, 조식당인 라 브라서리 등의 레스토랑이 있다.

지도 P.81-C2 주소 881 Pale San Vitores Rd, Tumon 전화 671-647-7272 홈페이지 www.holidayresortguam.com 가는 방법 공항에서 Hwy 10A를 타고 직진하다 S Marine Corps Dr를 끼고 우회전 후, 다시 Gu 14A를 끼고 좌회전, Pale San Vitores Rd를 끼고 우회전 후 직진. 왼쪽에 위치. 차로 7분.

❻ 파이니스트 괌 골프 앤 리조트
Finest Guam Gold & Resort

물놀이보다 하이킹, 쇼핑보다 휴식, 바다보다 산을 선호하는 자유여행자라면 이곳으로. 공항에서 20여 분 떨어진 거리지만 렌터카 이용객에겐 접근하는 데 무리가 없고, 특히 외국인들에게 후기가 좋기로 이름나 있다. 객실은 스탠더드 트윈 룸, 주니어 스위트 룸, 스위트 룸의 3타입. 야외 테니스 코트, 실외 수영장, 세탁실 등이 있다. 골프장은 27홀 규모 정규 토너먼트 코스로, 투숙객 할인을 적용한다. 한국인 오너로 클럽하우스인 폰타나 레스토랑에서도 한식을 맛볼 수 있다.

지도 P.139-B2 **주소** 2991 RT.3 NCS Rd, Dededo **전화** 671-632-1111 **가는 방법** 공항에서 Hwy 10A를 타고 직진하다 Hwy 16(Army DR)을 끼고 좌회전, Marine Corps Dr를 끼고 우회전 후 다시 Uuu를 끼고 좌회전 후 직진. 오른쪽에 위치. 차로 21분.

❼ 로얄 오키드 괌 호텔
Royal Orchid Guam Hotel

객실 타입이 다양한 것이 특징. 스탠더드 트윈, 파셜 오션 뷰 트리플(성인 3명), 패밀리 룸(성인 6명)등 총 12개의 카테고리가 있다. 작고 아담한 수영장이 있으며, 걸어서 12분 거리에 K마트가 있다.

지도 P.81-C3 **주소** 626 Pale San Vitores Rd, Tumon **전화** 671-649-2000 **홈페이지** www.royalorchidguam.com **가는 방법** 공항에서 Hwy 10A를 타고 직진하다 S Marine Corps Dr를 끼고 우회전 후, 다시 Gu 14A를 끼고 좌회전, Pale San Vitores Rd를 끼고 좌회전. 왼쪽에 위치. 차로 6분.

Mia's Advice

위에 소개된 곳들 외에도 성소수자를 위한 게스트 하우스인 더 매너 The Manor(themanorguam.com), 공항 근처에 있어 밤 비행기로 괌에 도착한 이들에게 쉴 곳이 되어주는 슈어스테이 호텔 바이 베스트 웨스턴 괌 SureStay by Best Western Guam Airport, 괌 국제공항과 괌 프리미어 아웃렛 사이에 자리한 아담한 규모의 윈덤 가든 괌 Wyndham Garden Guam 등이 있어요.

여행 준비
Ready to travel

필수 여행 서류

항공&숙박 예약

여행자보험 가입하기

스마트한 환전·카드 사용법

면세점 쇼핑 & 여행 가방 꾸리기

여행의 시작, 출국하기

필수 여행 서류

여행을 결정했다면, 가장 먼저 준비해야 하는 것이 여권과 비자 관련 서류다. 넉넉하게 3개월 전부터 준비에 돌입하면 OK!

여권

여권은 본인이 대한민국 국적을 지녔음을 증명하는 신분증이다. 해외 체류 내내 소지해야 하며, 분실 시 여행 일정 전체에 차질이 생기기 때문에 늘 꼼꼼하게 챙겨야 한다. 구 여권인 경우, 혹은 전자여권이더라도 여권 유효기간이 6개월 미만인 경우에는 미국 입국이 거부되니 미리 체크하고 준비해야 입국 시 수월하다. 필요한 경우 여권을 발급, 재발급, 또는 갱신해야 한다. 신청은 본인이 직접 하는 것이 원칙이다(장애인과 18세 이하 미성년자 제외). 여권 관련 문의는 외교부 여권과(02-733-2114)에 하면 한다. 온라인으로 자세한 내용을 알아보려면 외교부 여권 안내 홈페이지(www.passport.go.kr)에 접속할 것.

필요 서류 여권 발급 신청서(외교부 여권 발행 홈페이지에서 다운로드, 혹은 각 구청 여권과에 비치된 신청서 작성), 여권용 사진 1장(상반신 정면 탈모, 흰색 바탕, 6개월 이내 촬영, 3.5×4.5cm, 사진 프레임 안에서 머리 길이가(정수리부터 턱까지) 3.2~3.6cm여야 함), 신분증, 병역관계 서류(미필자만 해당)

발급 순서 여권용 사진 준비 → 신청서 작성 → 발급 기관 접수 → 신원 조회 → 각 지방 경찰청 조회 결과 회보 → 여권 서류 심사 → 여권 제작 → 여권 교부

신청 및 발급처 서울시 25개 구청과 각 광역 시청, 그리고 각 도청에서 발급이 가능하다(서울특별시청 제외). 발급 이후 직접 수령 또는 우편 배송이 가능하다.

발급 수수료 58면 기준으로 10년 복수여권 5만 원, 5년 복수여권 4만 2,000원, 1년 단수여권 1만 5,000원. 24면으로 발급하면 복수여권은 위의 금액보다 각 3,000원씩 저렴하다.

발급 시 유의사항 18세 미만 미성년자의 경우, 여권 발급 신청서, 최근 6개월 이내 여권용 사진 1장과 함께 법정 대리인 동의서, 법정 대리인 인감증명서, 미성년자의 기본 증명서, 가족관계 증명서 등 가족관계 또는 친족관계 확인 가능 서류가 필요하다. 25세 이상의 병역의무자는 여권 발급을 위해 병무청에서 발급하는 국외여행허가서가 필요하다. 병무청 홈페이지(www.mma.go.kr) → 병무청민원포털 → 국외여행/체제민원에서 '인터넷 국외여행허가신청'을 하면, 직접 병무청에 방문하지 않아도 온라인으로 신청, 출력이 가능하다.

여권 갱신 만료일 전후 1년 이내에 연장 신청이 가능하다. 신규 발급 신청에 필요한 서류와 함께 현재 가지고 있는 구 여권을 지참해야 한다.

비자

괌 여행을 하려면 반드시 사전에 ESTA(전자여행허가제) 또는 괌-북마리아나 제도 전자여행허가(G-CNMI ETA) 중 하나를 승인받아야 한다. ESTA는 유료, G-CNMI ETA는 무료로 신청할 수

있다(유아, 소아, 성인 모두 포함).

G-CNMI ETA 신청 시 홈페이지(https://g-cnmi-eta.cbp.dhs.gov)에서 미리 발급받아야 입국이 가능하다. 홈페이지 우측 상단에 언어를 한국어로 선택하면 편리하며, 신청 시 인터넷 업로드용 여권 사진과 본인 사진, 괌 숙소 주소와 전화번호, 한국 주소(영문) 등이 필요하다. 신청 시 화면을 인쇄해두는 것이 좋고, 승인되면 2년 또는 여권 만료 시점(둘 중 빠른 날짜)까지 유효하다. 최소 여행 5~7일 전까지 신청하는 것이 안전하다.

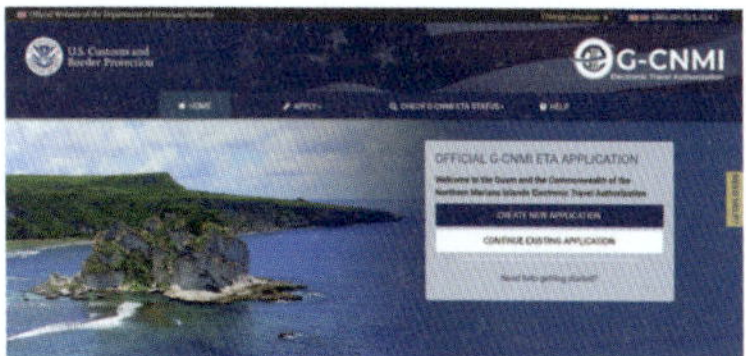

ESTA 신청 시 ESTA는 여행 비자 없이 미국을 여행할 수 있는 허가증으로 공식 홈페이지(https://esta.cbp.dhs.gov)를 통해 서류를 작성하면 된다. 홈페이지 우측 상단에서 한국어로 언어를 바꿔 작성하면 훨씬 편리하다. 늦어도 출발하기 5일 전에 신청하는 것이 좋고, ESTA 신청 시 최대 90일까지 체류할 수 있다. 비용은 1인당 $40.

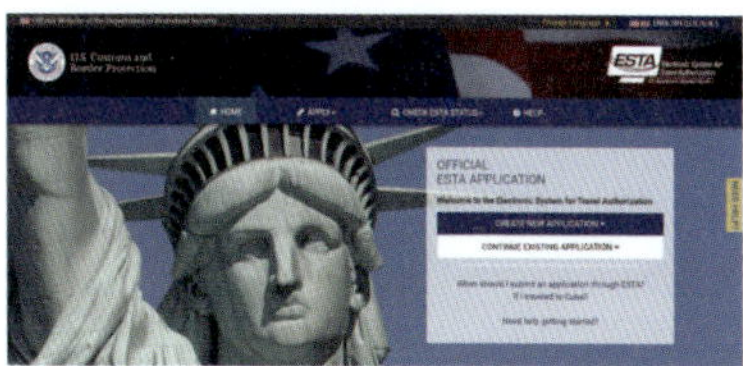

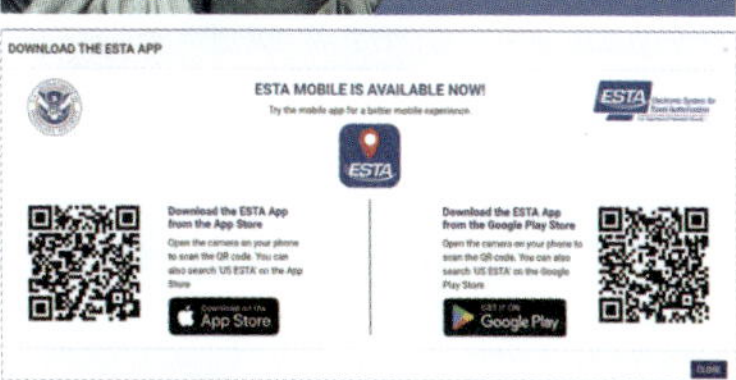

괌 전자 세관신고서 EDF Guam Electronic Declaration Form
모든 여행자는 입국 72시간 전부터 온라인으로 세관신고서를 작성해야 한다. 가족은 대표 1명이 작성한다. 괌 국제공항의 키오스크에서도 세관신고가 가능하지만 미리 작성하는 것이 편리하다.

Mia's Advice

❶ ESTA 유효기간은 2년 또는 여권 만료일까지고 한 번 승인받으면 미국 본토, 사이판, 괌 등 미국 영토에서 모두 사용할 수 있어요.

❷ ESTA 신청 시 여권 유효기간(최소 6개월 이상)을 반드시 확인해야 하며, ESTA는 비자가 아닌 관계로 범죄 이력 등 결격 사유가 있으면 괌 입국 심사대에서 최종 입국 승인이 거부될 수 있어요.

❸ G-CNMI ETA로 괌에 입국했다면 미국 본토 입국이 불가능해요. 단 ESTA로 괌에 입국한 경우에는 괌에서 본토로 이동이 가능해요.

Mini Box

여권을 분실했다면!
괌 현지 한국 영사관에 여권 분실을 신고한 뒤 긴급 여권 또는 여행증명서를 재발급 받아야 한다. 이때 신분증(주민등록증 또는 운전면허증), 항공권, 여권용 사진 1장과 영사관에 비치된 여권 재발급 신청서, 분실 사유서, 긴급 여권 신청서를 작성하면 여행증명서를 발급받을 수 있다(수수료 $7). 분실 신고 후 되찾았다면 재외공관에 문의한 뒤 반드시 새 여권을 발급받아야 한다. 여행 중 출입국 제한을 받을 수 있다.

[괌 현지 한국 영사관]
문의 671-647-6488~9 usa-hagatna.mofa.go.kr
운영시간 월~금 09:00~17:00(점심 시간 12:00~13:30) **긴급연락처** 671-688-5810, 5815 (주 하갓냐 출장소) **주소** 153 Zoilo St., Tamuning

* 여권 사진의 경우 괌 프리미어 아웃렛 근처의 카피익스프레스 괌 Copy Express Guam에서도 촬영 가능하다.

항공&숙박 예약

여행에 필요한 서류를 준비하고 나면 본격적인 '클릭 전쟁'이 시작된다. 우선 괌 여행 관련 카페와 블로그 등 여러 경로를 통해 나에게 맞는 호텔과 항공을 찾은 뒤 가격 비교에 들어갈 것. 저가일 경우 예약 취소가 불가능한 상품이 많다는 점을 유의해야겠다.

항공권 구매하기

최대한 저렴한 비행기 티켓을 손에 쥐는 것이 모든 여행자의 소원이다. 특히 괌의 경우 3대가 함께하는 대가족이나 자녀를 둔 가족들이 1순위로 꼽는 여행지인 만큼, 항공권은 여행 전체 예산의 중요한 부분을 차지한다. 항공사의 특가 프로모션이나 여행사에서 땡처리라고 불리는 할인 항공권, 또는 소셜 커머스에서 항공권 가격을 비교한 뒤 예약하자. 이때 반드시 유류할증료 등 택스를 포함한 금액과 취소 가능이나 날짜 변경 가능 여부, 항공권 유효 기간 등의 조건을 꼼꼼히 따지자. 예약한 뒤 발권하지 않으면 자동 취소되니 발권 시기를 놓치지 않는 것도 필수!

항공권 구매 절차 홈페이지 접속 → 원하는 날짜와 목적지 지정 (인천국제공항 ICN, 괌국제공항 GUM) → 금액과 노선, 유류할증료와 택스 포함 금액 확인 → 항공권 선택 → 탑승자 정보 입력 → 결제 시한 확인 → 결제 시한 내 결제 → 결제 확인 → 이메일로 전자 항공권 E-Ticket 수령

구매 시 유의사항 미국 교통청(DOT)의 규정에 의거, 비 미국 항공사는 2개의 미국 지역 간 운송을 금지한다. 따라서 인천–괌 노선의 항공권 구매 시 왕복 항공권을 구매하거나, 인천 → 괌 편도 항공권으로 구매할 경우에는 괌에서 제 3국(사이판, 아메리칸 사모아 포함 미국령을 제외한 다른 국가)으로 향하는 항공권을 소지하고 있어야 한다.

숙박 예약하기

숙소에서 휴식과 엔터테인먼트를 모두 해결하고 싶다면 워터파크형 리조트를, 쇼핑과 해수욕을 균형 있게 즐기고 싶다면 투몬 시내 리조트를, 한갓지게 휴양을 누리려면 시내에서 벗어나 골프장과 함께 운영하는 콘도형 숙박시설을 알아보자.

괌은 자유 여행객이 많은 여행지라, 에어텔(호텔과 항공을 묶은 패키지)로 예약하는 것이 더 저렴하기도 해요. 괌몰(http://www.guammall.co.kr)이나 카약, 위메프나 쿠팡 등 소셜 커머스에서 에어텔 상품을 면밀히 비교해보세요. 이와는 정반대로, 한 우물만 파는 것도 방법이에요. 호텔스 닷컴, 익스피디아 등 온라인 숙박 플랫폼의 경우 예약 횟수가 많은 회원에게 무료 숙박, 추가 할인 등의 푸짐한 혜택을 제공한답니다.

Mini Box

저가 항공권 & 호텔 투숙 애플리케이션

스카이스캐너 최저가 티켓 검색 결과를 알려 주는 사이트. 검색 후 항공권을 판매하는 사이트로 바로 연결된다.

카약 익스피디아, 부킹닷컴과도 비교할 수 있도록 돕는다. 항공권뿐 아니라 렌터카와 에어텔도 함께 취급하고 있다.

익스피디아 호텔, 항공, 렌터카와 함께 마감 특가 등 특별 할인 금액을 제공. VIP 고객에 높은 할인율 적용.

부킹닷컴 숙소에 관해 최저가 보장제를 실시하는 곳. 리조트뿐 아니라 게스트하우스도 예약할 수 있다.

여행자보험에 대한 모든 것

미국의 경우 병원비가 비싼 데다 렌터카의 도난 사고도 자주 발생하기 때문에 일정 부분이라도 보상받을 수 있는 장치를 마련하는 것이 필수다. 보험은 여행 일정에 따라 단기 체류(3개월 이내), 장기 체류(3개월~1년 미만, 1년 이상)로 나누어져 있다.

보험 가입하기

보험설계사를 통하거나 인천국제공항 출국장, 인터넷 등을 통해 가입할 수 있다. 최근에는 보험대리점 여행친구(www.trippartners.co.kr)나 여행자 클럽(www.touristclub.co.kr)과 같은 애플리케이션으로 공인인증서 없이 간단하게 가입하는 상품도 생겼다. 가격은 여행 국가, 가입 기간에 따라 다르지만 대략 1주일 기준 1만~3만 원 사이다. 여행사 패키지 상품에는 보험이 포함되는 것이 보편적이다.

확인해야 할 보험 약관

주요 보장 내역은 사고 중 사망하거나 후유 장애, 상해나 질병, 우연한 사고로 타인에게 손해를 미치거나 비행기 납치, 테러 등에 따른 피해 등이 있다. 다만 전쟁, 가입자가 고의로 자해하거나 형법상의 범죄, 가입자가 직업이나 동호회 활동 목적으로 전문 등반, 스쿠버다이빙 등 위험한 활동을 하는 도중 발생한 손해 등은 보상받지 못한다.

비행기 지연, 어떻게 보상 받나? 항공편이 4시간 이상 지연 및 취소되거나 또는 피보험자(보험 가입자)가 과적에 의해 탑승이 거부되어 예정 시간으로부터 4시간 내에 대체적인 수단이 제공되지 못하는 경우 등 약관에 구체적으로 명시되어 있다. 이 경우 숙박비와 식비 등의 영수증을 챙겨 한국 입국 후 제출하면 보상받을 수 있다. 삼성화재, 에이스, 여행자 클럽 등이 관련된 약관이 있다.

병원에 가야 할 때, 어떻게 할까? 해외 의료 기관 방문 시 사고가 발생한 사실을 말하고 이 내용을 초진 기록지에 명시하고 이를 보관해 둔다.

사고 발생 시 알아두어야 할 것

분실 VS 도난 분실에 대해서는 보상을 받기 힘들다. 특히 휴대폰 도난은 보상이 가능해도, 만약 개인의 실수로 분실했다면 보상이 불가능하다. 또한 가방 안에 휴대폰, 선글라스, 지갑 등을 소지했는데 가방을 분실 당했다면 가방에 관련된 보상만 가능한 경우가 대부분. 도난 시 관련되어 보상이 가능한 물품은 휴대폰, 카메라, 선글라스, 가방, 지갑(현금 제외), 와이파이, 캐리어, 유모차, 시계 등이 있다.

상해 사고 또는 질병 발생 시 진단서 Doctor's Note 혹은 Medical Certificate, 치료비 명세서 Detailed Accout 와 영수증 Receipt, 약국에서 약을 구입해 복용한 경우 역시 처방전 Prescription과 영수증을 구비해 한국 귀국 후 보험회사에 제출하면 된다.

도난사고 발생 시 도난 사실을 현지 경찰서에 신고하고 사고 증명서 Police Report를 수령해야 한다. 공항 수화물 도난 시에는 공항 안내소에서, 호텔에서 도난 당한 경우에는 프런트 데스크에 신고하여 확인증을 수령하자.

[현지 경찰서(투몬 시내 위치)] 버거킹(801 Pale san Vitores Rd, Tamuning) 옆에 위치한다. 문의 671-649-6330
[외교부 동행 서비스] 문의 02-3210-0404 홈페이지 www.0404.go.kr

스마트하게 환전하는 법 & 카드 사용하는 법

수수료 폭탄을 막기 위해 똑똑한 환전·카드 사용법을 알아 본다. 출국 전, 만약의 경우를 대비한 비상금까지 미리 환전해 놓는다면, 현지에서 발 동동 구를 일이 없다.

환전·신용카드·체크카드, 어떻게 준비할까?

여행을 준비할 때 가장 중요한 것 중 하나가 바로 현지 통화다. 방법은 크게 세 가지로 나눌 수 있다. 신용카드, 체크카드, 그리고 환전한 현금이다. 호텔과 렌터카 보증금, 큰 금액의 결제는 신용카드가 유리하고, 일반적인 쇼핑이나 식사는 체크카드가 편리하다. 소액 결제나 비상 상황에는 환전해 둔 현금이 도움이 되니, 세 가지를 균형 있게 준비해 가는 것이 좋다.

환전 택시비, 공항세, 호텔 룸 팁처럼 소액 결제에 대비하기 위해 꼭 필요한 준비다. 은행 환전 전용 애플리케이션을 이용하면 최대 90%까지 환율 우대를 받을 수 있어 유리하다. 모바일로 환전 신청을 하면 인천국제공항을 비롯해 원하는 지점에서 외화를 수령할 수도 있다.

신용카드 여행 중 가장 편리한 결제 수단이다. 특히 호텔이나 렌터카의 경우 보증금을 신용카드로만 받는 경우가 많아 반드시 필요하다. 또한 해외에서 결제한 뒤 취소하는 상황에서도 일정 금액이 통장에 묶이는 일이 종종 발생하는데, 금액이 큰 경우에는 신용카드로 결제하는 것이 유리하다. 다만 해외 결제에는 1~3%의 수수료가 붙기 때문에 소액보다는 큰 금액 결제에 적합하다.

* 신용카드 결제 Tip

❶ 카드 결제 시 현지 통화로 설정할 것. 원화로 결제할 경우 결제 금액의 3~8%가량 더 지불할 수 있다. 직원이 묻지 않아도 달러로 요청하자. 영어 표현은 "I would like to pay in US dollar"다.

❷ 해외에서만큼은 영수증을 꼭 보관하자. 카드를 사용하는 과정에서 구매한 물건 가격과 결제 가격이 같은지, 현지 통화로 결제되었는지 확인하자.

* 신용카드 분실 시

신용카드사에 곧바로 전화해 도난을 신고하자. 도난 및 분실센터는 24시간 운영된다.

[분실센터 연락처] **Kb국민** 011–82–2–6300–7300 **현대** 011–82–2–3015–9200 **비씨** 011–82–1588–4515 **신한** 011–82–1544–7000 **삼성** 011–82–2–2000–8100 **우리** 011–82–2–6985–9000 **KEB하나** 011–82–1800–1111

해외 여행용 체크카드 최근 많은 여행자들이 이용하는 것으로 해외 결제 수수료가 없고 실시간 환율이 적용되어 은행보다 유리한 경우가 많다. 다만 해외 ATM에서 현금을 인출할 경우 일부 수수료가 발생할 수 있으므로, 가능한 한 카드 결제를 위주로 사용하는 것이 좋다. 해외 여행용 체크카드는 원화를 충전해 두면 현지에서 카드로 결제하거나 현지 통화로 인출할 수 있으며, 사용하고 남은 외화는 환불이 가능하다. 트래블 월렛 체크카드, 하나 트래블로그 체크카드, SOL 트래블 체크카드, 토스 체크카드, 네이버페이 머니카드 등이 대표적이다.

Mia's Advice

카카오뱅크 달러박스는 카카오뱅크 외환 서비스로 환전 수수료 없이 달러를 모으고, 자유롭게 달러 출금이 가능한 서비스예요. 또한 달러박스와 제휴된 ATM기계에서의 출금 및 충전, 결제를 통해 여행 시 사용할 수 있어요. ATM 출금은 하루 $600, 월 $2,000까지 가능해요.

면세점&짐 꾸리기

면세점 쇼핑하기

면세점 쇼핑은 해외 여행자가 누릴 수 있는 특권이다. 최근 면세점이 늘어나면서 가격을 비교하고 보다 저렴하게 구입할 수 있는 루트가 늘어났다.

면세점 쇼핑 가이드

크게 시내 면세점과 인터넷 면세점, 공항 면세점으로 나뉜다. 모두 출국 시에만 이용 가능하다.

인터넷 면세점 가장 편리한 쇼핑 방법. 홈페이지 가입 후 적립금과 쿠폰 등을 챙길 수 있고, 가격 비교도 가능하다. 구매 후 출국장 면세품 인도 창구에서 여권, 항공권 제시 후 물품을 수령한다.

시내 면세점 여행 전 물건을 직접 보고 구매할 수 있다. 구매 시 여행자의 출국 정보(출국 일시, 출국 공항, 항공 & 편명)와 여권(사본도 가능)이 반드시 필요하고, 출국일 기준 한 달~두 달 전부터 출국 전날까지 구매가 가능하다. VIP 카드 소지자에는 추가 할인을 적용하니 참고할 것. 역시 구매 후 출국장 면세품 인도 창구에서 여권, 항공권 제시 후 물품을 수령한다.

공항 면세점 괌으로 출국을 앞두고 비행기 탑승 전 들르는 공항 면세점. 다양한 면세점 브랜드에 규모가 제일 크기 때문에 쇼핑의 폭은 넓으나 비행기 보딩 타임을 놓치지 않도록 주의해야 할 필요가 있다. 공항 면세점은 06:30~21:30(일부 24시간)까지 운영된다.

세관 관련 팁 내국인이 구입하는 면세품 총 한도액은 따로 없지만 국내 입국하는 내국인의 면세 범위는 $800까지다. 출국 시 구입한 면세품과 해외 구입 물품을 포함하여 $800를 초과할 경우 세관 신고 후 세금을 납부해야한다. 세금에 대한 자세한 정보는 관세청 홈페이지 참조.

여행 가방 꾸리기

여행 가방을 가장 현명하게 꾸리는 노하우는 단 하나다. 여행지에서 꼭 필요한 것들만 최소한으로 챙기는 것.

반드시 챙겨야 할 필수품 여권, 현금, 항공권, 신용 카드(본인 이름으로 되어 있는 것), 여행자보험증, 렌터카 바우처, 운전면허증(국내에서 발급된 운전면허증 가능), 110V용 멀티 어댑터, 휴대폰 충전기, 차량용 충전잭(포켓 와이파이 기기와 휴대폰 충전시 필요), 차량용 스마트폰 지지대, 휴대폰 방수백

챙겨두면 더 좋은 추천 물품 각종 서류 복사본(여권과 항공권, ESTA), 증명사진 2매(여권 분실 대비), 비상약(종합감기약, 해열제, 진통제, 소염제, 항생제가 포함된 피부 연고, 소화제, 일회용 밴드, 지사제 등), 체온계(여행자 중 영유아가 있을 경우 필수), 포켓 인터넷 기기, 가이드북, 화장품, 선글라스, 속옷, 모자, 벌레 퇴치제, 수영복, 비치 샌들 혹은 아쿠아 슈즈, 의류(가벼운 카디건 포함), 세면도구, 카메라, SD카드, 자외선 차단제(괌 현지에서는 SPF 100 제품도 구할 수 있기에, 필수가 아닌 추천이다), 다용도 지퍼백(의류를 챙기거나 얼음을 넣어 아이스팩 대용으로 사용), 우비(스콜이 잦은 현지 날씨 대비)

운송 가능한 수하물 범위 수하물은 항공사에 따라 다르기 때문에 이용하는 항공사 규정을 반드시 확

인해야 한다. 무게가 초과되는 경우 추가 금액을 지불해야 한다. 또한 기내에 들고 탈 가방은 1인 1개가 가능하며 이 역시 항공사마다 사이즈와 무게(대략 10~12kg, 가로, 세로, 넓이의 합이 115cm)로 정해져 있다. 기내에 탑승할 가방에는 지갑, 여권, 현금 등의 귀중품과 가이드북, 겉옷 등을 넣어두는 것이 좋다. 휴대용 유모차나 카시트는 무료로 추가가 되는 지도 항공사별로 미리 확인하자.

기내 반입 물품 조건 폭발물, 인화성, 유독성 물질, 무기로 사용될 수 있는 물품은 모두 반입 금지. 액체류의 경우 물, 음료, 식품, 화장품 등 액체, 분무(스프레이), 겔류(젤 또는 크림)로 된 물품은 100㎖ 이하의 개별 용기에 담아 1인당 1리터 투명 비닐 지퍼백 1개에 한해 반입이 가능하다. 단 유아식 및 의약품은 항공여정에 필요한 용량에 한해 반입을 허용하며 의약품 등은 처방전 등의 증빙서류를 검색 요원에게 제시해야 한다.
*주의사항 : 괌 입국 시 동식물 반입 규정에 따라 라면(수프에 고기가 들어있다는 이유)은 신고 시 압수, 폐기 된다. 적발되면 벌금이 부과되니 라면은 현지 마트에서 구입할 것.

여행의 시작, 출국하기

공항 가는 길, 본격적인 여행이 시작된다. 인천국제공항은 제1여객터미널, 제2여객터미널이 있어 출발 전 터미널 확인은 필수사항이다.

인천국제 공항 가는 길 가급적 이륙 전 3시간 가량의 여유를 두고 공항에 도착하는 것이 좋으며, 항공사에 따라 여객 터미널 체크는 필수! 괌으로 향하는 국제선은 항공기 출발 1시간 전에 탑승 수속이 마감된다.
제1여객터미널 아시아나항공(2026년 1월 14일부터 제2여객터미널로 이전), 제주항공, 티웨이, 이스타항공과 기타 외항사
제2여객터미널 대한항공, 에어서울, 델타항공, 에어프랑스, KLM네덜란드 항공, 중화항공, 가루다인도네시아항공, 샤먼항공, 스칸디나비아항공, 아에로멕시코, 에어부산, 진에어 등
*공동운항편(코드셰어)의 경우 실제 항공편에 따라 출입국이 달라질 수 있으니 전자항공권 혹은 인천공항 홈페이지 (www.airport.kr) 내 항공편 검색을 통해 터미널을 반드시 확인할 것.

출국 절차 제 1여객터미널, 제 2여객터미널 모두 3층 출국장으로 진입 → 항공사에서 체크인 & 수화물 부치기(수화물 부칠 때 클레임 태그 Baggage Claim Tag 잘 보관하기) → 출국장 입구에서 여권 및 탑승권 Boarding Pass 제시 후 출국장 안으로 진입 → 세관 검사 (30만원 이상의 고가품은 사전 신고를 해야 귀국 시 과세대상에서 제외된다, 미화, 원화 등을 합친 금액이 $10,000 상당의 금액일 경우 세관에 신고해야 불이익이 없다) → 출국 심사 → 탑승권에 적힌 게이트로 이동해 비행기 탑승
*게이트 확인 필수! 1~50번 게이트 탑승객은 제 1여객터미널에서 탑승하며, 101~132번 게이트 탑승객은 제 1여객터미널에서 셔틀 트레인을 타고 탑승동으로 이동해야 한다(한 번 이동하면 다시 돌아올 수 없음). 230~270번 게이트 탑승객은 제 2여객터미널에서 탑승한다. 최소 이륙 30~40분 전까지는 게이트에 도착해야겠다.

인덱스

*가나다 순.

ㄱ

건 비치	144
괌 동물원	98
괌 박물관	180
괌 어드벤처	221

ㄷ

대추장 키푸하 동상	172
데바라나 웰니스	101
돌핀 크루즈	225
두짓 플레이스 투몬 베이	91
둥카스 비치	179

ㄹ

라테 계곡의 어드벤처 파크	222
라테 스톤 공원	173
람람산	211
레오 팰리스 리조트 컨트리 클럽	199
루갓 산타 마리안 카말렌 공원	218
리카르도 J. 보르달로 주정부 종합청사	176
리티디안 비치	145

ㅁ

마타팡 비치 파크	92
메리조 비치 공원 & 메리조 부두	212
메리조 종탑	212

ㅂ

부니 스톰퍼스	182
비키니 아일랜드 클럽	213

ㅅ

사랑의 절벽	147
산 디마스와 성모 마리아 성당	216
산타 아구에다 요새	180
선셋 크루즈	225
성 디오니시오 성당	214
세티만 전망대	217
셀라만 전망대	217
소노 펠리체 컨트리 클럽 망길라오	198
소노 펠리체 컨트리 클럽 탈로포포	198
솔레다드 요새	215
슈퍼 아메리칸 서커스	93
스카이 다이브 괌 LLC	152
스키너 광장	174
스타 샌드 비치 클럽	150
스파 아유아람	100
스페인 광장	175
시레나 파크	174

ㅇ

아갓 정박지	210
아쿠아리움 오브 괌	94
알루팟 아일랜드	179
알루팡 비치	178

에메랄드 밸리 209
에어 서비스 괌 151
우마탁 다리 215
이나라한 자연 풀 219
이파오 비치 파크 99
이판 비치 파크 220

ㅈ

자유의 라테 177

ㅊ

차이니스 파크 98

ㅋ

카레라 쇼 앳 샌드 캐슬 96
컨트리 클럽 오브 더 퍼시픽 199
클럽 ZOH 97

ㅌ

타가다 놀이공원 91
타가창 비치 220
타오타오타씨 비치 디너 쇼 152
타잔 폭포 223
탈로포포 폭포 공원 224
탈리팍 다리 210
탕기슨 비치 파크 146
텐주도 스파 101
투몬 비치 90
티 스텔 뉴맨 방문 센터 209

ㅍ

파고만 전망대 220
파라 이 라라히 타 기념공원 217
파세오 드 수산나 공원 172
파이파이 파우더 샌드 비치 146
패것 동굴(케이브) 148
피시 아이 마린 파크 181

ㅎ

하갓냐 대성당 176
하갓냐 풀 182
하갓냐 필박스 173
하갓냐만 비치 178
하드 록 카페 괌 97
호시노 리조트 리조나레 괌 워터파크 95

6, 7, 8, 10~11, 12, 13, 16, 17, 18~19, 30_상단, 31_상단, 50, 72, 76~77, 89(투몬 베이 뮤직 페스티벌), 89(투몬 나이트 마켓) 102(카사 오세아노), 107(메스클라 차모루 퓨전 비스트로), 110(알프레도 스테이크하우스), 113(햄브로스), 121(프란시스 베이크하우스, 121(러브 크레페스), 125(빌리지 오브 돈키–돈돈돈키 괌)_상단, 131(롱혼 스테이크하우스), 136~137, 148, 149, 158~159, 184(슬로워크 커피 로스터스)_상단 및 하단 왼쪽, 185(칼리엔테), 188(스택스 스매시 버거), 188(마낭 피카), 191_(오니기리 세븐)_하단, 198(소노 펠리체 컨트리 클럽 망길라오), 198(소노 펠리체 컨트리 클럽 탈로포포), 199(컨트리 클럽 오브 더 퍼시픽), 199(레오 팰리스 리조트 컨트리 클럽), 200~201, 202(에메랄드 밸리), 209(에메랄드 밸리), 233(더 츠바키 타워)

프렌즈 시리즈 32

프렌즈 괌

발행일 | 초판 1쇄 2019년 1월 2일
　　　　개정 3판 1쇄 2025년 12월 8일

지은이 | 이미정

발행인 | 박장희
대표이사·제작총괄 | 신용호
본부장 | 이정아
편집장 | 문주미
기획위원 | 박정호
마케팅 | 김주희, 한륜아, 이현지, 이나경
디자인 | 정원경, 변바희, 김미연

발행처 | 중앙일보에스(주)
주소 | (03909) 서울시 마포구 상암산로 48-6
등록 | 2008년 1월 25일 제2014-000178호
문의 | jbooks@joongang.co.kr
홈페이지 | jbooks.joins.com
인스타그램 | @friends_travelmate

ⓒ 이미정, 2025

ISBN 978-89-278-8139-1
ISBN 978-89-278-8138-4(세트)

중앙books는 중앙일보에스(주)의 단행본 출판 브랜드입니다.